建筑识图一本通

《建筑识图一本通》编委会　编

中国建筑工业出版社

图书在版编目（CIP）数据

建筑识图一本通 /《建筑识图一本通》编委会编 .
—北京：中国建筑工业出版社，2023.10
ISBN 978-7-112-29060-4

Ⅰ.①建… Ⅱ.①建… Ⅲ.①建筑制图—识图 Ⅳ.
①TU204.21

中国国家版本馆 CIP 数据核字（2023）第 155641 号

本书共分为7章，包括：建筑施工图识读、混凝土结构施工图识读、钢结构施工图识读、装配式混凝土结构施工图识读、建筑电气施工图识读、建筑给水排水施工图识读、建筑暖通工程施工图识读。

本书内容翔实，实例全面，参考最新国家制图标准进行解读，引用相关实例表述准确，针对性强，可为新接触建筑工程识图人员提供实例解读，循序渐进，深入浅出，使初学者能够快速看懂工程图纸。

本书可作为建筑工程设计、施工、预算、工程管理人员的参考用书，也可作为相关专业院校的辅导教材。

本书中未特别注明的，层高（高度）单位为m，其他单位为mm。

责任编辑：徐仲莉　王砾瑶　张　磊
责任校对：王　烨

建筑识图一本通
《建筑识图一本通》编委会　编
*
中国建筑工业出版社出版、发行（北京海淀三里河路9号）
各地新华书店、建筑书店经销
华之逸品书装设计制版
北京圣夫亚美印刷有限公司印刷
*
开本：787毫米×1092毫米　1/16　印张：16½　字数：286千字
2024年2月第一版　2024年2月第一次印刷
定价：**68.00**元
ISBN 978-7-112-29060-4
（41792）

前言

施工图是表示工程项目总体布局，建筑物、构筑物的外部形状、内部布置、结构构造、内外装修、材料做法以及设备、施工等要求的图样。施工图具有图纸齐全、表述准确、要求具体的特点，是进行工程施工、编制施工图预算和施工组织设计的依据，也是进行技术管理的重要技术文件。

施工图是工程设计人员科学地表达建筑形体、结构、功能的图语言。如何正确理解设计意图，实现设计目的，把设计蓝图变成实际建筑，前提在于实施者必须看懂施工图。这是对建筑施工技术人员、工程监理人员和工程管理人员的基本要求，也是他们应该掌握的基本技能。

作为工程技术人员首先也是最重要的一点就是看好图纸，对看图纸缺乏重视、图纸看得不好，必然会出现很多返工及材料浪费现象，甚至造成工期延误，从而给工程技术人员的声誉及日后的管理工作带来不良影响。

为了帮助广大建筑工程设计、施工、预算和工程管理人员系统地学习并掌握建筑施工图识读的基本知识而编写本书。本书遵循认知规律，将工程实践与理论基础紧密结合，以新规范为指导，通过大量的实例列举，循序渐进地介绍了建筑施工图识读的基础知识及识图的思路、方法、流程和技巧。本书从内容上可分为两大部分，一部分为识图的基础知识，即理论基础，该部分内容侧重于无基础的初学者，详细介绍了制图基础、投影基础、图例及图样表达方式；另一部分是识图实例，对各类施工图举例讲解，即与实践相结合，该部分内容属于能力提升范畴，可以使读者接触大量工程实例，以便快速提高实践中的识图能力。

本书主要作为建筑工程技术人员参照新的制图标准学习怎样识读和绘制施工图的自学参考书，也可以作为高等院校土建类各专业、工程管理专业以及其他相关专业师生的参考教材。

在编写过程中，本书参考了大量的文献资料，借鉴、改编了大量的案例。为了编写方便，对于所引用的文献资料和案例并未一一注明，谨在此向原作者表示诚挚的敬意和谢意。

由于编者水平有限，疏漏之处在所难免，恳请广大同仁及读者批评指正。

目录

1 建筑施工图识读

1.1 建筑施工图识读基础知识

1.1.1 建筑施工图的组成

建筑施工图是用来表示房屋的规划位置、外部造型、内部布置、内外装修、细部构造、固定设施及施工要求等的图纸，包括总平面图、建筑设计说明、门窗表、各层建筑平面图、立面图、剖面图、详图。

（1）建筑总平面图。建筑总平面图也称为总图，它是整套建筑施工图中首先需要查看的图纸，主要用来说明建筑物所在的地理位置和周围环境。

（2）建筑平面图。建筑平面图比较直观，主要信息就是柱网布置、每层房间功能墙体布置、门窗布置、楼梯位置等。

（3）建筑立面图。建筑立面图是对建筑立面的描述，主要描述建筑外观上的效果。

（4）建筑剖面图。建筑剖面图的作用是对无法在平面图及立面图中表述清楚的局部剖切，以表述清楚建筑设计师对建筑物内部的处理。

（5）节点大样图及门窗详图。建筑设计师为了更为清晰地表述建筑物的各部分做法，以便于施工人员了解自己的设计意图，需要对构造复杂的节点绘制大样以说明详细做法。

（6）楼梯大样图。楼梯是每一个多层建筑必不可少的部分，也是非常重要的一部分，楼梯大样图又分为楼梯各层平面图及楼梯剖面图。

1.1.2 建筑施工图识读的步骤

一套建筑施工图是由不同专业工种的图纸综合组成的，简单的有几张，复杂的有几十张，甚至几百张，它们之间有着密切的联系，读图时应注意前后对照，以防出现差错和遗漏。识读施工图的一般步骤如下。

（1）总体了解。先看首页（目录、标题栏、设计总说明和总平面图等），大致了解工程情况，如工程名称、工程设计单位、建设单位、新建房屋的位置、周围环境、施工技术要求等；然后对照目录检查图样是否齐全，采用了哪些标准图并备齐这些标准图；最后看建筑平、立、剖面图，大体上想象一下建筑物的立体形状及内部布置。

（2）顺序识读。在了解建筑物的大体情况后，根据施工的先后顺序，从基础、墙体（或柱）、结构平面图、建筑结构及装修的顺序，仔细阅读有关图样。

（3）前后对照。读图时，要注意平面图、立面图、剖面图对照着读，建筑施工图与结构施工图对照着读，建筑施工图与设备施工图对照着读，做到对整个工程施工情况及技术要求心中有数。

（4）重点细读。根据工种的不同，将有关专业施工图有重点地再仔细阅读一遍，并将遇到的问题记录下来，及时向设计部门反映。识读一张图样时，应按由外向内、从大到小看、由粗到细看、图样与说明交替看、有关图样对照看的方法，重点看轴线及各种尺寸关系。

1.1.3 图纸目录识读技巧

1.总图纸目录

总图纸目录的内容包括：总设计说明、建筑施工图、结构施工图、给水排水施工图、暖通空调施工图、电气施工图等各个专业的每张施工图纸的名称和顺序，见表1-1。

某工程的图纸目录　　表1-1

图别	图号	图名	图别	图号	图名	图别	图号	图名
建施	1	目录　建筑设计说明	建施	7	屋顶平面图	结施	1	结构设计总说明
建施	2	总平面图	建施	8	背立面图	结施	2	基础平面布置图 基础详图
建施	3	节能设计　门窗表	建施	9	北立面图	结施	3	3.270m层结构平面布置图
建施	4	一层平面图	建施	10	东立面图　卫生间详图	结施	4	6.570～13.170m层结构平面布置图
建施	5	二层平面图	建施	11	1—1剖面图　2—2剖面图	结施	5	16.470m层结构平面布置图
建施	6	三～五层平面图	建施	12	楼梯详图	结施	6	楼梯配筋图

续表

图别	图号	图名	图别	图号	图名	图别	图号	图名
电施	1	设计说明　主材料强电弱电系统图	水施	1	材料统计表图例表说明平面详图　给水系统图	暖施	1	一层采暖平面图
电施	2	一层照明平面图	水施	2	一层给水排水平面图	暖施	2	二～四层采暖平面图
电施	3	二～五层照明平面图	水施	3	二～四层给水排水平面图	暖施	3	五层采暖平面图
电施	4	屋顶防雷平面图	水施	4	五层给水排水平面图	暖施	4	采暖系统图（一）
电施	5	一～五层电话平面图	水施	5	排水系统图　消火栓系统图	暖施	5	采暖系统图（二）
						暖施	6	设计说明　材料统计表图例表

图纸目录一般分专业编写，如建施-××、结施-××、电施-××、水施-××、暖施-××等。

2.建筑施工图目录

（1）新绘图目录编排顺序：施工图设计说明、总平面图定位图（无总图子项时）、平面图、立面图、剖面图、放大平面图、各种详图等（一般包括平面详图，如卫生间、设备间、交配电间；平面图、剖面详图，如楼梯间、电梯机房等；还有墙身剖面详图、立面详图，如门头花饰等）。

（2）图号应从“1”开始依次编排，不得从“0”开始。当大型工程必须分段时，应加分段号，如“建施A-3”“建施B-3”（A、B为分段号，3为图号）……，当有多个子项（或栋号）可共用的图时，可编为“建通-1”“建通-2”……。

当图纸修改时，如图纸局部变更，原图号不变，只需作变更记录，包括变更原因、内容、日期、修改人、审核人和项目总负责人签字。若为整张图纸变更时，可将图纸改为升版图代替原图纸，如“建施-13A”“建施-13B”（A表示第一次修改版，B表示第二次修改版）。

（3）总平面定位图或简单的总平面图可编入建筑图纸内。大型复杂工程或成片住宅小区的总平面图，应按总施工图自行编号出图，不得与建施图混编在同一份目录内。

工程项目均宜有总目录，用于查阅图纸和报建使用，见表1-2。专业图纸目录放在各专业图纸之前，见表1-3。

推荐图纸总目录格式 **表 1-2**

工程名称： 设计编号： 设计阶段：
建筑面积： 建筑造价：

图纸总目录

建筑			结构			给水排水			暖通与空调			建筑电气					
												强电			弱电		
序号	图号	图纸名称	序号	图号	图纸名称	序号	图号	图纸名称	序号	图号	图纸名称	序号	图号	图纸名称	序号	图号	图纸名称
1																	
2																	
…																	

推荐建筑专业图纸目录格式 **表 1-3**

序号	图号	图纸名称	图幅	备注
1	建施－1	总平面定位图	A2	
2	建施－2	建筑施工图设计说明	A1	
3	建施－3	底层平面图	A1	
…	…	…	…	
…	建通－1	通用阳台详图	A1	
…	23J909	《工程做法》		图标图集

注：简单工程的设计说明也可放在总平面定位图之前。

1.1.4 设计总说明识读技巧

（1）依据性文件名称和文号，如批文、本专业设计所执行的主要法规和采用的主要标准（包括标准名称、编号、年号和版本号）及设计合同等。

（2）项目概况。内容一般应包括建筑名称、建设地点、建设单位、建筑面积、建筑基底面积、项目设计规模等级、设计使用年限、建筑层数和建筑高度、建筑防火分类和耐火等级、人防工程类别和防护等级、人防建筑面积、屋面防水等级、地下室防水等级、主要结构类型、抗震设防烈度等，以及能反映建筑规模的主要技术经济指标，如住宅的套型和套数（包括每套的建筑面积、使用面积）等。

（3）设计标高。工程的相对标高与总图绝对标高的关系。

（4）用料说明和室内外装修。

（5）对采用新技术、新材料的做法说明及对特殊建筑造型和必要的建筑构造的说明。

（6）门窗表及门窗性能。

（7）幕墙工程及特殊屋面工程的性能及制作要求。

（8）电梯（自动扶梯）选择及性能说明（功能、载重量、速度、停站数、提升高度等）。

（9）建筑防火设计。

（10）无障碍设计说明。

（11）建筑节能设计说明。

（12）根据工程需要采取的安全防范和防盗要求及具体措施，隔声减振减噪、防污染、防辐射等的要求和措施。

（13）需要专业公司进行深化设计的部分，对分包单位明确设计要求确定技术接口的深度。

（14）其他需要说明的问题。

1.2 建筑总平面图的识读

1.2.1 建筑总平面图的内容

建筑总平面图也称为总图，是整套施工图中领先的图纸，是说明建筑物所在的地理位置和周围环境的平面图。一般在图上标出新建筑的外形、层次、外围尺寸、相邻尺寸；建筑物周围的地貌、原有建筑、建成后的道路，水源、电源、下水道干线的位置，如在山区还要标出地形的等高线及其他。

有的建筑总平面图，设计人员还根据测量确定的坐标网，绘出需要建设的房屋所在方格网的部位和水准标高。

为了表示建筑物的朝向和方位，在建筑总平面图中，还绘有指北针和表示风向的风向频率玫瑰图（简称风玫瑰图）等。

建筑总平面图的一般内容包括：

（1）图名、比例。

（2）应用图例来表明新建区、扩建区或改建区的总体布置，表明各建筑物和构筑物的位置，道路、广场、室外场地和绿化等的布置情况，以及各建筑物的层数等。在总平面图上一般应画上所采用的主要图例及其名称。此外对于《建筑制图标准》GB/T 50104—2010中缺乏规定而需要自定的图例，必须在总平面图中绘制清楚，并注明其名称。

（3）确定新建或扩建工程的具体位置，一般根据原有房屋或道路来定位，并以米（m）为单位标注定位尺寸。

当新建成片的建筑物和构筑物或较大的公共建筑及厂房时，往往用坐标来确定每一建筑物及道路转折点等的位置。对地形起伏较大的地区，还应画出地形等高线。

（4）注明新建房屋底层室内地面和室外整平地面的绝对标高。

（5）画上风向频率玫瑰图及指北针，来表示该地区的常年风向频率和建筑物、构筑物等的朝向，有时也可只画单独的指北针。

1.2.2 建筑总平面图的识读技巧

（1）一张总平面图，先看图纸名称、比例及文字说明，对图纸的大概情况有一个初步了解。

（2）在阅读总平面图之前要先熟悉相应图例，熟悉图例是阅读总平面图应具备的基本知识。

（3）找出规划红线，确定总平面图所表示的整个区域中土地的使用范围。

（4）查看总平面图的比例和风向频率玫瑰图，其标明了建筑物的朝向及该地区的全年风向、频率和风速。

（5）了解新建建筑物的平面位置、标高、层数及其外围尺寸等。

（6）了解新建建筑物的位置及平面轮廓形状与层数、道路、绿化、地形等情况。

（7）了解新建建筑物的室内外高差、道路标高、坡度及地面排水情况；了解绿化、美化的要求和布置情况以及周围的环境。

（8）查看房屋的道路交通与管线走向的关系，确定管线引入建筑物的具体位置。

（9）了解建筑物周围环境及地形、地物情况，以确定新建建筑物所在的地形情况及周围地物情况。

（10）了解总平面图中的道路、绿化情况，以确定新建建筑物建成后的人流方向和交通情况及建成后的环境绿化情况。

（11）若在总平面图中还画有给水排水、供暖、电气施工图，需要仔细阅读，以便更好地理解图纸要求。

1.2.3 建筑总平面图的实例识读

1. 某单位宿舍区总平面图的实例识读

某单位宿舍区总平面图，如图1-1所示。

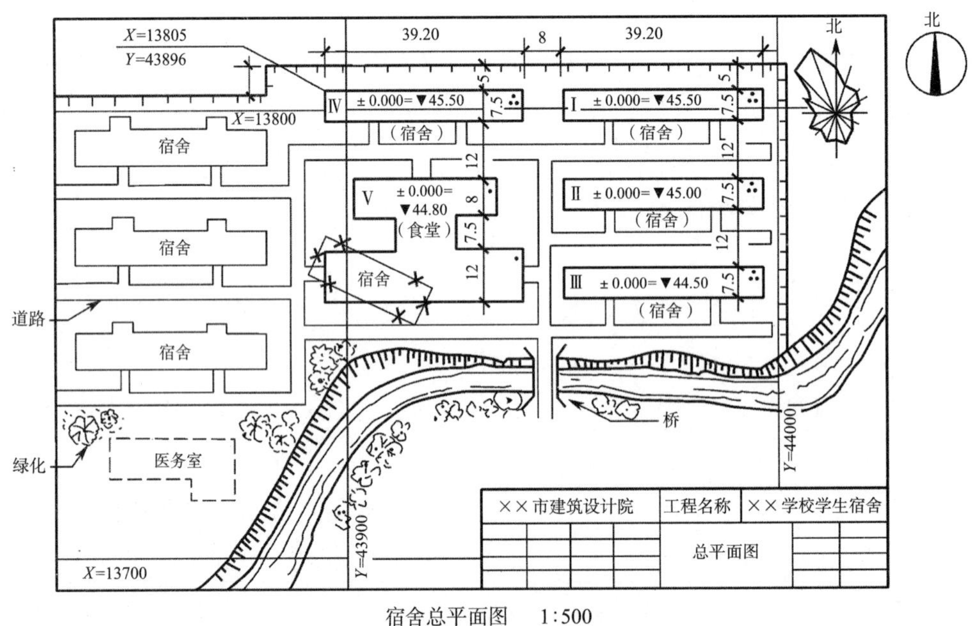

宿舍总平面图　1∶500

图1-1　某单位宿舍区总平面图

（1）从图名可知该图为某单位宿舍总平面图，比例为1∶500。

（2）通过指北针的方向可知，所有已建和新建的宿舍楼的朝向一致（准备拆除的宿舍楼除外），均为坐北朝南。通过风向频率玫瑰图可知，该地区全年以西北风为主导风向。

(3) 图中Ⅰ、Ⅱ、Ⅲ、Ⅳ号宿舍楼及食堂都是新建建筑，轮廓线用粗实线表示。图中左侧位置处为已建宿舍楼，轮廓线为细实线。图中中间位置处的宿舍楼为要拆除的房屋，轮廓线用细线并且在四周画了“×”。

(4) 从图中的右上角点数可知，Ⅰ、Ⅱ、Ⅲ、Ⅳ号新建宿舍楼都是三层。

(5) 从图中可以看出，Ⅰ、Ⅳ号新建宿舍楼的标高为45.50m，Ⅱ号新建宿舍楼的标高为45.00m，Ⅲ号新建宿舍楼的标高为44.50m。食堂的标高为44.80m。

(6) 图中在Ⅳ号新建宿舍楼的西北角给出两个坐标用于其他建筑的定位。

(7) 从尺寸标注可知，Ⅰ、Ⅱ、Ⅲ、Ⅳ号新建宿舍楼的长度为39.2m，宽度为7.5m，东西间距为8m，南北间距为12m。

2.某新开区总平面图的实例识读

某新开区总平面图，如图1-2所示。

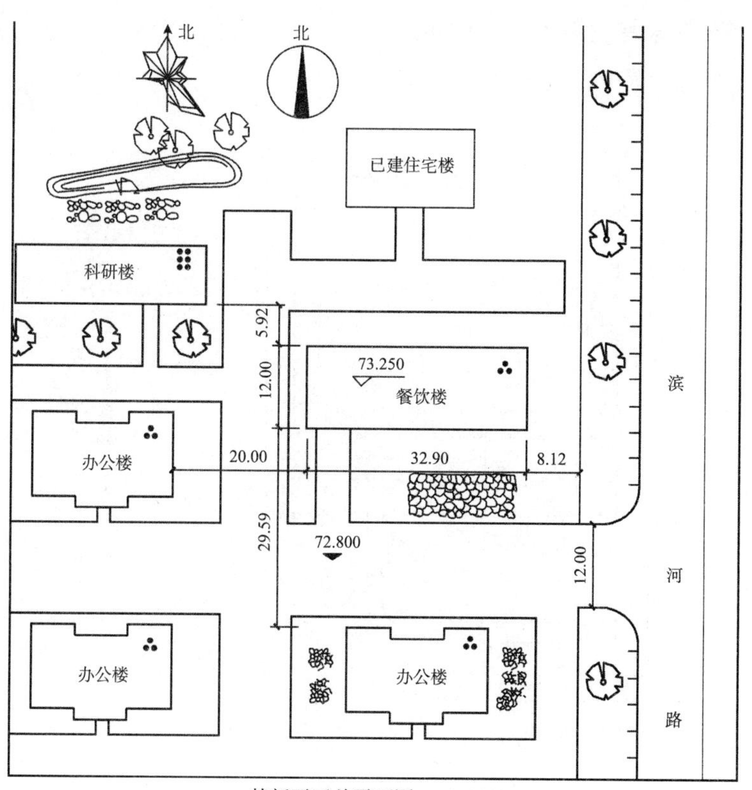

某新开区总平面图　1:500

图1-2　某新开区总平面图

施工图讲解

(1) 该图为某新开区总平面图，比例为1:500，建筑物西北方和正东方有绿地。

(2) 通过指北针的方向可知，三栋办公楼、科研楼及餐饮楼的朝向一致，均为坐北朝南。通过风向频率玫瑰图可知，该地区全年以西北风和东南风为主导风向。

(3) 图中三栋办公楼、科研楼及餐饮楼都是新建建筑，轮廓线用粗实线表示；图中正上方中间位置处为已建住宅楼，轮廓线为细实线（其他图例可以对照制图标准理解，这里不再赘述）。

(4) 从图中三栋办公楼的右上角点数可知，三栋办公楼都是三层；由科研楼的右上角点数可知，该科研楼为六层；由餐饮楼的右上角点数可知，该餐饮楼为三层。

(5) 从图中可以看出室外标高为72.800m，室内地面标高为73.250m。

3.某疗养院总平面图的实例识读

某疗养院总平面图，如图1-3所示。

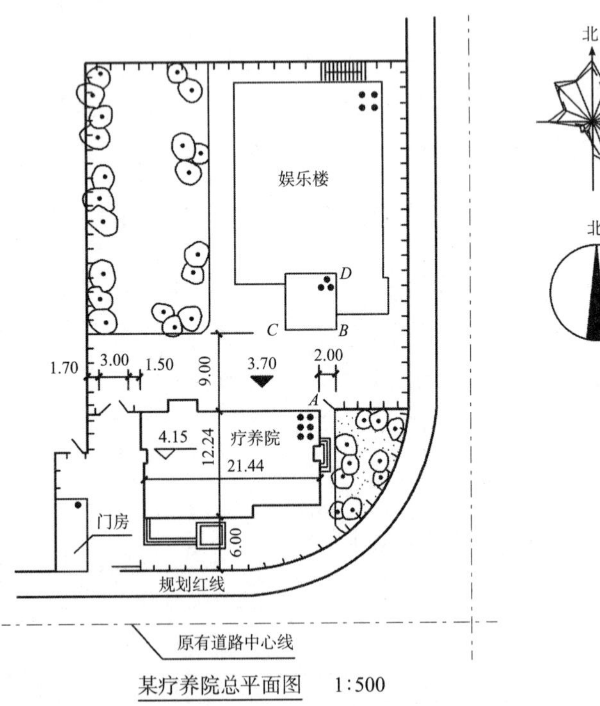

图1-3　某疗养院总平面图

(1) 该图为某疗养院总平面图，比例为1∶500，从图中下方的文字标注可知规划红线的位置，建筑物西北方和正东方有绿地。

(2) 通过指北针的方向可知，疗养院坐北朝南。通过风向频率玫瑰图可知，该地区全年以西北风和东南风为主导风向。

(3) 图中疗养院为新建建筑，轮廓线用粗实线表示；娱乐楼为原有建筑，轮廓线用细实线表示(其他图例可以对照制图标准理解，这里不再赘述)。

(4) 从图中疗养院的右上角点数可知，疗养院为六层；原有娱乐楼主体部分为四层，组合体部分为三层。

(5) 从图中可以看出整个区域比较宽敞，室外标高为3.70m，疗养院室内地面标高为4.15m。

(6) 从尺寸标注可知疗养院的长度为21.44m。

(7) 疗养院的东墙面设在平行于原有娱乐楼的东墙面，并在原有娱乐楼的*BD*墙面之西2.00m处。北墙面位于原有娱乐楼的*BC*墙面之南9.00m处，基地的四周均设有围墙。

(8) 图中围墙外细点画线表示道路的中心线。

(9) 新建的道路或硬地注有主要的宽度尺寸，道路、硬地、围墙与建筑物之间为绿化地带。

4.某大学公寓区总平面图的实例识读

某大学公寓区的局部总平面图，如图1-4所示。

1:500

图1-4　某大学公寓区的局部总平面图

(1) 该图为某大学公寓区的局部总平面图，比例为1:500，从图中下方的文字标注可知，该围墙的外面为规划红线，建筑物周围有绿地和道路。

(2) 通过指北针的方向可知，三栋公寓楼的朝向一致，均为坐北朝南。通过风向频率玫瑰图可知，该地区全年以西北风和东南风为主导风向。

(3) 图中三栋公寓楼都是新建建筑，轮廓线用粗实线表示（其他图例可以对照制图标准理解，这里不再赘述）。

(4) 从图中公寓楼的右上角点数可知，三栋公寓楼都是4层。

(5) 从图中可以看出整个区域比较平坦，室外标高为28.52m，室内地面标高为29.32m。

(6) 图中分别在西南和西北的围墙处给出两个坐标用于三栋楼定位，各楼具体的定位尺寸在图中都已标出。

(7) 从尺寸标注可知三栋楼的长度为22.70m，宽度为12.20m。

5.某住宅工程总平面图的实例识读

某住宅工程总平面图，如图1-5所示。

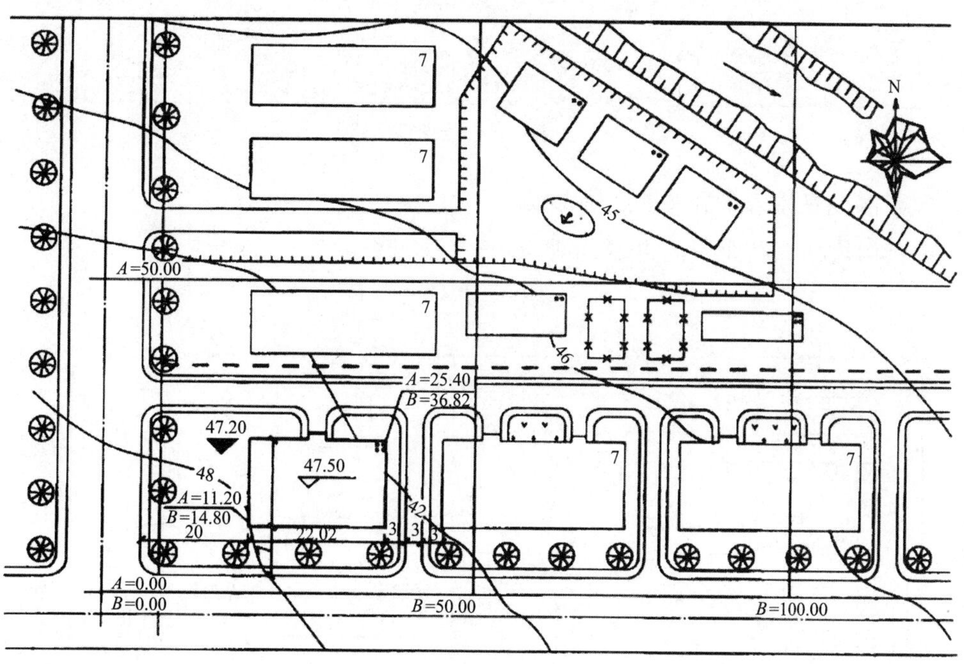

图1-5 某住宅工程总平面图

施工图讲解

(1) 拟建建筑的平面图是采用粗实线表示的，而该建筑的层数则用小黑点或数字表示，图中拟建建筑为4层。新建住宅两个相对墙角的坐标为 $\dfrac{A=11.20}{B=14.80}$、$\dfrac{A=25.40}{B=36.82}$。可知建筑的总长度为36.82-14.80=22.02m，总宽度为25.40-11.20=14.20m。原有建筑则用细实线表示，而其中打叉的则是要拆除的建筑。原有道路则用带有圆角的平行细实线表示。拟建建筑平面图形的凸出部分是建筑的入口。每个入口均有道路连接，在道路或建筑物之间的空地设有绿化带，而在道路两侧均匀地植有阔叶灌木。

(2) 从图中的等高线可知：西南地势较高，坡向东北，在东北部有一条河从西北流向东南，河的两侧有护坡。河的西南侧有三座二层别墅，楼前有一花坛。

(3) 由风向频率玫瑰图可知：该地区常年主导风向是东北风，而夏季主导风向则是东南风。

6. 某商住楼总平面图的实例识读

某商住楼总平面图，如图1-6所示。

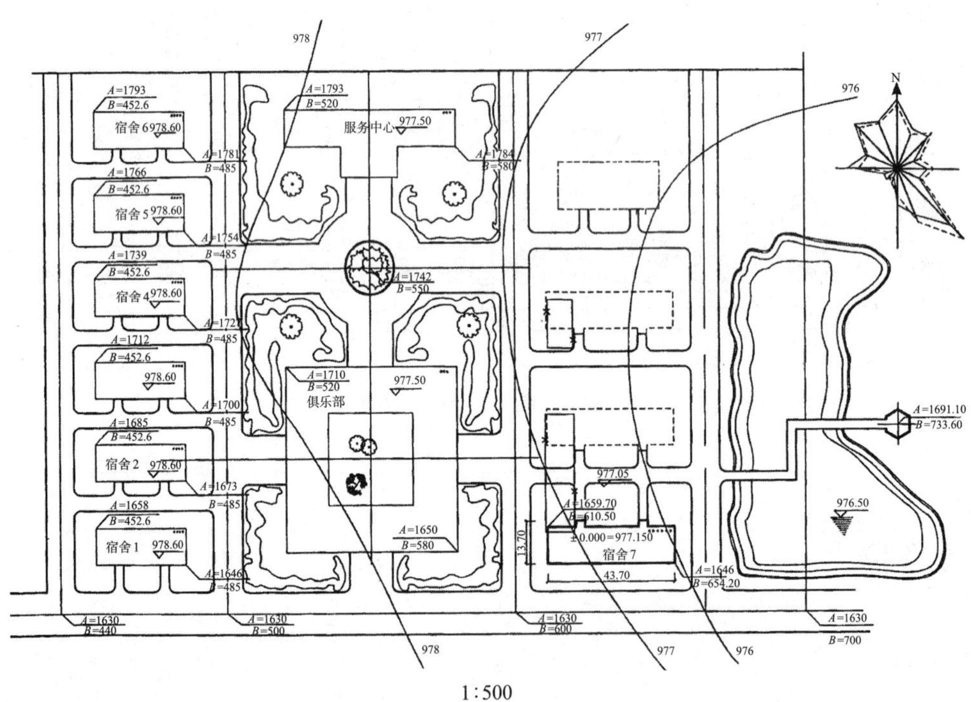

图1-6　某商住楼总平面图

(1) 该施工图为某商住楼总平面图，比例为1:500。

(2) 由图可知，新建建筑所处的地形用等高线的形式表示，整个地形是西面较高，东面较低(等高线分别为976、977、978)。新建商住楼位于小区内东南角，西面已建好的建筑有一栋俱乐部、六栋宿舍楼、一栋服务中心，俱乐部3层，宿舍4层，服务中心3层。新建建筑北面虚线表示的是计划扩建的建筑范围：要新建建筑和以后扩建建筑，需拆除旧建筑(打“×”的轮廓线)。新建建筑的东面是一池塘，池塘内水面标高为976.50m，在池塘右面有一六角形的小亭子，池塘上面有小桥可连通池塘两端。

(3) 图右上方是带指北针的风向频率玫瑰图，表示该地区全年以东南风为主导风向。从图中可知，新建建筑的方向坐北朝南。

(4) 本次新建建筑平面形状为矩形，如图1-6所示，长度为654.20−610.50=43.70m，宽度为1659.70−1646=13.70m，六层。新建建筑采用施工坐标定位，右下角的坐标为*A*：1646、*B*：654.20，左上角坐标为*A*：1659.70、*B*：610.50。定位时可用这两组坐标与左面道路的坐标*A*：1630、*B*：600来计算确定其准确位置。

(5) 在俱乐部周围和服务中心之间有绿化地和花坛。

7.某师范学院总平面图识读

某师范学院总平面图，如图1-7所示。

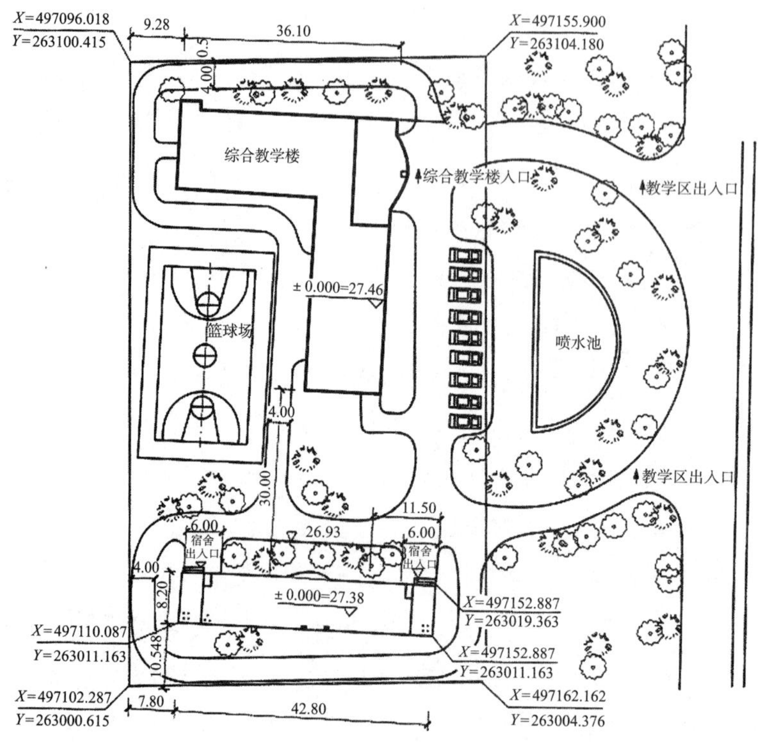

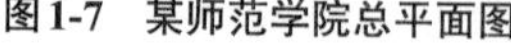
某师范学院总平面图　1∶500

注：1.本图中坐标及标高为北京市系统。
2.本图中所有尺寸均以“m”计。

图1-7　某师范学院总平面图

（1）图中粗实线所示图样为新建宿舍楼，一字形，总长为42.80m，总宽为8.20m，中间主楼部分为三层，两端附属为四层。

（2）从指北针的方向可知，宿舍楼的出入口在北立面。

（3）新建宿舍楼采用坐标定位，分别给出三个角的坐标。

（4）室外地坪标高为26.93m，室内标高为27.38m，室内外高差为0.45m。

（5）新建宿舍楼的北侧有综合教学楼和篮球场等，都为已建建筑。

（6）附注说明了坐标和标高的标准以及图中的尺寸单位。

1.3 建筑平面图的识读

1.3.1 建筑平面图的内容

建筑平面图是假想用一个水平剖切平面，在建筑物门窗洞口处将房屋剖切开，移去剖切平面以上的部分，将剩余部分用正投影法向水平投影面作正投影所得到的投影图。

沿底层门窗洞口剖切得到的平面图称为底层平面图，又称为首层平面图或一层平面图。

沿二层门窗洞口剖切得到的平面图称为二层平面图。

若房屋的中间层相同则用同一个平面图表示，称为标准层平面图。

沿最高一层门窗洞口将房屋切开得到的平面图称为顶层平面图。

将房屋的屋顶直接作水平投影得到的平面图称为屋顶平面图。

有的建筑物还有地下室平面图和设备层平面图等。

建筑总平面图的一般内容包括：

(1) 建筑物朝向

建筑物朝向是指建筑物主要出入口的朝向，主要入口朝哪个方向就称建筑物朝哪个方向，建筑物的朝向由指北针来确定，指北针一般只画在底层平面图中。

(2) 墙体、柱

在平面图中墙体、柱是被剖切到的部分。墙体、柱在平面图中用定位轴线来确定其平面位置，在各层平面图中定位轴线是对应的。在平面图中剖切到的墙体通常不画材料图例，柱用涂黑来表示。平面图中还应表示出墙体的厚度（墙体的厚度是指墙体未包含装修层的厚度）、柱的截面尺寸及与轴线的关系。

(3) 建筑物的平面布置情况

建筑物内各房间的用途，各房间的平面位置及具体尺寸。横向定位轴线之间的距离称为房间的开间，纵向定位轴线之间的距离称为房间的进深。

(4) 门窗

在平面图中门窗用图例表示。为了表示清楚，通常对门窗进行编号。门用代号“M”表示，窗用代号“C”表示，编号相同的门窗做法、尺寸都相同。在平面图中门窗只能表示出宽度，高度尺寸要到剖面图、立面图或门窗表中查找。

（5）楼梯

由于平面图比例较小，楼梯只能表示出上下方向及级数，详细的尺寸做法在楼梯详图中表示。在平面图中能够表示楼梯间的平面位置、开间、进深等尺寸。

（6）标高

在底层平面图中通常表示出室内地面和室外地面的相对标高。在标准层平面图中，不在同一个高度上的房间都要标出其相对标高。

（7）附属设施

在平面图中还有散水、台阶、雨篷、雨水管等一些附属设施。这些附属设施在平面图中按照所在位置有的只出现在某层平面图中，如台阶、散水等只在底层平面图中表示，在其他各层平面图中则不再表示。附属设施在平面图中只表示平面位置及一些平面尺寸，具体做法则要结合建筑设计说明查找相应详图或图集。

（8）尺寸标注

平面图中标注的尺寸分为内部尺寸和外部尺寸两种。内部尺寸一般标注一道，表示墙厚、墙与轴线的关系、房间的净长、净宽，以及内墙上门窗大小、与轴线的关系。外部尺寸一般标注三道。最里边一道尺寸标注门窗洞口尺寸及与轴线关系，中间一道尺寸标注轴线间的尺寸，最外边一道尺寸标注房屋的总尺寸。

在平面图中还包含索引符号、剖切符号等相应符号。

屋顶平面图与其他各层平面图不同，其主要表示以下两个方面的内容。

1）屋面的排水情况，一般包括排水分区、屋面坡度、天沟、雨水口等内容。

2）凸出屋面部分的位置，如女儿墙、楼梯间、电梯机房、水箱、通风道、上人孔等。

1.3.2 建筑平面图的识读技巧

（1）拿到一套建筑平面图后，应从底层看起，先看图名、比例和指北针，了解此张平面图的绘图比例及房屋朝向。

（2）在底层平面图上看建筑门厅、室外台阶、花池和散水的情况。

（3）看房屋的外形和内部墙体的分隔情况，了解房屋平面形状和房间分布、用途、数量及相互间的联系。

（4）看图中定位轴线的编号及其间距尺寸，从中了解各承重墙或柱的位置及房间大小，先记住大致的内容，以便施工时定位放线和查阅图样。

（5）看平面图中的内部尺寸和外部尺寸，从各部分尺寸的标注，可以知道每个房间的开间、进深、门窗、空调孔、管道以及室内设备的大小、位置等，不清楚的要结合立面图、剖面图，一步步地看。

（6）看门窗的位置和编号，了解门窗的类型和数量，还有其他构配件和固定设施的图例。

（7）在底层平面图上，看剖面的剖切符号，了解剖切位置及其编号。

（8）看地面的标高、楼面的标高、索引符号等。

1.3.3 建筑平面图的实例识读

1.某政府办公楼一层平面图的实例识读

某政府办公楼一层平面图，如图1-8所示。

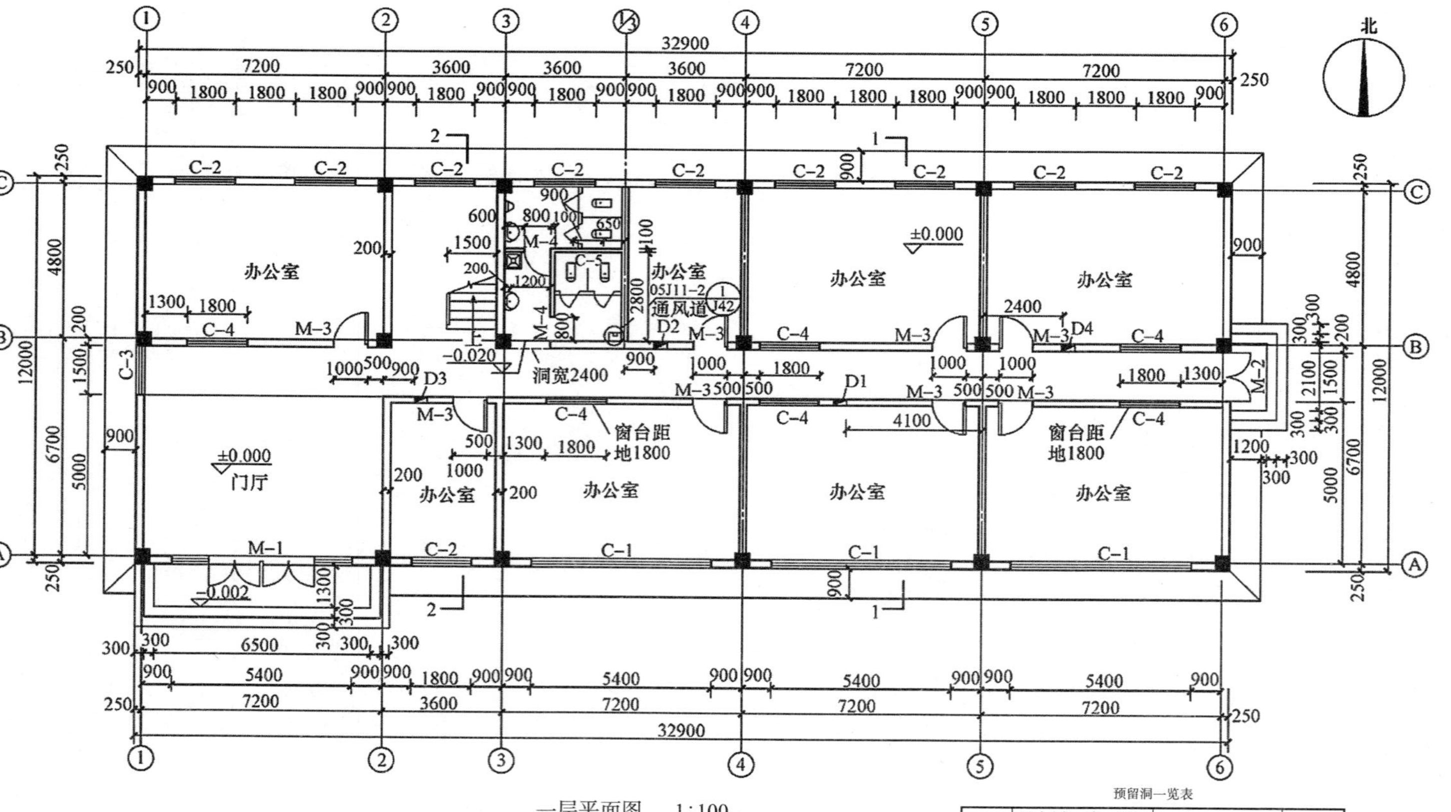

注：1.除注明外，外墙均为200mm厚加气混凝土砌块，与柱外皮平；外贴50mm厚聚苯板保温。
2.除注明外，内墙均为200mm厚加气混凝土砌块，轴线居中；100mm厚墙体为石膏砌块。
3.柱子定位见结施。

预留洞一览表

编号	尺寸（宽×高×厚）/mm×mm×mm	中心距地高度/mm	备注
D1	300×500×160	1650	电洞
D2	400×300×160	1550	电洞
D3	450×600×200	800	电洞
D4	300×400×160	700	电洞

图1-8　某政府办公楼一层平面图

（1）该图为某政府办公楼的一层平面图，比例为1∶100。从指北针符号可以看出，该楼的朝向是背面朝北，主入口朝南。

（2）已知该办公楼为框架结构，图中给出了平面柱网的布置情况，框架柱在平面图中用填黑的矩形块表示，图中主要定位轴线标注位置为各框架柱的中心位置，横向轴线为①～⑥，竖向轴线为Ⓐ～Ⓒ，在横向③轴线右侧有一附加轴线⅓。图中标注在定位轴线上的第二道尺寸表示框架柱轴线间的距离，即房间的开间和进深尺寸，可以确定各房间的平面大小。如图中北侧正对门厅的办公室，其开间尺寸为7.2m，即①～②轴之间的尺寸，进深尺寸为4.8m，即Ⓑ～Ⓒ轴之间的尺寸。

（3）从图中墙的位置及分隔情况和房间的名称，可以了解到楼内各房间的配置、用途、数量以及相互间的联系情况，底层有1个门厅，8个办公室，2个厕所，1个楼梯间。从西南角的大门进入为门厅，门厅正对面为一间办公室，右转为走廊，走廊北侧紧挨办公室为楼梯间，旁边为卫生间，东面是3间办公室，走廊的南面为4间办公室，其中正对楼梯为1间小面积办公室。走廊的尽头，即在该楼房的东侧有1个应急出入口。

（4）建筑物的占地面积为一层外墙外边线所包围的面积，该尺寸为尺寸标注中的第一道尺寸，从图中可知该办公楼长32.9m，宽12m，占地总面积394.8m^2，室内标高为0.000m。

（5）南侧的房间与走廊之间没有框架柱，只有内墙分隔。图中第三道尺寸表示各细部的尺寸，表示外墙窗和窗间墙的尺寸，以及出入口部位门的尺寸等。图中在外墙上有3种形式的窗，它们的代号分别为C-1、C-2、C-3。C-1窗洞宽为5.4m，为南侧3个大办公室的窗；C-2窗洞宽为1.8m，主要位于北侧各房间的外墙上，以及南侧小办公室的外墙上；C-3窗洞宽为1.5m，位于走廊西侧尽头的墙上。除北侧3个大办公室以及附加定位轴线处两窗之间距离为1.8m，西侧C-3窗距离Ⓑ轴200mm外，其余与轴线相邻部位窗到轴线距离均为900mm。门有两处，正门代号为M-1，东侧的小门为M-2。M-1门洞宽5.4m，边缘距离两侧轴线900mm；M-2门洞宽1.5m。

（6）各办公室都有门，该门代号为M-3，门洞宽为1m，门洞边缘距离墙中线均为500mm，6个大办公室走廊两侧的墙上均留有一高窗，代号为

C-4，窗洞宽1.8m，距离相邻轴线500mm或1300mm不等，高窗窗台距地面高度为1.8m。图中还可以在内墙上看到D1～D4四个预留洞，并且给出了各预留洞的定位尺寸，在“预留洞一览表”中给出了预留洞的尺寸大小，中心距地高度，备注中说明了这四个预留洞为电洞。在厕所部位给出的尺寸比较多，这些尺寸为厕所内分隔的定位尺寸，厕所内用到了M-4和C-5，另外有一通风道，通风道的形式需要查找05系列建筑标准设计图集05J11-2册J42图的1详图。为表示清楚门窗统计表，图中也将其内容列出，图中除门窗的统计表外还给出了门窗的详细尺寸。

（7）该办公楼门厅处地坪的标高定为零点（即相当于总平面图中的室内地坪绝对标高73.25m）。厕所间地面标高是-0.020m，表示该处地面比门厅地面低20mm。正门台阶顶面标高为-0.002m，表示该位置比门厅地面低2mm。

（8）图中④、⑤轴线间和②、③轴线间分别标明了剖切符号1—1和2—2等，表示建筑剖面图的剖切位置（图中未示出），剖视方向向左，以便与建筑剖面图对照查阅。

（9）图中还标注了室外台阶和散水的大小与位置。正门台阶长7.7m，宽1.9m，每层台阶面宽均为300mm，台阶顶面长6.5m，宽1.3m。室外散水均为900mm。

2.某政府办公楼二层平面图的实例识读

某政府办公楼二层平面图，如图1-9所示。

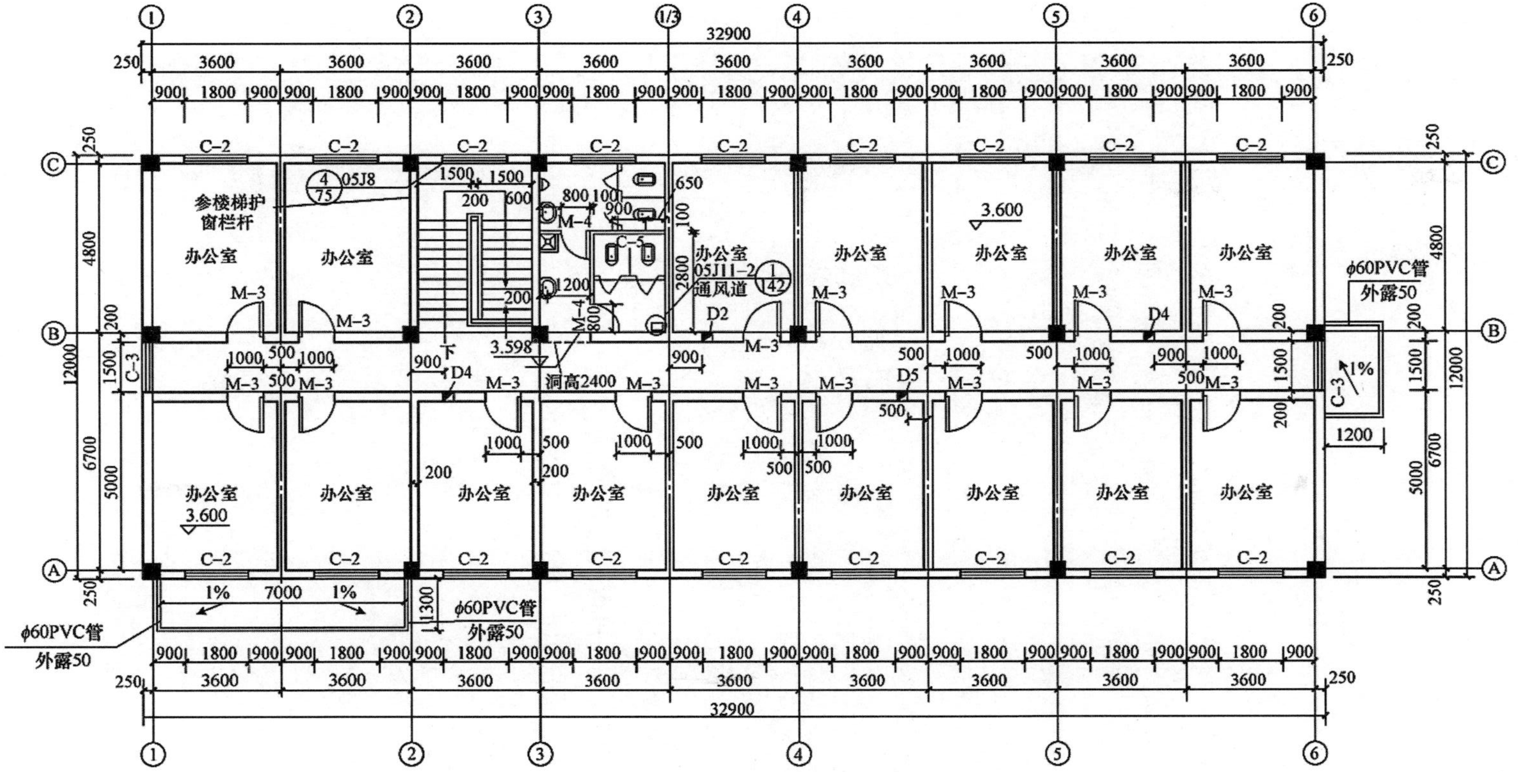

二层平面图　1:100

预留洞一览表

编号	尺寸（宽×高×厚）/mm×mm×mm	中心距地高度/mm	备注
D2	400×300×160	1550	电洞
D4	300×400×160	700	电洞
D5	370×500×160	1650	电洞

注：1. 除注明外，外墙均为200mm厚加气混凝土砌块，与柱外皮平；外贴50mm厚聚苯板保温。
2. 内墙均为200mm厚加气混凝土砌块，轴线居中；100mm厚墙体为石膏砌块。
3. 柱子定位见结施。

图1-9　某政府办公楼的二层平面图

施工图讲解

因为图中所示的楼层为三层，所以标准层只有第二层。二层平面图的图示内容及识读方法与一层平面图基本相同，只针对它们的不同之处进行讲解。

（1）二层平面图中不必再画出一层平面图已显示过的指北针、剖切符号以及室外地面上的散水等。

（2）一层平面图中②～③轴线间设有台阶，在二层相应位置应设有栏板。

（3）一层平面图中的大办公室及门厅在二层平面图中改为开间为②～③轴线间距的办公室。楼梯间的梯段仍被水平剖切面剖断，用倾斜45°的折断线表示，但折断线改为两根，因为它们剖切的不只是上行的梯段，在二层还有下行的梯段，下行的梯段完整存在，并且还有部分踏步与上行的部分踏步投影重合。

（4）二层平面图中南侧的门窗有了较大的变动。C-1的型号都改为C-2，数量也相应增加。

（5）看平面的标高，二层平面标高为3.600m。

（6）附注说明了内外墙的建筑材料。

3.某政府办公楼三层平面图的实例识读

某政府办公楼三层平面图，如图1-10所示。

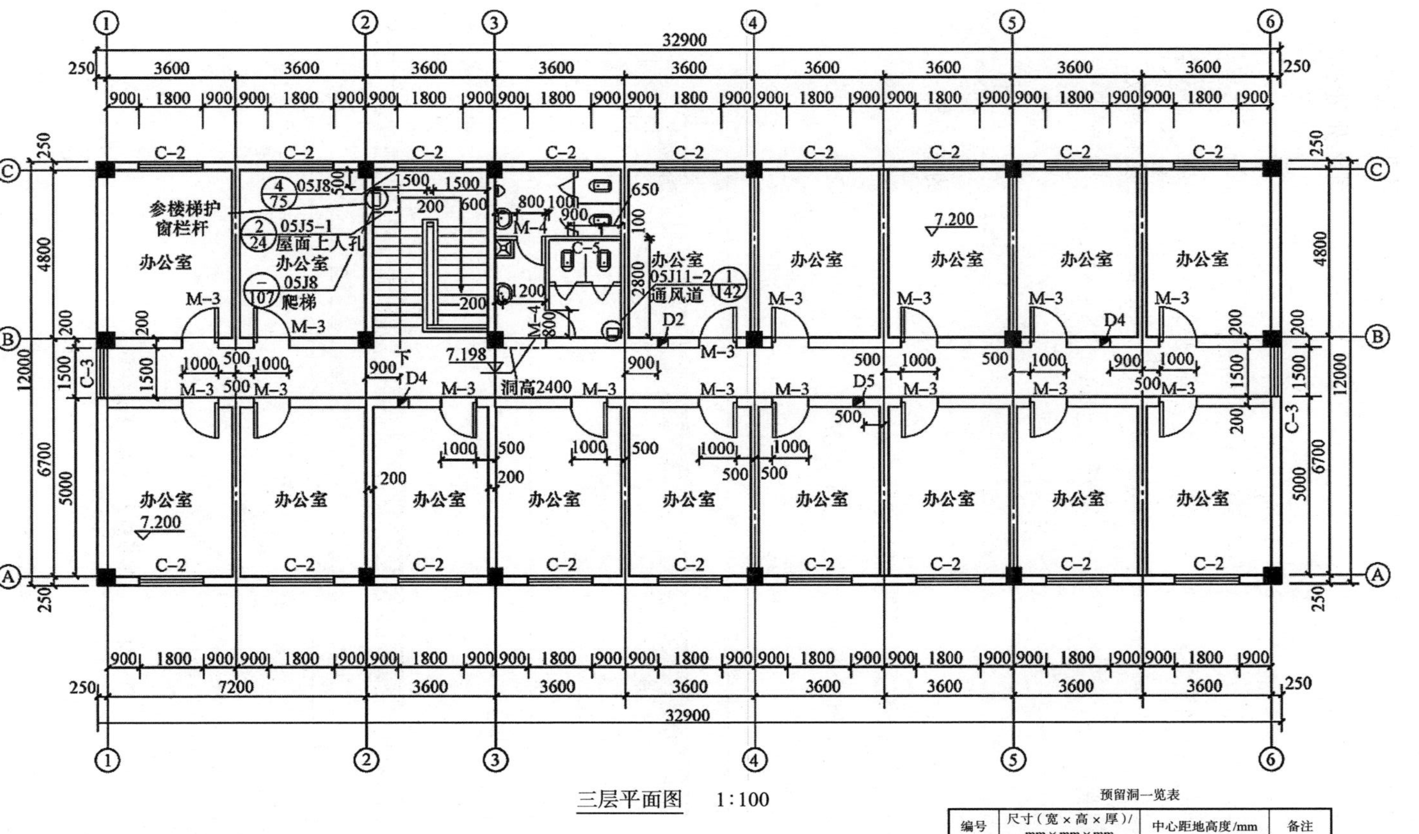

三层平面图　1:100

注：1.除注明外，外墙均为200mm厚加气混凝土砌块，与柱外皮平；外贴50mm厚聚苯板保温。
2.除注明外，内墙均为200mm厚加气混凝土砌块，轴线居中；100mm厚墙体为石膏砌块。
3.柱子定位见结施。

预留洞一览表

编号	尺寸（宽×高×厚）/mm×mm×mm	中心距地高度/mm	备注
D2	400×300×160	1550	电洞
D4	300×400×160	700	电洞
D5	370×500×160	1650	电洞

图1-10　某政府办公楼的三层平面图

施工图讲解

因为图中所示的楼层为三层，所以顶层即为第三层。三层平面图的图示内容和识读方法与二层平面图基本相同，这里就不再赘述，只针对不同之处进行讲解。

(1) 三层平面图中②～③轴线间的楼梯间，梯段不再被水平剖切面剖切，也不再用倾斜45°的折断线表示，因为它已经到了房屋的最顶层，不再需要上行的梯段，故Ⓑ轴线的栏杆直接连接③轴线的墙体。

(2) 看平面的标高，三层平面标高为7.200m。

(3) 附注说明了内外墙的建筑材料。

4.某政府办公楼屋顶平面图的实例识读

某政府办公楼屋顶平面图，如图1-11所示。

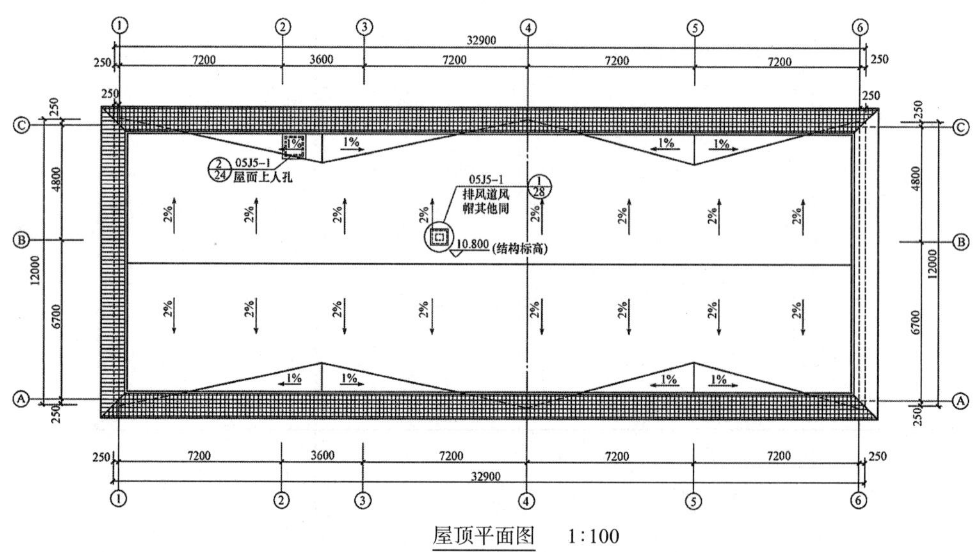

注：1.雨水管做法见05J5-1页62-6、7、9相关大样。
2.出屋面各类管道泛水做法参见05J5-1页30相关大样。
3.避雷带配合电气图纸施工。

图1-11 某政府办公楼的屋顶平面图

（1）看屋顶平面图的图名、比例可知，该图比例为1∶100。

（2）屋顶的排水情况，屋顶南北方向设置一个双向坡，坡度2%，东西方向设置4处向雨水管位置排水的双向坡，坡度1%。屋顶另有上人孔1处，排风道1处，详图可参见建筑标准设计图集。

（3）水管做法、出屋面各类管道泛水做法、避雷带做法见图下方所附说明。

5.某住宅小区地下室平面图识读

某住宅小区地下室平面图，如图1-12所示。

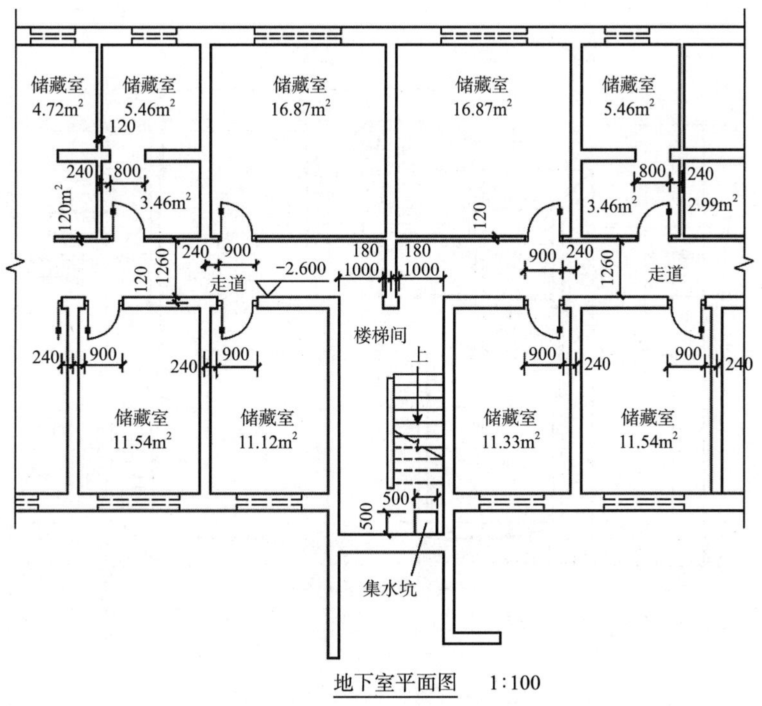

注：地下室所有外墙均为370砖墙，内墙除注明外均为240砖墙。

图1-12 某住宅小区地下室平面图

施工图讲解

（1）看地下室平面图的图名、比例可知，该图为某住宅小区的地下室平面图，比例为1∶100。

（2）从图中可知本楼地下室的室内标高为-2.600m。

（3）附注说明了地下室内外墙的建筑材料及厚度。

6.某住宅小区一层平面图识读

某住宅小区一层平面图，如图1-13所示。

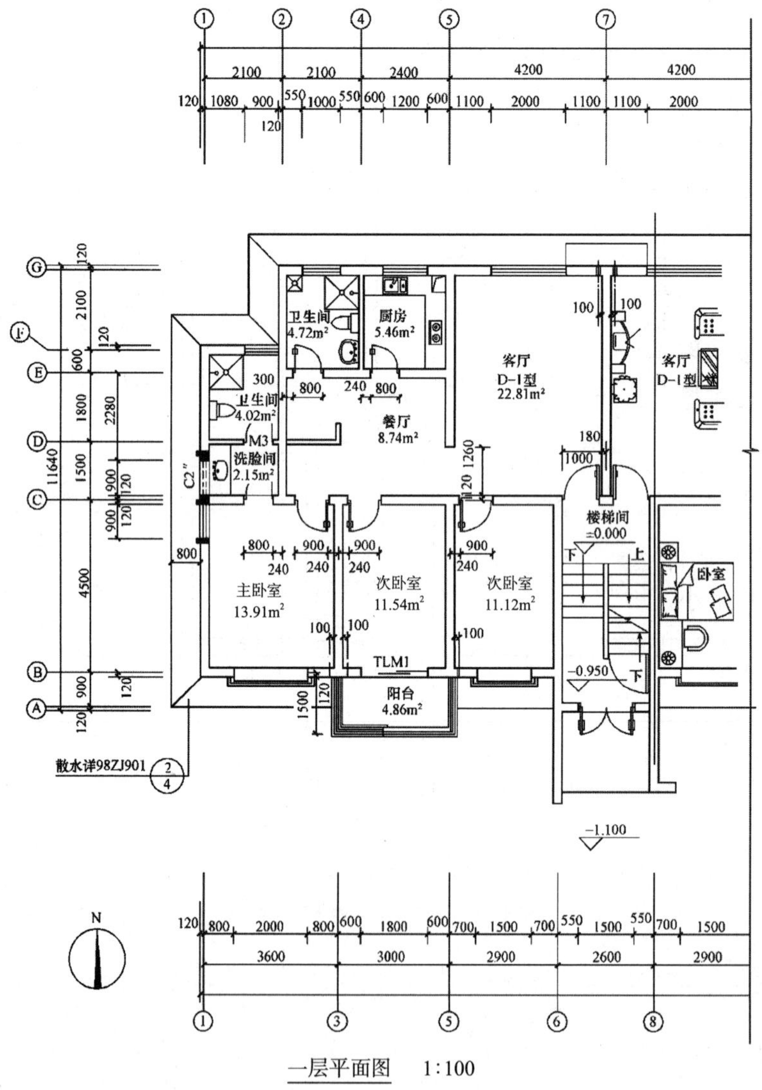

注：户型放大平面图详建施12。

图1-13 某住宅小区一层平面图

（1）看平面图的图名、比例可知，该图为某住宅小区的一层平面图，比例为1:100。从指北针符号可以看出，该楼的朝向是入口朝南。

（2）图中标注在定位轴线上的第二道尺寸表示墙体间的距离，即房间的开间和进深尺寸，图中已标出每个房间的面积。

（3）从图中墙的位置及分隔情况和房间的名称，可以了解到楼内各房间的配置、用途、数量以及相互间的联系情况。图中显示的完整户型中有1间客厅，1间餐厅，1间厨房，2间卫生间，1间洗脸间，1间主卧室，2间次卧室及1个南阳台。

（4）图中可知室内标高为0.000m。室外标高为-1.100m。

（5）在图中的内部还有一些尺寸，这些尺寸是房间内部门窗的大小尺寸和定位尺寸，以及内部墙的厚度尺寸。

（6）图中还标注了散水的宽度与位置，散水均为800mm。

（7）附注说明了户型放大平面图的图纸编号，另见局部大样图的原因是有些房间的布局较为复杂或者尺寸较小，在1:100的比例下很难看清楚它们的详细布置情况，所以需要单独画出来。

7. 某住宅小区标准层平面图

某住宅小区标准层平面图，如图1-14所示。

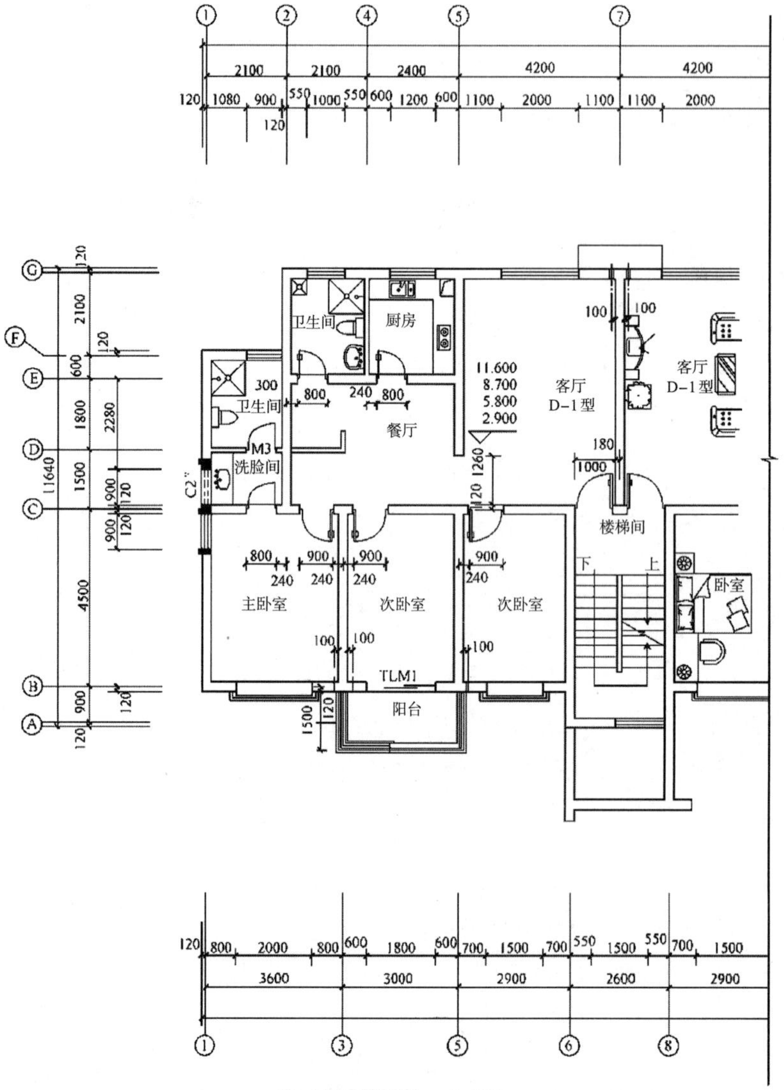

二～五层平面图　1:100

图1-14　某住宅小区标准层平面图

施工图讲解

二～五层的布局相同，只绘制一张图，该图叫作标准层。本图中标准层的图示内容及识读方法与一层平面图基本相同，只对不同之处进行讲解。

(1) 标准层平面图中不必再画出一层平面图已显示过的指北针、剖切符号以及室外地面上的散水等。

(2) 标准层平面图中⑥～⑧轴线间的楼梯间的Ⓐ轴线处用墙体封堵，并装有窗户。

(3) 看平面的标高，标准层平面标高改为2.900m、5.800m、8.700m、11.600m，分别代表二层、三层、四层、五层的相对标高。

8.某住宅小区顶层平面图识读

某住宅小区顶层平面图，如图1-15所示。

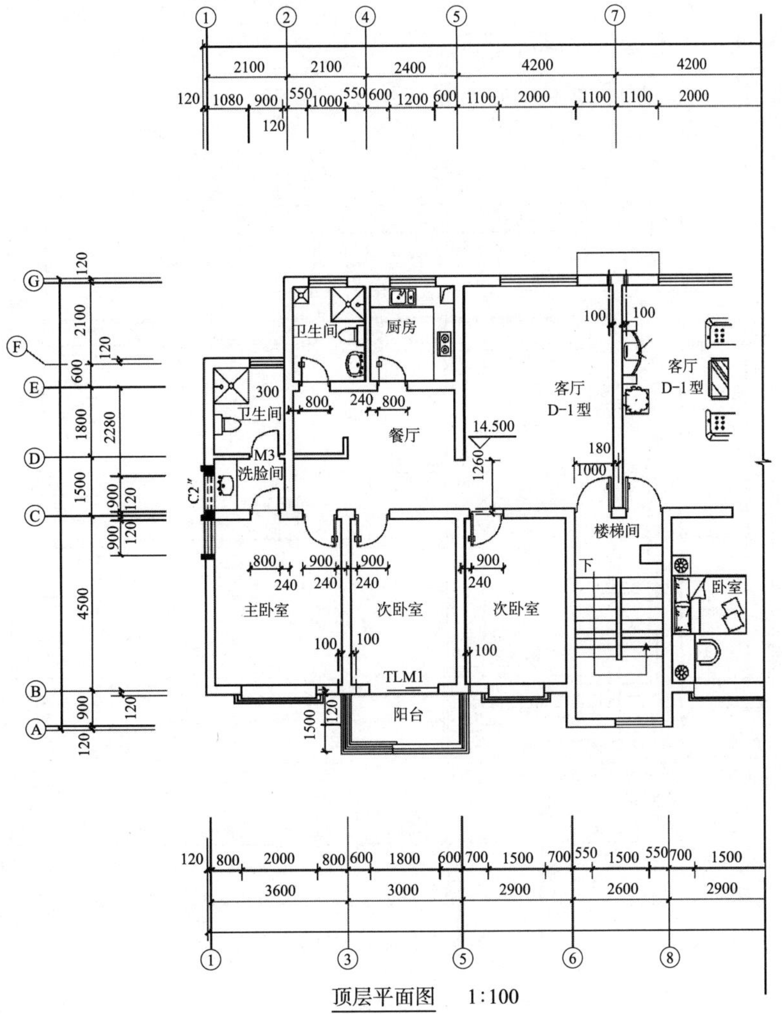

图1-15 某住宅小区顶层平面图

施工图讲解

图中所示的楼层为六层，所以顶层即为第六层。顶层平面图的图示内容和识读方法与标准平面图基本相同，这里就不再赘述，只对它们的不同之处进行讲解。

（1）顶层平面图中⑥～⑧轴线间的楼梯间，梯段不再被水平剖切面剖切，也不再用倾斜45°的折断线表示，因为它已经到了房屋的最顶层，不再需要上行的梯段，故栏杆直接连接在⑧轴线的墙体上。

（2）看平面的标高，顶层平面标高为14.500m。

9.某住宅小区屋顶平面图识读

某住宅小区屋顶平面图，如图1-16所示。

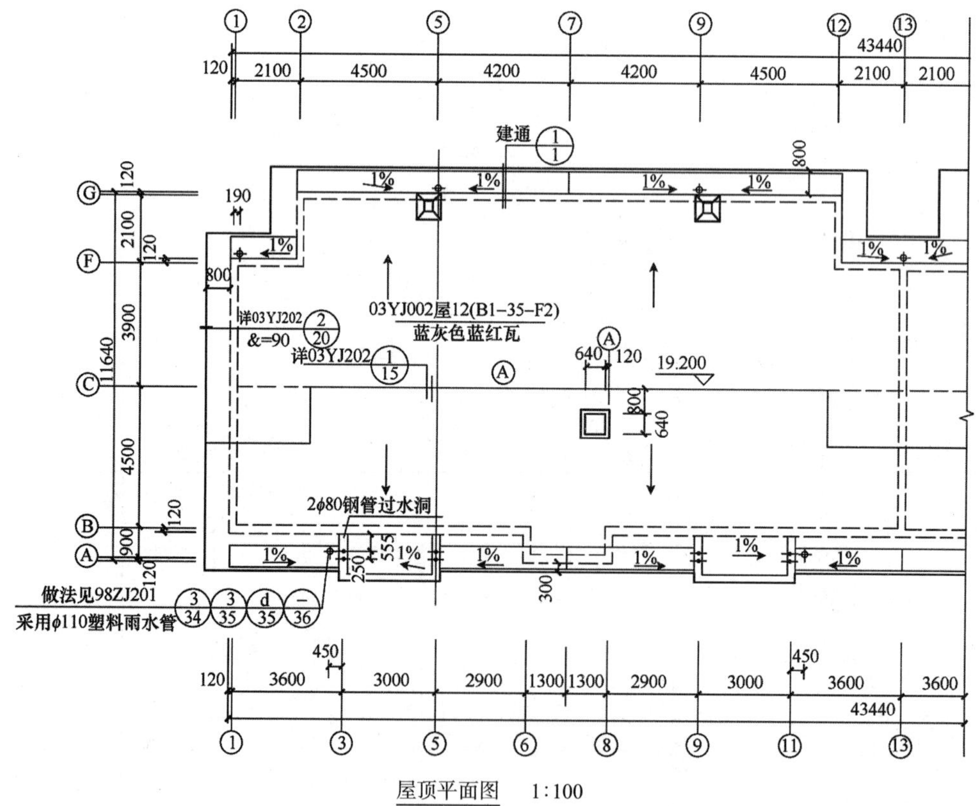

图1-16 某住宅小区屋顶平面图

(1) 看屋面平面图的图名、比例可知，该图比例为1:100。

(2) 顶层平面标高为19.200m。

1.4 建筑立面图的识读

1.4.1 建筑立面图的内容

建筑立面图，是平行于建筑物各方向外墙面的正投影图，简称立面图。建筑立面图用来表示建筑物的体型和外貌，并表明外墙面装饰材料与装饰要求等的图样。

建筑立面图的一般内容包括：

(1) 图名、比例、立面两端的轴线及编号。详细的轴线尺寸以平面图为准，立面图中只画出两端的轴线，以明确位置，但轴线位置及编号必须与平面图对应。

(2) 外墙面的体型轮廓和屋顶外形线在立面图中通常用粗实线表示。

(3) 门窗的形状、位置与开启方向是立面图中的主要内容。门窗洞口的开启方式、分格情况都是按照有关的图例绘制的。有些特殊的门窗，如不能直接选用标准图集，还会附有详图或大样图。

(4) 外墙上的一些构筑物。按照投影原理，立面图反映的还有室外地坪以上能够看得到的细部，如勒脚、台阶、花台、雨篷、阳台、檐口、屋顶和外墙面的壁柱雕花等。

(5) 标高和竖向的尺寸。立面图的高度主要以标高的形式来表现，一般需要标注的位置有：室内外的地面、门窗洞口、栏板顶、台阶、雨篷、檐口等。这些位置，一般标清楚了标高，竖向的尺寸可以不写。竖向尺寸主要标注的位置常设在房屋的左右两侧，最外面的一道总尺寸标明的是建筑物的总高度，第二道分尺寸标明的是建筑物的每层层高，最内侧的一道分尺寸标明的是建筑物左右两侧的门窗洞口的高度、距离本层层高和上层层高的尺寸。

(6) 立面图中常用相关的文字说明来标注房屋外墙的装饰材料和做法。通过标注详图索引，可以将复杂部分的构造另画详图来表达。

1.4.2 建筑立面图的识读技巧

（1）首先看立面图上的图名和比例，再看定位轴线确定是哪个方向上的立面图及绘图比例是多少，立面图两端的轴线及其编号应与平面图上的相对应。

（2）看建筑立面的外形，了解门窗、阳台栏杆、台阶、屋檐、雨篷、出屋面排气道等的形状及位置。

（3）看立面图中的标高和尺寸，了解室内外地坪、出入口地面、窗台、门口及屋檐等处的标高位置。

（4）看房屋外墙面装饰材料的颜色、材料、分格做法等。

（5）看立面图中的索引符号、详图的出处、选用的图集等。

1.4.3 建筑立面图的实例识读

1.某办公楼东立面图的实例识读

某办公楼东立面图，如图1-17所示。

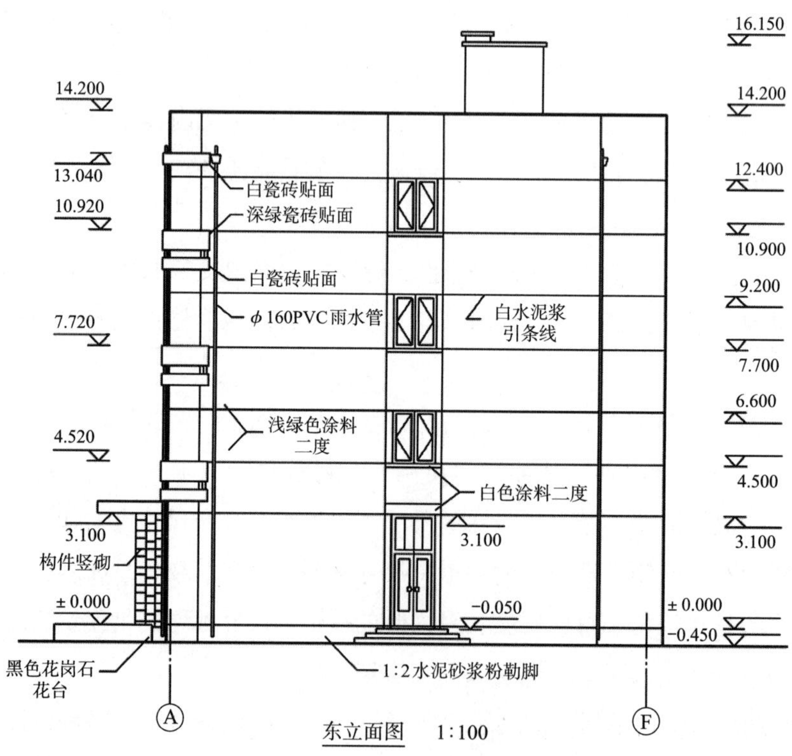

图1-17 某办公楼东立面图

（1）本图按照房屋的朝向命名，即该图是房屋的右立面图，比例为1:100，图中表明建筑的层数是四层。

（2）其他标高与正立面图相同，本图中标明了建筑右侧窗户的标高。

（3）图中标明了采用直径为160mm的PVC雨水管，建筑南侧正门台阶处采用黑色花岗石花台。

2.某办公楼西立面图的实例识读

某办公楼西立面图，如图1-18所示。

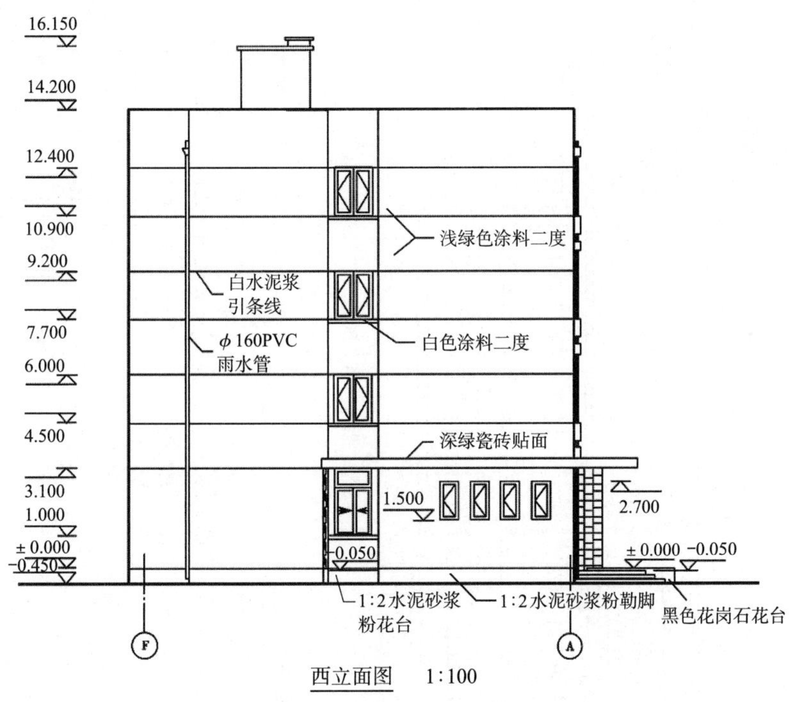

图1-18 某办公楼西立面图

施工图讲解

（1）本图按照房屋的朝向命名，即该图是房屋的左立面图，比例为1:100，图中表明建筑的层数是四层。

（2）其他标高与正立面图相同，本图中标明了建筑左侧窗户的标高。

（3）图中标明了采用直径为160mm的PVC雨水管，建筑南侧正门台阶处采用黑色花岗石花台。

3.某公司宿舍楼南立面图的实例识读

某公司宿舍楼南立面图，如图1-19所示。

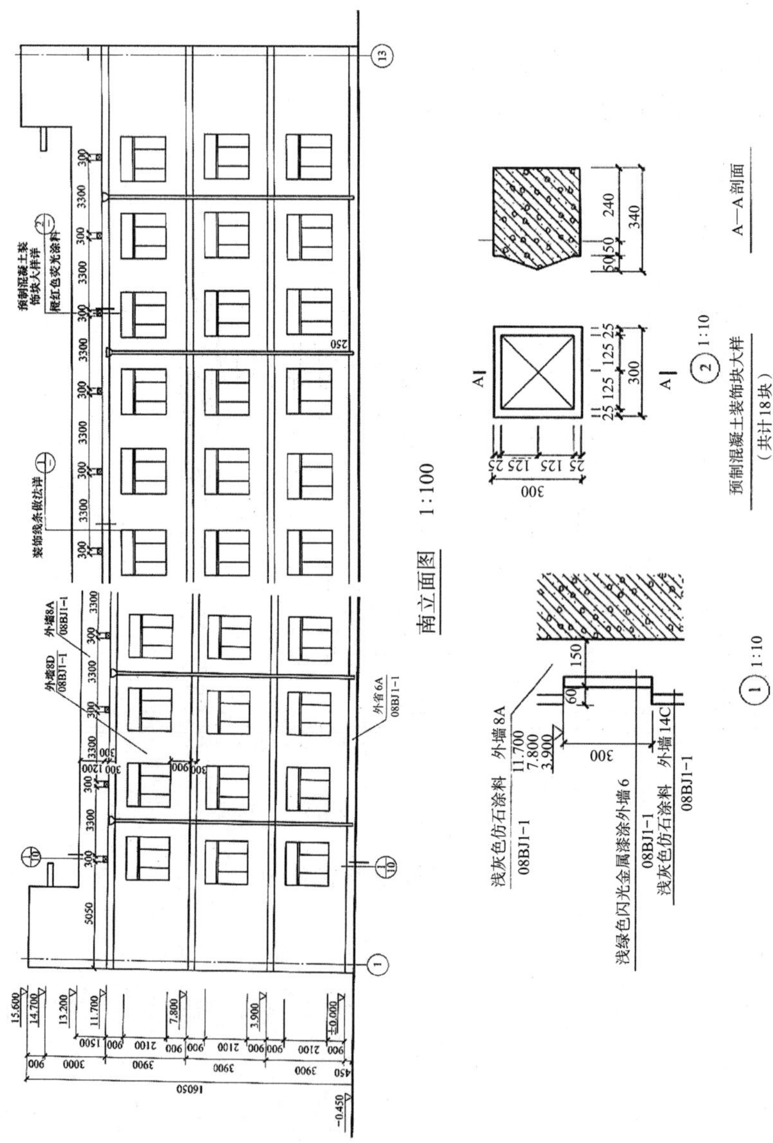

图1-19　某公司宿舍楼南立面图

（1）该图为南立面图。两端的定位轴线为①～⑬轴。

（2）南立面图的绘制比例为1:100，宿舍楼总高16.05m，室内外高差为0.45m，一～三层的层高为3.9m，四层层高为3m，四层顶部女儿墙高0.9m，上人屋面处女儿墙高1.5m。

（3）每层设计有10扇窗，窗高2100mm，宽2100mm，窗台高度为900mm，窗洞上口至上层楼面的高度为900mm。

（4）外墙装修做法为外墙8A，勒脚为外墙6A。通过查阅图集08BJ1-1，可以明确装修做法。

（5）墙上有3道装饰线条，通过索引符号可以在本页上找到详图①表示装饰线条的做法。3道装饰线条的位置分别在标高3.900m、7.800m和11.700m处，线条高300mm。

（6）顶部装饰线条上方有10块装饰块（北立面还有8块），图上标有装饰块的定位和定形尺寸。通过索引符号可以在本页上找到详图②表示装饰块的做法。

（7）该立面设有4个雨水管。

（8）该立面还有一剖切索引符号$\frac{1}{10}$，表示另有详图说明墙身做法，详图绘制在“建-10”的第一个详图。在图号为“建-10”的图纸上，应该有一符号为$\frac{1}{7}$的详图，表明此处的外墙做法。

4.某公司宿舍楼北立面图的实例识读

某公司宿舍楼北立面图，如图1-20所示。

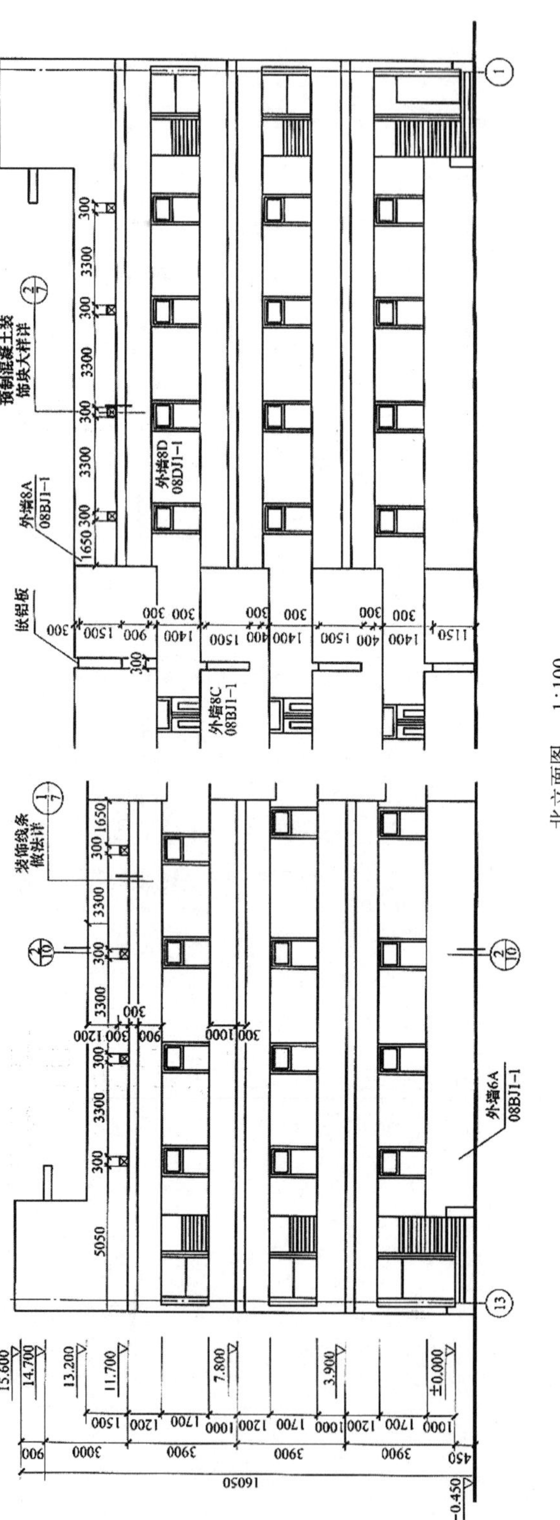

图1-20 某公司宿舍楼北立面图

（1）该图为北立面图。两端的定位轴线为⑬～①轴。

（2）北立面图的绘制比例为1∶100，高度尺寸及装修做法同南立面图。

（3）首层通廊栏板高1000mm，二、三层栏板总高2200mm，平面造型为圆弧部分的栏板高2500mm。

（4）每层可见9扇门，其中有8扇是同一规格的门，门洞高2700mm；另外1扇门的门洞高也为2700mm。

（5）靠近⑬轴和①轴各有一部楼梯和出入口。

（6）该立面还有一剖切索引符号(1/10)，表示另有详图说明墙身做法，详图绘制在“建-10”的第二个详图。在图号为“建-10”的图纸上，应该有一符号为(1/7)的详图，表明此处的外墙做法。

5.某宿舍楼①～⑤立面图的识读

某宿舍楼①～⑤立面图，如图1-21所示。

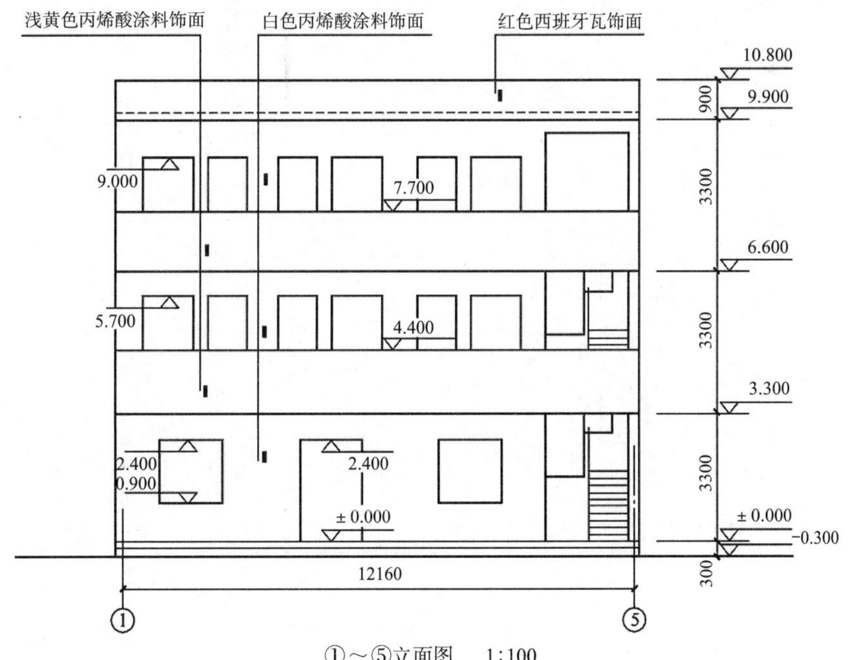

图1-21 某宿舍楼①～⑤立面图

施工图讲解

（1）本图采用轴线标注立面图的名称，即该图是房屋的正立面图，比例为1∶100，图中表明建筑的层数是三层。

（2）从右侧的尺寸、标高可知，该房屋室外地坪为-0.300m。可以看出一层大门的底标高为±0.000m，顶标高为2.400m；一层窗户的底标高为0.900m，顶标高为2.400m；二、三层阳台栏板的顶标高分别为4.400m、7.700m；二、三层门窗的顶标高分别为5.700m、9.000m；底部因为栏板的遮挡看不到，所以底标高没有标出。

（3）楼梯位于正立面图的右侧，上行的第一跑位于⑤号轴线处，每层有两跑到达。

（4）从顶部引出线看到，建筑的外立面材料为浅黄色丙烯酸涂料饰面，内墙为白色丙烯酸涂料饰面，女儿墙上的坡屋檐为红色西班牙瓦饰面。

6.某宿舍楼⑤～①立面图识读

某宿舍楼⑤～①立面图，如图1-22所示。

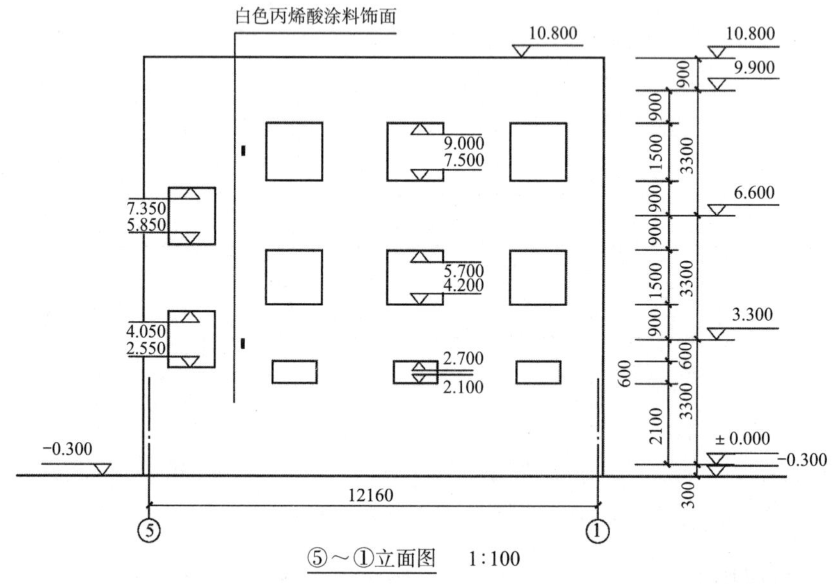

图1-22　某宿舍楼⑤～①立面图

（1）本图采用轴线标注立面图的名称，即该图是房屋的背立面图，比例为1:100，图中表明建筑的层数是三层。

（2）从右侧的尺寸、标高可知，该房屋室外地坪为-0.300m。可以看出一层窗户的底标高为2.100m，顶标高为2.700m；二层窗户的底标高为4.200m，顶标高为5.700m；三层窗户的底标高为7.500m，顶标高为9.000m。位于图面左侧的是楼梯间窗户，其一层底标高为2.550m，顶标高为4.050m；二层底标高为5.850m，顶标高为7.350m。

（3）从顶部引出线看到，建筑的背立面装饰材料比较简单，为白色丙烯酸涂料饰面。

1.5 建筑剖面图的识读

1.5.1 建筑剖面图的内容

建筑剖面图一般是指建筑物的垂直剖面图，也就是假想用一个竖直平面去剖切房屋，移去靠近观察者视线的部分的正投影图，简称剖面图。

建筑剖面图表示建筑物内部垂直方向的高度、楼层分层、垂直空间的利用以及简要的结构形式和构造方式等情况的图样，如屋顶形式、屋顶坡度、檐口形式、楼板布置方式、楼梯的形式及其简要的结构、构造等。

有特殊设备的房间，如卫生间、实验室等，需用详图标明固定设备的位置、形状及其细部做法等。局部构造详图中，如墙身剖面、楼梯、门窗、台阶、阳台等，都要分别画出。有特殊装修的房间，需绘制装修详图，如吊顶平面图等。

建筑总平面图的一般内容包括：

（1）建筑剖面图的图名用阿拉伯数字、罗马数字或拉丁字母加“剖面图”形成。

（2）建筑剖面图的比例常用1:100，有时为了专门表达建筑的局部时，剖面图比例可以用1:50。

（3）在建筑剖面图中，定位轴线的绘制与平面图中相似，通常只需画出承重外墙体的轴线及编号。轻质隔墙或其他非重要部位的轴线一般不用画出，需要时，可以标明到最邻近承重墙体轴线的距离。

（4）剖切到的构配件主要有：剖切到的屋面（包括隔热层及吊顶），楼面，室内外地面（包括台阶、明沟及散水等），内外墙身及其门、窗（包括过梁、圈梁、防潮层、女儿墙及压顶），各种承重梁和联系梁，楼梯梯段及楼梯平台，雨篷及雨篷梁，阳台，走廊等。

（5）在建筑剖面图中，因为室内外地面的层次和做法一般都可以直接套用标准图集，所以剖切到的结构层和面层的厚度在使用1∶100的比例时只需画两条粗实线表示；使用1∶50的比例时，除了画两条粗实线外，还需在上方再画一条细实线表示面层，各种材料的图块要用相应的图例填充。

（6）楼板底部的粉刷层一般不用表示，其他可见的轮廓线（如门窗洞口、内外墙体的轮廓、栏杆扶手、踢脚、勒脚等）均要用粗实线表示。

（7）有地下室的房屋，还需画出地下部分的室内外地面及构件，下部截止到地面基础墙的圈梁以下，用折断线断开。除了此种情况以外，其他房屋则不需画出室内外地面以下的部分。

（8）在剖面图中，主要表达清楚的是楼地面、屋顶、各种梁、楼梯梯段及平台板、雨篷与墙体的连接等。当使用1∶100的比例时，这些部位很难显示清楚。当被剖切到的构配件比例小于1∶100时，可简化图例，如钢筋混凝土可涂黑；比较复杂的部位，常采用详图索引的方式另外引出，再画出局部的节点详图，或直接选用标准图集的构造做法。楼梯间的剖面，要表达清楚被剖切到的梯段和休息平台的断面形式；没有被剖切到的梯段，要绘出楼梯扶手的样式投影图。

（9）在剖面图中，主要表达的是剖切到的构配件的构造及其做法，所以常用粗实线表示。对于未剖切到的可见的构配件，也是剖面图中不可缺少的部分，但不是表现的重点，所以常用细实线表示，和立面图中的表达方式基本一样。

（10）剖面图的尺寸标注一般有外部尺寸和内部尺寸之分。在剖面图中，室外地坪、外墙上的门窗洞口、檐口、女儿墙顶部等处的标高，以及与之对应的竖向尺寸、轴线间距尺寸、窗台等细部尺寸为外部尺寸；室内地面、各层楼面、屋面、楼梯平台的标高及室内门窗洞的高度尺寸为内部尺寸。

（11）在剖面图中标高的标注在某些位置是必不可少的，如每层的层高处、女儿墙顶部、室内外地坪处、剖切到但又未标明高度的门窗顶底处、楼梯的转向平台、雨篷等。

（12）对于剖面图中不能用图样的方式表达清楚的地方，应加以适当的施工说明来注释。详图索引符号用于引出详图。

1.5.2 建筑剖面图的识读技巧

（1）先看图名、轴线编号和绘图比例。将剖面图与底层平面图对照，确定建筑剖切的位置和投影的方向，从中了解剖面图表现的是房屋哪个部分、向哪个方向的投影。

（2）看建筑重要部位的标高，如女儿墙顶的标高、坡屋面屋脊的标高、室外地坪与室内地坪的高差、各层楼面及楼梯转向平台的标高等。

（3）看楼地面、屋面、檐线及局部复杂位置的构造。楼地面、屋面的做法通常在建筑施工图的第一页建筑构造中选用了相应的标准图集，与图集不同的构造通常用一引出线指向需要说明的部位，并按其构造层次依次列出材料等说明，有时绘制在墙身大样图中。

（4）看剖面图中某些部位坡度的标注，如坡屋面的倾斜度、平屋面的排水坡度、入口处的坡道、地下室的坡道等需要做成斜面的位置，通常这些位置标注的都有坡度符号，如1%或1:10等。

（5）看剖面图中有无索引符号。剖面图不能表达清楚的地方，应注有索引符号，对应详图看剖面图，才能将剖面图真正看明白。

1.5.3 建筑剖面图的实例识读

1.某住宅楼1—1剖面图的实例识读

某住宅楼1—1剖面图，如图1-23所示。

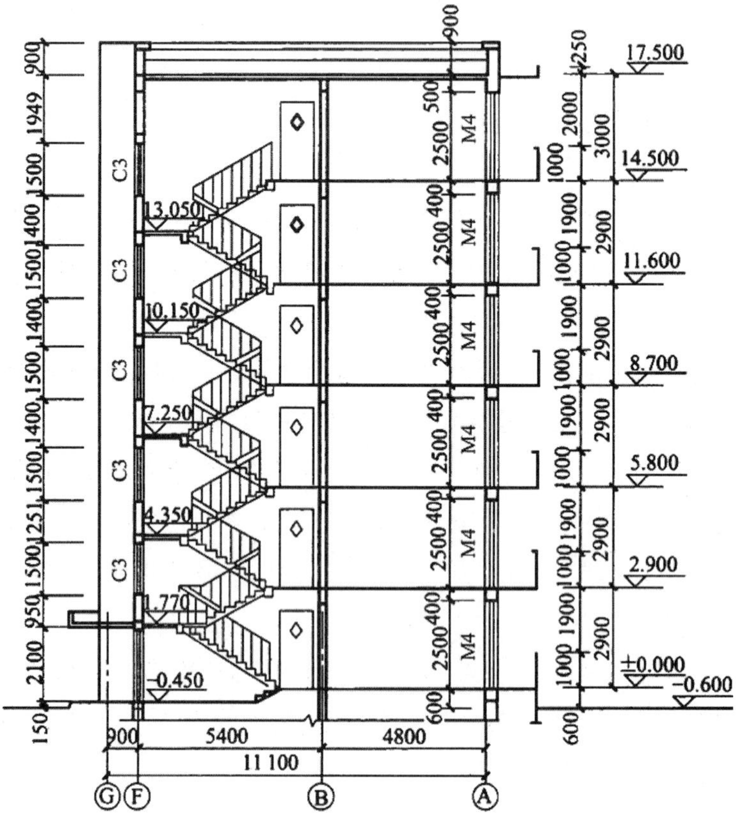

1—1剖面图　1:100

图1-23　某住宅楼1—1剖面图

（1）图中Ⓐ和Ⓑ轴间距为4800 mm，Ⓑ和Ⓕ轴间距为5400 mm，Ⓕ和Ⓖ轴间距为900 mm。

（2）室外地坪高度为-0.600m，一层室内标高为±0.000m，则室内外高差为600mm。另外，还可见各层室内地面标高分别为2.900m、5.800m等。

（3）图中Ⓐ轴墙上有推拉门M4（所有门、窗的编号需查阅平面图），且门外（右侧）有阳台，阳台栏板高度为1000mm，栏板顶部距上层地面高度为1900m，在六层阳台上方雨篷的高度为250mm。各楼层高度为2900mm，六层层高为3000mm。Ⓑ轴为客厅与楼梯间的隔墙。Ⓕ轴处墙上设有墙C3，其高度由Ⓖ轴左侧的尺寸标注可知为1500mm，另外还可知各层窗台距下层窗过梁下皮的间距，女儿墙高为900mm。

（4）由内部高度方向尺寸可知，推拉门M4洞口高度为2500mm，上方过梁高度为400mm。

（5）图中Ⓐ轴上方的梁与Ⓐ和Ⓑ轴间楼板由钢筋混凝土现浇为一体，断面形状为矩形。台地面与栏板自成一体。

（6）楼梯的建筑形式为双跑式楼梯，结构形式为板式楼梯，装有栏杆。向右上方倾斜的楼段均用粗实线绘出，表示被切断之意；向左上方倾斜的梯段用细实线绘出，表示未被切断但可见。其他部分粗、细实线的区分之意亦如此。

2.某教学楼1—1剖面图的实例识读

某教学楼1—1剖面图，如图1-24所示。

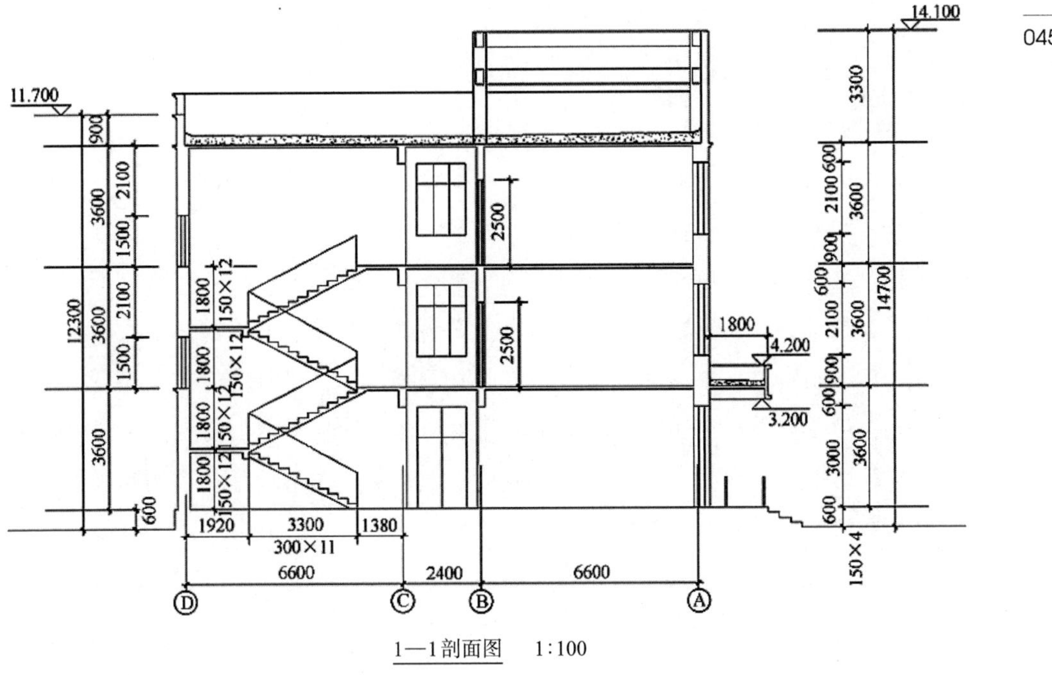

图1-24 某教学楼1—1剖面图

施工图讲解

（1）图名是某教学楼1—1剖面图，由此编号可在这座教学楼的底层平面图中找到对应的编号为1的剖切符号，可知1—1剖面图为阶梯剖面图，剖切位置通过楼梯间的窗洞，在走廊处转折后再通过定位轴线之间门厅的门洞，投射方向向右。对照这座教学楼的其他层平面图可以看出，通过楼梯间的剖切平面都是剖切各层西侧的楼梯段，另一剖切平面都是剖切西侧的普通教室，并通过该教室的门和窗。

1—1剖面图的比例是1∶100。在建筑剖面图中，凡是被剖切到的墙、柱都要画出定位轴线并标注定位轴线间的距离，以便与建筑平面图对照阅读。

（2）在建筑剖面图中，应画出房屋基础以上被剖切到的建筑构配件，从而了解这些建筑构配件的位置、断面形状、材料和相互关系。剖切到的墙体有轴线编号为Ⓐ、Ⓓ的两道外墙和编号为Ⓑ的内墙，剖切到墙身的门窗洞顶面、屋面板底面、楼梯段、休息平台，还剖切到这座教学楼入口上方的雨篷。

（3）在建筑剖面图中还应画出未剖切到但按投影方向能看到的建筑构配件。图中画出了楼梯间内可见到的楼梯段和栏杆、一层休息平台的门和二、三层休息平台处的窗、女儿墙压顶等。

（4）在建筑剖面图中应标注房屋沿垂直方向的内外部尺寸和各部位的标高。外部通常标注三道尺寸，称为外部尺寸，从外到内依次为总高尺寸、层高尺寸和外墙细部尺寸。从图中可以看出，左右均标注了三道尺寸，这座教学楼总高度为14.700m，每层层高为3.600m，在图的左边标注的最里边的尺寸标注了定位轴线编号为Ⓓ的外墙上窗洞的高度和洞间墙的高度。在图的右边标注了定位轴线编号为Ⓐ的外墙上窗洞的高度和洞间墙的高度。

在房屋的内部标注了Ⓑ轴门洞的高度、楼梯休息平台的高度。图中注明了雨篷的底面和顶层、屋面、女儿墙顶面的标高。图中还标注了楼梯段的宽度和高度、楼梯的台阶宽度和数量。

3.某企业员工宿舍楼1—1剖面图的实例识读

某企业员工宿舍楼1—1剖面图，如图1-25所示。

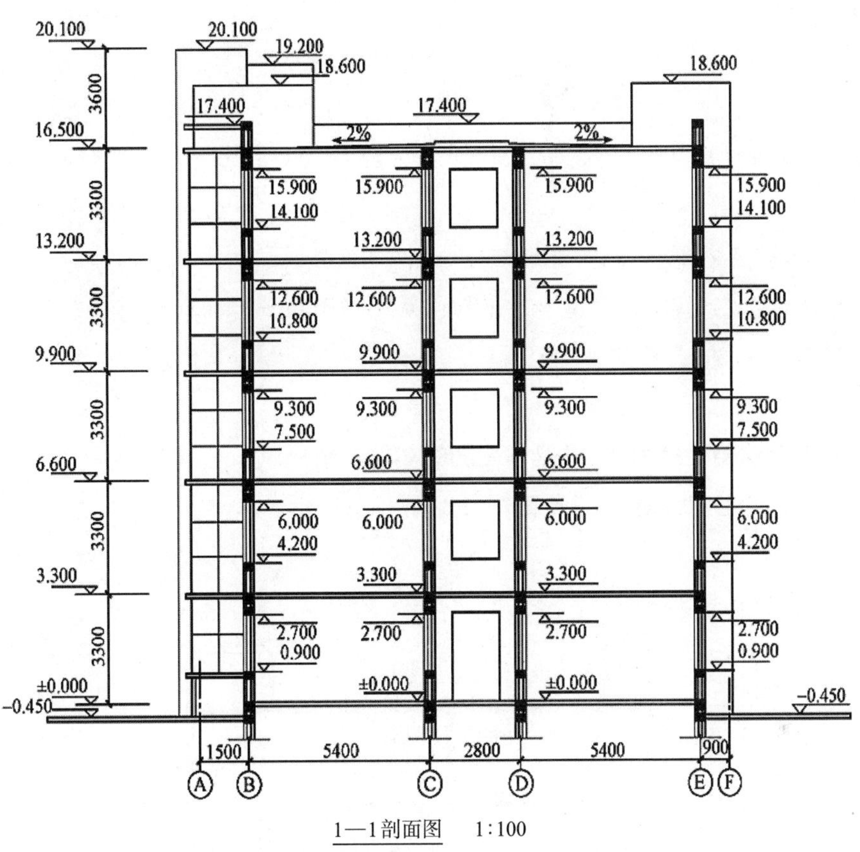

1—1剖面图　1:100

图1-25　某企业员工宿舍楼1—1剖面图

（1）从图名和比例可知，该剖面图为某企业员工宿舍楼1—1剖面图，比例为1:100。

（2）1—1剖面图表示的是建筑Ⓐ～Ⓕ轴之间的空间关系，表达的主要是宿舍房间及走廊的部分。

（3）从图中可以看出，该房屋为五层楼房，平屋顶，屋顶四周有女儿墙，为混合结构。屋面排水采用材料找坡2%的坡度；房间的层高分别为±0.000m、3.300m、6.600m、9.900m、13.200m。屋顶的结构标高为16.500m。宿舍的门高度均为2700mm，窗户高度为1800mm，窗台离地900mm。走廊端部的墙上中间开一窗，窗户高度为1800mm。剖切到的屋顶女儿墙高900mm，墙顶标高为17.400m。能看到但未剖切到的屋顶女儿墙高低不一，高度分别为2100mm、2700mm、3600mm，墙顶标高为18.600m、19.200mm、20.100mm。从建筑底部标高可以看出，此建筑的室内外高差为450mm。底部的轴线尺寸标明，宿舍房间的进深尺寸为5400mm，走廊宽度为2800mm。另外有局部房间尺寸凸出主轴线，如Ⓐ轴到Ⓑ轴间距为1500mm，Ⓔ轴到Ⓕ轴间距为900mm。

4.某企业员工宿舍楼2—2剖面图的实例识读

某企业员工宿舍楼2—2剖面图，如图1-26所示。

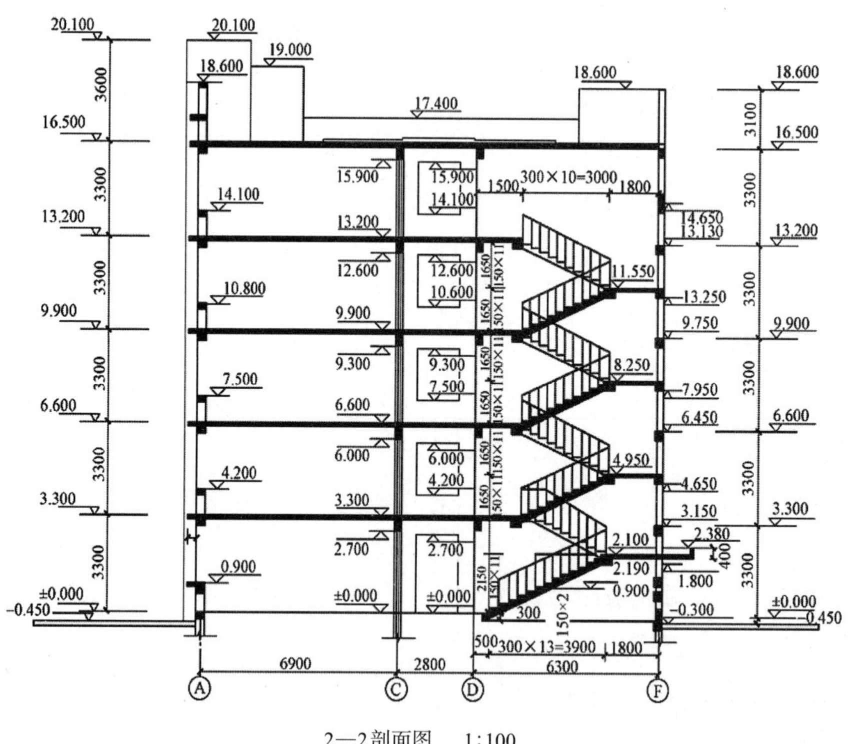

2—2剖面图　1∶100

图1-26　某企业员工宿舍楼2—2剖面图

施工图讲解

(1)看图名和比例可知，该图为某企业员工宿舍楼2—2剖面图，比例为1:100。在对应建筑的首层平面图，找到剖切的位置和投射的方向。

(2)2—2剖面图表示的是建筑Ⓐ～Ⓕ轴之间的空间关系，表达的主要是楼梯间的详细布置及与宿舍房间的关系。

(3)从2—2剖面图可以看出建筑的出入口及楼梯间的详细布局。在Ⓕ轴处为建筑的主要出入口，门口设有坡道，高150mm(从室外地坪标高-0.45m和楼梯间门内地面标高-0.300m可以算出)；门高2100mm(从门的下标高为-0.300m，上标高为1.800m得出)；门口上方设有雨篷，雨篷高为400mm，顶标高为2.380m。进入楼梯间，地面标高为-0.300m，通过两个总高度为300mm的踏步上到一层房间的室内地面高度(即±0.000m标高处)。

(4)每层楼梯都是由两个梯段组成。除一层外，其余梯段的踏步数量及宽高尺寸均相同。一层的楼梯特殊一些，设置成长短跑。即第一个梯段较长(共有13个踏步面，每个踏步300mm，共有3900mm长)，上的高度较高(共有14个踏步高，每个踏步高150mm，共有2100mm高)；第二个梯段较短(共有7个踏步面，每个踏步300mm，共有2100mm长)，上的高度较低(共有8个踏步高，每个踏步高150mm，共有1200mm高)。这样做的目的主要是将一层楼梯转折处的中间休息平台抬高，使行人在平台下能顺利通过。可以看出，休息平台的标高为2.100m，地面标高为-0.300m，所以下面空间高度(包含楼板在内)为2400mm。除去楼梯梁的高度350mm，平台下的净高为2050mm。这样就满足了《民用建筑设计统一标准》GB 50352—2019第6.8.6条“楼梯平台上部及下部过道处的净高不应小于2m”的规定。二层到五层的楼梯均由两个梯段组成，每个梯段有11个踏步，踏步高150mm、宽300mm，所以梯段的长度为300mm×10=3300mm，高度为150mm×11=1650mm。楼梯间休息平台的宽度均为1800mm，标高分别为2.100m、4.950m、8.250m、11.550m。在每层楼梯间都设有窗户，窗的底标高分别为3.150m、6.450m、9.750m、13.130m，窗的顶标高分别为4.650m、7.950m、13.250m、14.650m。每层楼梯间的窗户距中间休息平台高1500mm。

(5)走廊底部是门的位置。门的底标高为±0.000m，顶标高为2.700m。

1—1剖面图的Ⓓ轴线表明被剖切到的是一堵墙；而2—2剖面图只是画了一个单线条，并且用细实线表示，说明走廊与楼梯间是相通的，该楼梯间不是封闭的楼梯间，人流可以直接走到楼梯间再上到上面几层。单线条是可看到的楼梯间两侧墙体的轮廓线。

（6）另外，在Ⓐ轴线处的窗户与普通窗户设置方法不太一样。它的玻璃不是直接安装在墙体中间的洞口上，而是附在墙体外侧，并且一直到达屋顶的女儿墙的装饰块处。实际上，它就是一个整体的玻璃幕墙，从外立面看，是一整块的玻璃。玻璃幕墙的做法有隐框和明框之分，详细做法可以参考标准图集。每层层高处在外墙外侧伸出装饰性的挑檐，挑檐宽300mm，厚度与楼板相同。每层窗洞口的底标高分别为0.900m、4.200m、7.500m、10.800m、14.100m，窗洞口顶标高由每层的门窗过梁决定（用每层层高减去门窗过梁的高度可以得到）。

5.某物业楼的剖面图的实例识读

某物业楼的剖面图，如图1-27所示。

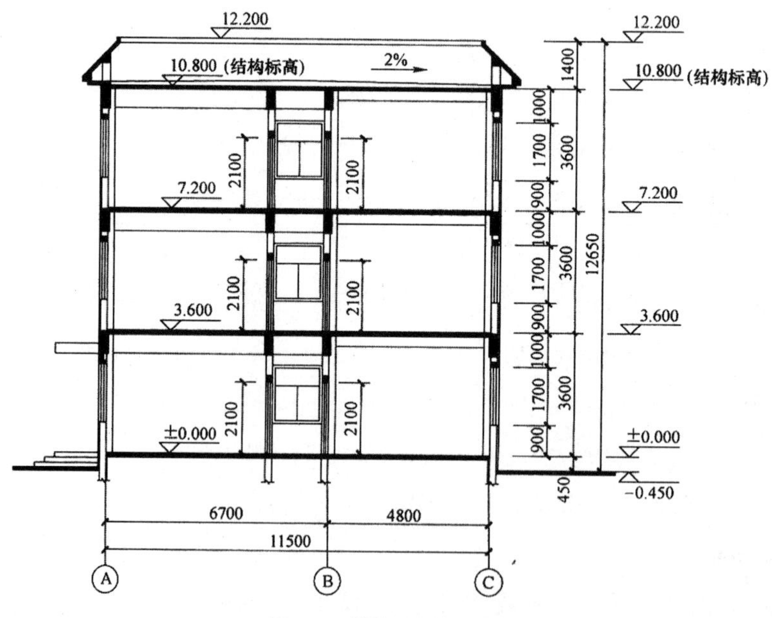

图1-27　某物业楼的剖面图

施工图讲解

该图纸反映了该楼从地面到屋面的内部构造和结构形式，可以看到正门的台阶和雨篷。基础部分一般不画，其在“结施”基础图中表示。图中右侧给出的标高可知该楼地面以上总高度为12.65m，楼层高3.6m，屋顶围墙高1.4m。外墙面上的窗洞高1.7m，窗台面至本层楼面高度为900mm，窗顶至上层楼面高度为1000mm。内部办公室门洞高2.1m。屋面标高为10.800m，该标高为结构标高。

6.某办公大楼剖面图的实例识读

某办公大楼剖面图，如图1-28所示。

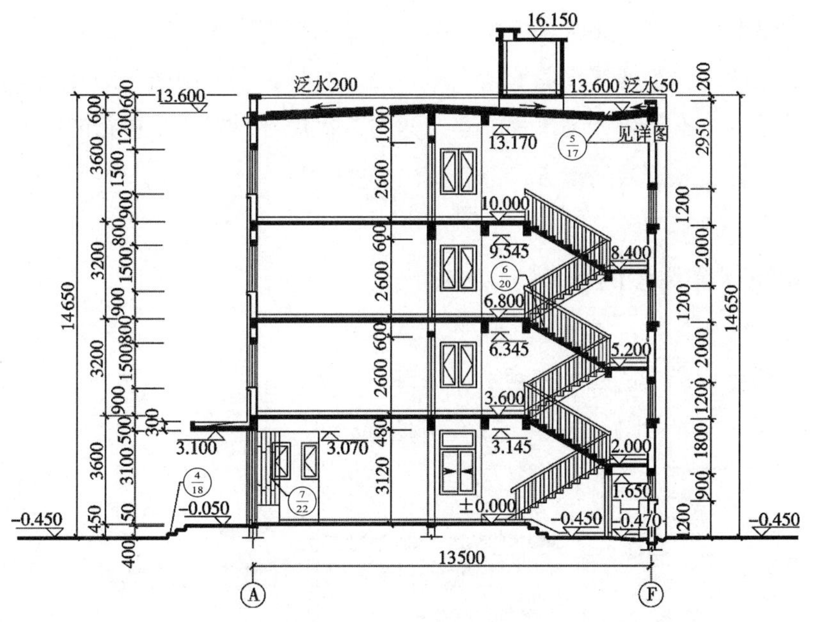

图1-28 某办公大楼剖面图

(1) 图中反映了该楼从地面到屋面的内部构造和结构形式，该剖面图还可以看到正门的台阶和雨篷。

(2) 基础部分一般不画，它在“结施”基础图中表示。

(3) 图中给出该楼地面以上最高高度为16.150m，一层、四层楼层高

3.6m，二层、三层楼层高3.2m。

(4) Ⓕ轴线外墙面上一层的窗洞高2.1m，二～四层的窗洞高1.2m，窗台面至本层楼面高度一层为1000mm，二～四层高为900mm；窗顶至上层楼面高度一层为500mm，二～四层为800mm。

1.6 建筑详图的识读

在实际中对建筑物的一些节点、建筑构配件形状、材料、尺寸、做法等用较大比例图纸表示，称为建筑详图或详图，有时也称大样图。

建筑详图是建筑细部构造的施工图，是建筑平、立、剖面图的补充。建筑详图其实就是一个重新设计的过程。建筑详图是在局部对建筑物进行的设计。建筑施工图中需要表达清楚的地方，都要画出详图。

1.6.1 建筑楼梯详图的识读

1.建筑楼梯详图的图示内容

建筑楼梯详图的图示内容，如图1-29所示。

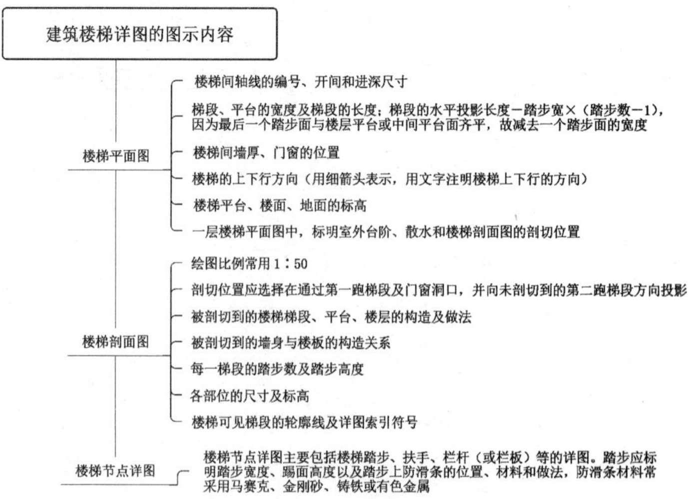

图1-29 建筑楼梯详图的图示内容

2.建筑楼梯详图的识读技巧

(1)明确该详图与有关图的关系，根据所采用的索引符号、轴线编号、剖切符号等明确该详图所示部分的位置，将局部构造与建筑物整体联系起来，形成完整的概念。

(2)识读建筑详图的时候要细心研究，掌握有代表性部位的构造特点，并灵活运用。

(3)一座建筑物由许多构配件组成，而它们多数属于相同类型，因此只要了解其中一个或两个的构造及尺寸，就可以类推其他构配件。

3.建筑楼梯详图的实例识读

(1)某培训楼楼梯平面图实例识读

某培训楼楼梯平面图，如图1-30所示。

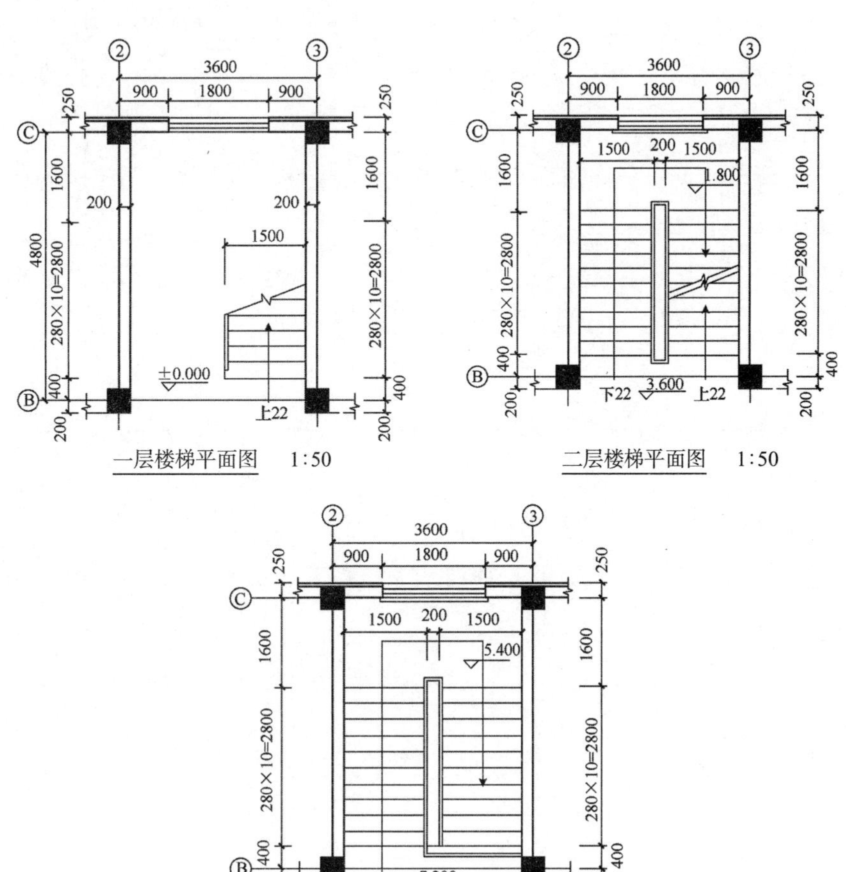

图1-30 某培训楼楼梯平面图

施工图讲解

（1）一层楼梯平面图中有一个可见的梯段及护栏，并注有“上”字箭头。根据定位轴线的编号可从一层平面图中得知楼梯间的位置。从图中标出的楼梯间的轴线尺寸，可知该楼梯间的宽为3600mm，深为4800mm；外墙厚度为250mm，窗洞宽度为1800mm，内墙厚200mm。该楼梯为两跑楼梯，图中注有上行方向的箭头。

（2）“上22”表示由底层楼面到二层楼面的总踏步数为22。

（3）“280×10=2800”表示该梯段有10个踏面，每个踏面宽280mm，梯段水平投影2800mm。

（4）地面标高 ±0.000mm。

（5）二层平面图中有两个可见的梯段及护栏，因此平面图中既有上行梯段，又有下行梯段。注有“上22”的箭头，表示从二层楼面往上走22级踏步可到达三层楼面；注有“下22”的箭头，表示从二层楼面往下走22级踏步可到达底层楼面。

（6）因梯段最高一级踏面与平台面或楼面重合，因此平面图中每一梯段画出的踏面数比步级数少一格。

（7）由于剖切平面在护栏上方，所以三层平面图中画有两段完整的梯段和楼梯平台，并只在梯口处标注一个下行的长箭头。下行22级踏步可到达二层楼面。

（2）某培训楼楼梯剖面图实例识读

某培训楼楼梯剖面图，如图1-31所示。

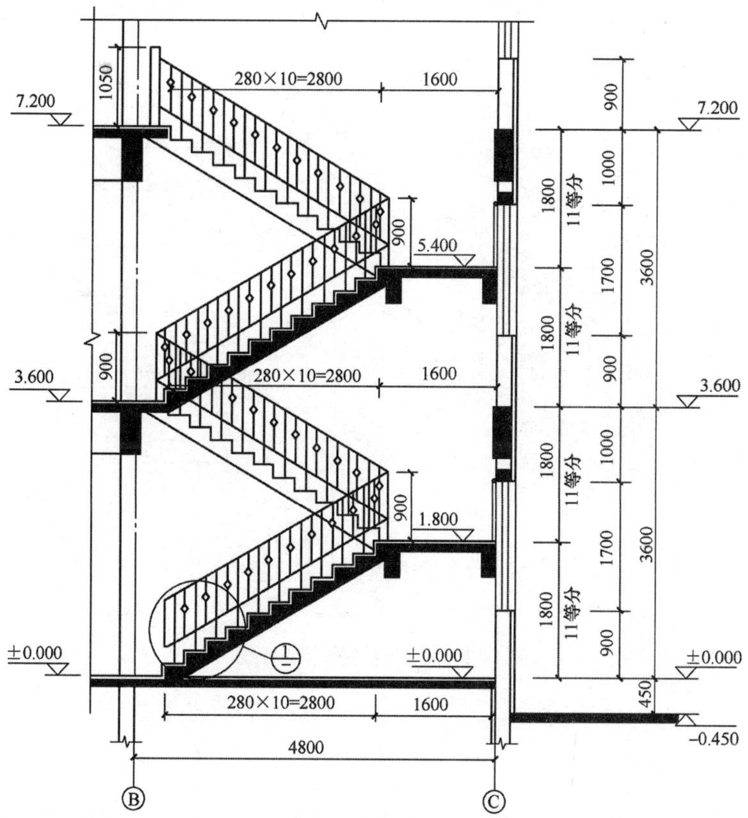

楼梯剖面图　1:50

图1-31　某培训楼楼梯剖面图

（1）从图中可知，该楼梯为现浇钢筋混凝土楼梯，双跑式。

（2）从楼层标高和定位轴线间的距离可知，该楼层高3600mm，楼梯间进深为4800mm。

（3）楼梯栏杆端部有索引符号，详图与楼梯剖面图在同一图纸上，详图为1图。被剖梯段的踏步数可从图中直接看出，未剖梯段的踏步级数，未被遮挡也可直接看到，高度尺寸上已标出该段的踏步级数。

（4）如第一梯段的高度尺寸为1800mm，该高度11等分，表示该梯段为11级，每个梯段的踏步高163.64mm，整跑梯段的垂直高度为1800mm。栏杆高度尺寸是从楼面量至扶手顶面，为900mm。

（3）某培训楼楼梯节点详图实例识读

某培训楼楼梯节点详图，如图1-32所示。

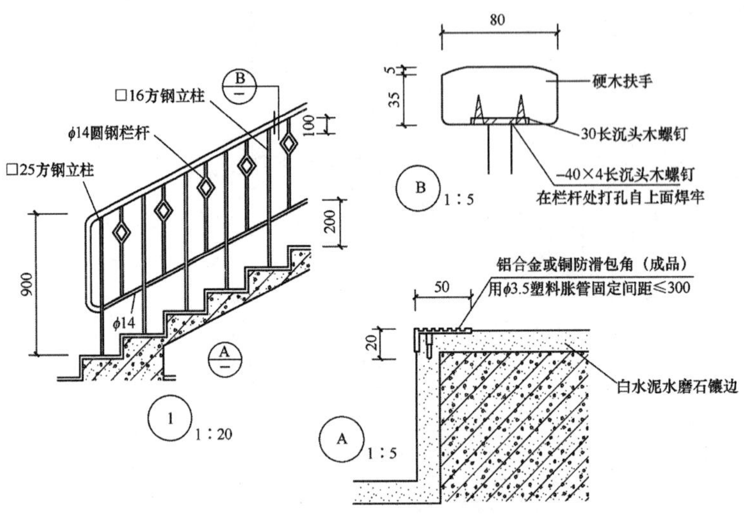

图1-32 某培训楼楼梯节点详图

（1）从图中可以知道栏杆的构成材料，其中立柱材料有两种，端部为25mm×25mm的方钢，中间立柱为16mm×16mm的方钢，栏杆由直径14mm的圆钢制成。

（2）扶手部位有详图Ⓑ，台阶部位有详图Ⓐ，这两个详图均与1详图在同一图纸上。Ⓐ详图主要说明楼梯踏面为白水泥水磨石镶边，用成品铝合金或铜防滑包角，包角尺寸已给出，包角用直径3.5mm的塑料胀管固定，两根胀管间距不大于300mm。

（3）Ⓑ详图主要说明栏杆扶手的材料为硬木，扶手的尺寸，以及扶手和栏杆连接的方法，栏杆顶部设40mm×4mm的通长扁钢，扁钢在栏杆处打孔自上面焊牢。

（4）扶手和栏杆连接方式为30mm长沉头木螺钉固定。

1.6.2 建筑厨卫详图的识读

1.建筑厨卫详图的内容

（1）了解建筑物的厕所、盥洗室、浴室的布置。

（2）了解卫生设备配置的数量规定，卫生用房的布置要求。

（3）了解卫生设备间距的规定。

2.建筑厨卫详图的识读技巧

（1）首先注意厨卫大样图的比例选用。

（2）注意轴线位置及轴线间距。

（3）了解各项卫生设备的布置。

（4）了解标高及坡度。

3.建筑厨卫详图的实例识读

（1）某住宅小区厨卫大样图

某住宅小区厨卫大样图，如图1-33所示。

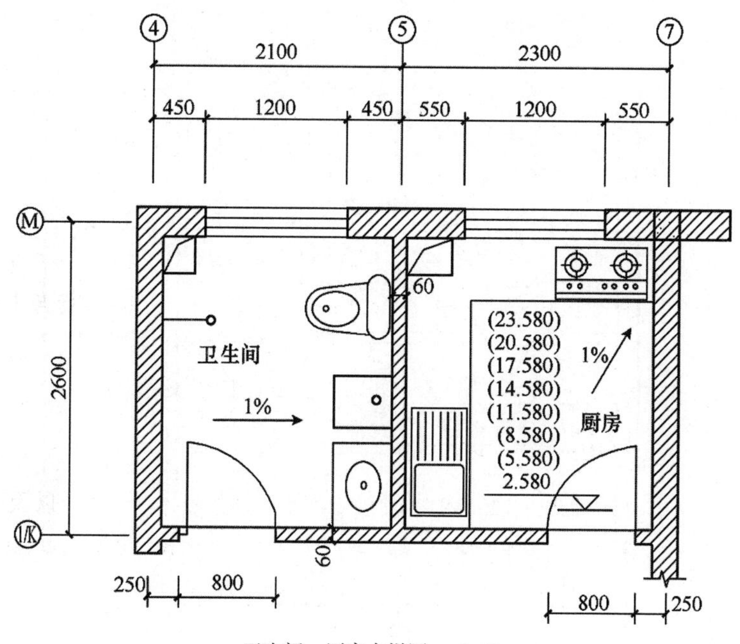

卫生间、厨房大样图　1:50

图1-33　某住宅小区厨卫大样图

施工图讲解

（1）位于左侧的是卫生间，门宽为800mm，距④轴线间距为250mm，轴线上的窗宽为1200mm，在④与⑤轴线间居中布置，房间内进门沿⑤轴线依次布置的有洗脸盆、拖布池、坐便器，对面沿④轴布置的有淋浴喷头，在④轴和轴交角的位置是卫生间排气道，可选用图集2000YJ205的做法。

（2）位于右侧的是厨房，门宽为800mm，距⑦轴线间距为250mm，窗宽为1200mm，在⑤与⑦轴线间居中布置，房间内进门沿⑤轴线布置的有洗菜池，在轴与⑦轴交角的位置布置煤气灶，对面沿⑤轴和轴交角的位置是厨房排烟道，排烟道根据建筑层数及其功能也可选用图集2000YJ205的做法。

（2）某公寓卫生间大样图

某公寓卫生间大样图，如图1-34所示。

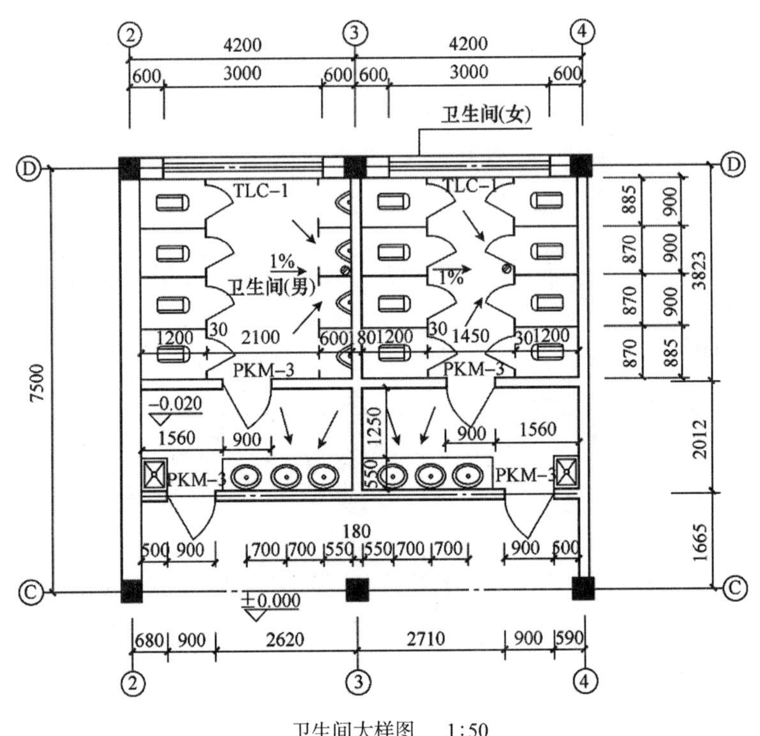

图1-34 某公寓卫生间大样图

（1）卫生间隔间宽为900mm，深为1200mm，符合规范隔间平面的尺寸要求。

（2）第一个洗脸盆距侧墙净距550mm，符合规范第一个洗脸盆距侧墙净距不应＜0.55m的要求。

（3）洗脸盆间的间距为700mm，符合规范有关不应＜0.70m的要求。

（4）卫生间前室洗脸盆外沿距对面墙1250mm，符合规范有关不应＜1.25m的要求。

（5）男卫生间隔间至小便器间的挡板阀的距离为2100mm，符合规范单厕所隔间至对面小便器外沿净距外开门不应＜1.3m的要求。

（6）女卫生间两隔间的距离为1560mm，符合规范不应＜1.30m的要求。

（7）卫生间地面符合规范厕所地面标高应略低于走道标高，并应有≥5‰的坡度向地漏或水沟，卫生间地面-0.020m略低于±0.000，有1%的坡度向地漏。

1.6.3 建筑门窗详图的识读

1. 建筑门窗详图的内容

在门窗详图中，应有门窗的立面图，平开的门窗在图中用细斜线画出门、窗扇的开启方向符号（两斜线的交点表示装门窗扇铰链的一侧，斜线为实线时表示向外开，为虚线时表示向内开）。按门、窗立面图规定画其外立面图。

立面图上标注的尺寸，第一道是窗框的外沿尺寸（有时还注上窗扇尺寸），最外一道是洞口尺寸，也就是平面图、剖面图上所注的尺寸。

门窗详图中都画有不同部位的局部剖面详图，以表示门、窗框和四周的构造关系。

2. 建筑门窗详图的识读技巧

（1）了解图名、比例。

（2）通过立面图与局部断面图，了解不同部位材料的形状、尺寸和一些五金配件及其相互间的构造关系。

（3）详图索引符号如②中的粗实线表示剖切位置，细的引出线表示剖视方向，引出线在粗线之左，表示向左观看；同理，引出线在粗线之下，表示向下观看。一般情况下，水平剖切的观看方向相当于平面图，竖直剖切的观看方向相当于左侧面图。

3.建筑门窗详图的实例识读

(1) 某会议厅木窗详图识读

某会议厅木窗详图，如图1-35所示。

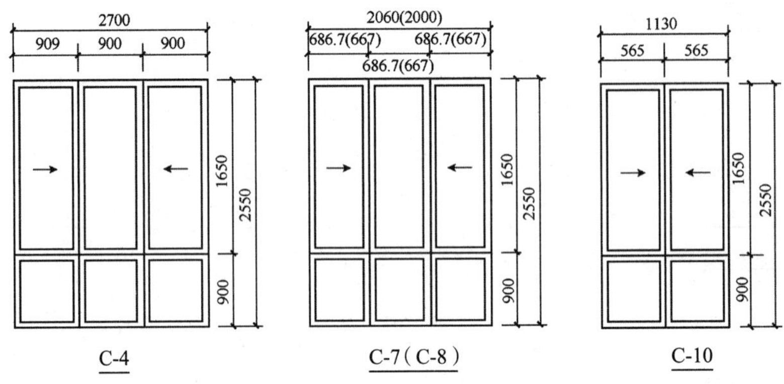

图1-35　某会议厅木窗详图

(1) 该会议厅木窗详图中，列举的窗户型号分别为C-4、C-7(C-8)、C-10。

(2) C-4总高2550mm，上下分为两部分，上半部分高1650mm，下半部分高900mm，横向总宽为2700mm，分为三个相等的部分，每部分宽900mm。

(3) C-7(C-8)总高2550mm，上下分为两部分，上半部分高1650mm，下半部分高900mm，横向总宽为2060mm或2000mm，分为三个相等的部分，每部分宽686.7mm或667mm。

(4) C-10的竖向分格和前面两个一样，都是2550mm，上下分为两部分，只是横向较窄，总宽1130mm，分为两部分，每部分宽565mm。

（2）某宾馆大门详图识读

某宾馆大门详图，如图1-36所示。

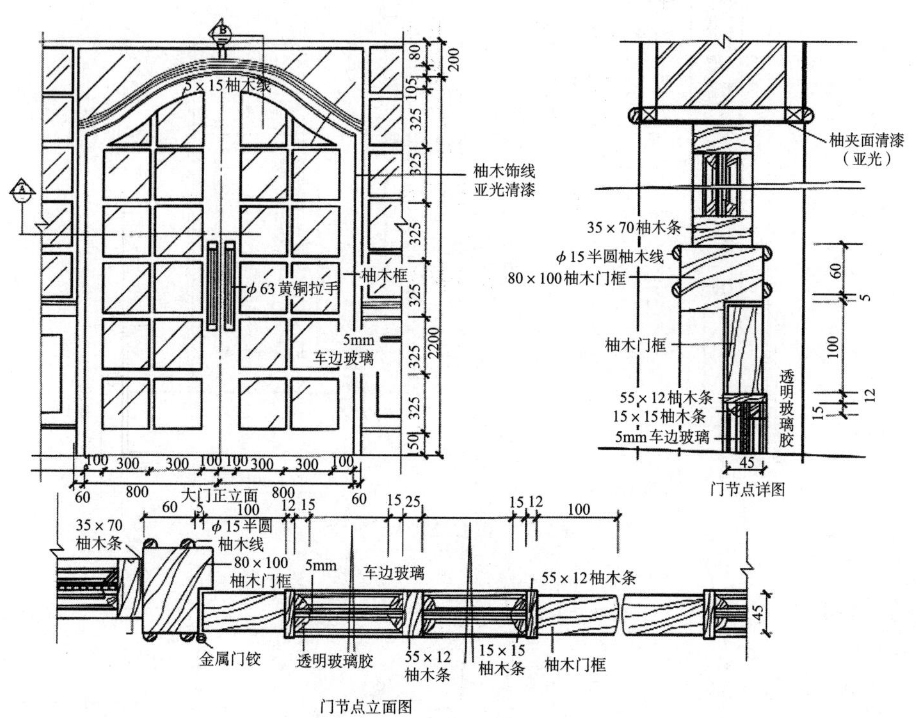

图1-36　某宾馆大门详图

施工图讲解

（1）该宾馆大堂大门由立面图与详图组成，完整地表达出不同部位材料的形状、尺寸和一些五金配件及其相互间的构造关系。

（2）该宾馆大堂大门总宽为1720mm，总高为2400mm。

（3）某咖啡馆木门详图识读

某咖啡馆木门详图，如图1-37所示。

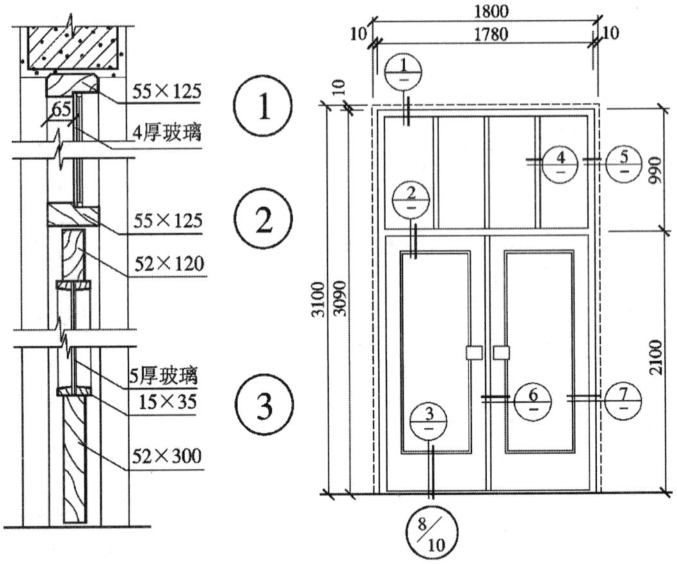

木门详图　　进厅门立面图

图1-37　某咖啡馆木门详图

(1) 该咖啡馆木门由立面图与详图组成，完整地表达出不同部位材料的形状、尺寸和一些五金配件及其相互间的构造关系。

(2) 立面图最外围的虚线表示门洞的大小。

(3) 木门分成上下两部分，上部固定，下部为双扇弹簧门。

(4) 在木门与过梁及墙体之间有10mm的安装间隙。

(5) 详图索引符号中的粗实线表示剖切位置，细的引出线表示剖视方向，引出线在粗线之左，表示向左观看；引出线在粗线之下，表示向下观看。一般情况下，水平剖切的观看方向相当于平面图，竖直剖切的观看方向相当于左侧面图。

1.6.4 建筑墙身详图的识读

1. 建筑墙身详图的内容

外墙详图是建筑详图的一种，通常采用的比例为1:20。编制图名时，表示的是哪部分的详图，就命名为××详图。外墙详图的标识与基本图的标识相一致。外墙详图要与平面图中的剖切符号或立面图上的索引符号所在位置、剖切方向以及轴线相一致。标明外墙的厚度及其与轴线的关系。轴线是在墙体正中间布置还是偏心布置，以及墙体在某些位置的凸凹变化，都应该在详图中标注清楚，包括墙的轴线编号、墙的厚度及其与轴线的关系、所剖切墙身的轴线编号等。

按国际标准规定，如果一个外墙详图适用于几个轴线时，应同时注明各有关轴线的编号。通用轴线的定位轴线应只画圆圈，不注写编号。轴线端部圆圈的直径在详图中为10mm。标明室内外地面处的节点构造。该节点包括基础墙厚度、室内外地面标高以及室内地面、踢脚或墙裙，室外勒脚、散水或明沟、台阶或坡道，墙身防潮层及首层内外窗台的做法等。标明楼层处的节点构造，各层楼板等构件的位置及其与墙身的关系，楼板进墙、靠墙及其支承等情况。楼层处的节点构造是指从下一层门或窗过梁到本层窗台的部分，包括门窗过梁、雨篷、遮阳板、楼板及楼面标高，圈梁、阳台板及阳台栏杆或栏板、楼面、室内踢脚或墙裙、楼层内外窗台、窗帘盒或窗帘杆，顶棚或吊顶、内外墙面做法等。当几个楼层节点完全相同时，可以用一个图样同时标出几个楼面标高来表示。表明屋顶檐口处的节点构造是指从顶层窗过梁到檐口或女儿墙上皮的部分，包括窗过梁、窗帘盒或窗帘杆、遮阳板、顶层楼板或屋架、圈梁、屋面、顶棚或吊顶、檐口或女儿墙、屋面排水天沟、下水口、雨水斗和雨水管等。多层次构造的共用引出线，应通过被引出的各层。文字说明宜用5号或7号字注写在横线的上方或端部，说明的顺序由上至下，并与被说明的层次相一致。如层次为横向排列，则由上至下的说明顺序应与由左至右的层次相一致。

尺寸和标高标注。外墙详图上的尺寸和标高的标注方法与立面图和剖面图的标注方法相同。此外，还应标注挑出构件（如雨篷、挑檐板等）挑出长度的细部尺寸和挑出构件的下皮标高。尺寸标注要标明门窗洞口、底层窗下墙、窗间墙、檐口、女儿墙等的高度；标高标注要标明室内外地坪、防潮层、门窗洞的上下口、檐口、墙顶及各层楼面、屋面的标高。立面装修和墙身防水、防潮要求包括墙体各部位的窗台、窗楣、檐口、勒脚、散水等的尺寸、材料和做法，用引出线加以说明。

文字说明和索引符号。对于不易表示得更为详细的细部做法，注有文字说明或索引符号，说明另有详图表示。

2.建筑墙身详图的识读技巧

（1）了解图名、比例。

（2）了解墙体的厚度及其所属的定位轴线。

（3）了解屋面、楼面、地面的构造层次和做法。

（4）了解各部位的标高、高度方向的尺寸和墙身的细部尺寸。

（5）了解各层梁（过梁或圈梁）、板、窗台的位置及其与墙身的关系。

（6）了解檐口、墙身防水、防潮层处的构造做法。

3.建筑墙身详图的实例识读

（1）某办公楼外墙身详图

某办公楼外墙身详图，如图1-38所示。

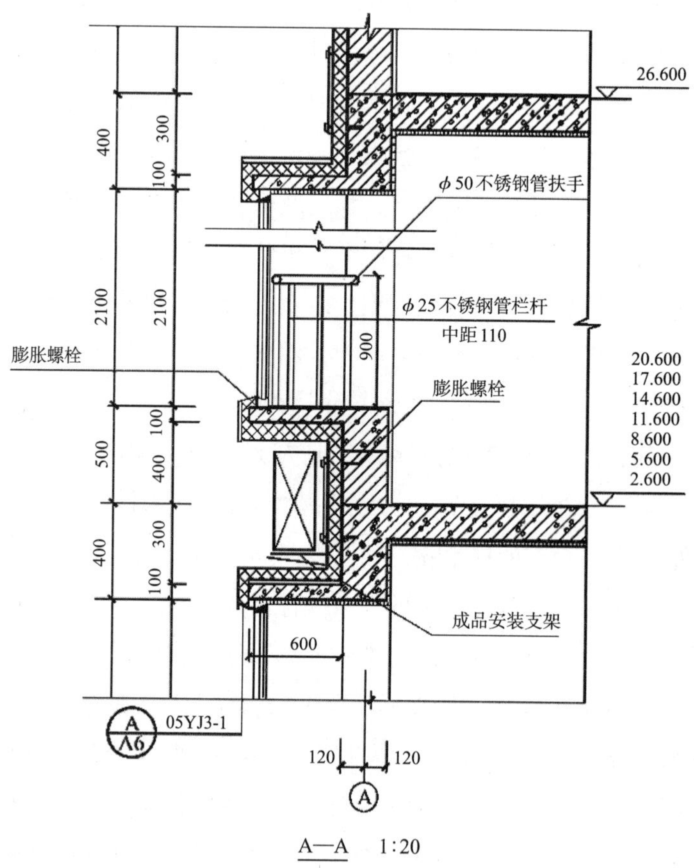

图1-38　某办公楼外墙身详图

（1）该图为某办公楼外墙身详图，比例为1:20。

（2）该办公楼外墙身详图适用于Ⓐ轴线上的墙身剖面，砖墙的厚度为240mm，居中布置（以定位轴线为中心，其外侧为120mm，内侧也为120mm）。

（3）楼面、屋面均为现浇钢筋混凝土楼板构造。各构造层次的厚度、材料及做法，详见构造引出线上的文字说明。

（4）墙身详图应标注室内外地面、各层楼面、屋面、窗台、圈梁或过梁以及檐口等处的标高。同时，还应标注窗台、檐口等部位的高度尺寸和细部尺寸。在详图中，应画出抹灰和装饰构造线，并画出相应的材料图例。

（5）由墙身详图可知，窗过梁为现浇钢筋混凝土梁，门过梁由圈梁（沿房屋四周外墙水平设置的连续封闭的钢筋混凝土梁）代替，楼板为现浇板，窗框位置在定位轴线处。

（6）从墙身详图中檐口处的索引符号，可以查出檐口的细部构造做法，把握好墙角防潮层处的做法、材料和女儿墙上防水卷材与墙身交接处泛水的做法。

（2）某厂房外墙身详图识读

某厂房外墙身详图，如图1-39所示。

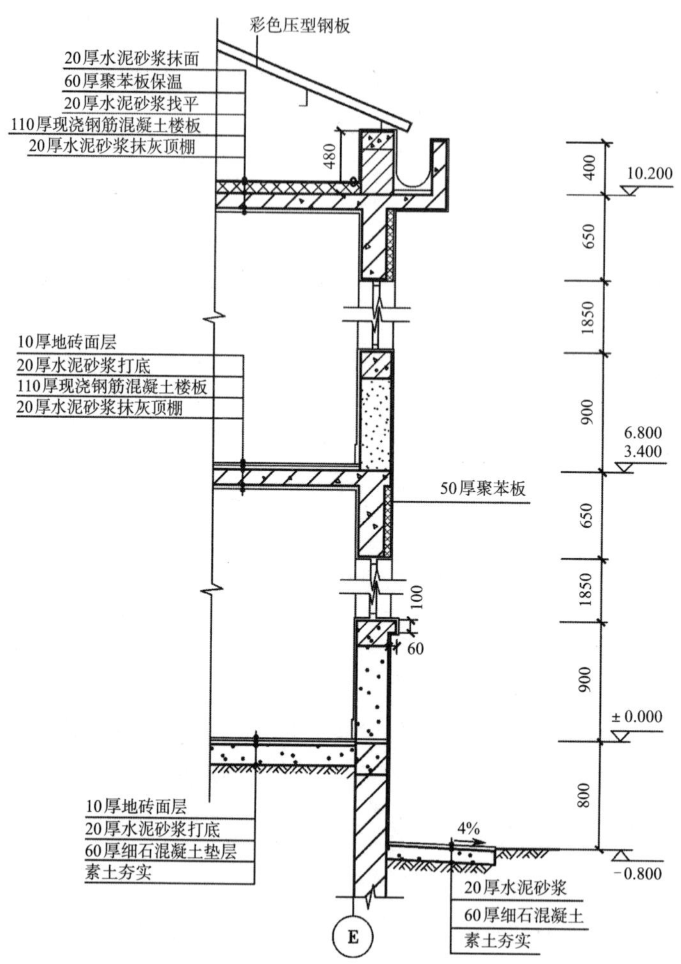

图1-39 某厂房外墙身详图

(1)该图为某厂房外墙身详图，比例为1:20。

(2)该厂房外墙身详图由3个节点构成，从图中可以看出，基础墙为普通砖砌成，上部墙体为加气混凝土砌块砌成。

(3)在室内地面处有基础圈梁，在窗台上也有圈梁，一层窗台的圈梁上部凸出墙面60mm，凸出部分高100mm。

(4)室外地坪标高-0.800m，室内地坪标高±0.000m。窗台高900mm，窗户高1850mm，窗户上部的梁与楼板是一体的，屋顶与挑檐也构成一个整体，由于梁的尺寸比墙体小，在外面又贴了厚50mm的聚苯板，可以起到保温的作用。

（5）室外散水、室内地面、楼面、屋面的做法是采用分层标注的形式表示的，当构件有多个层次构造时就采用此法表示。

（3）某住宅小区外墙身详图识读

某住宅小区外墙身详图，如图1-40所示。

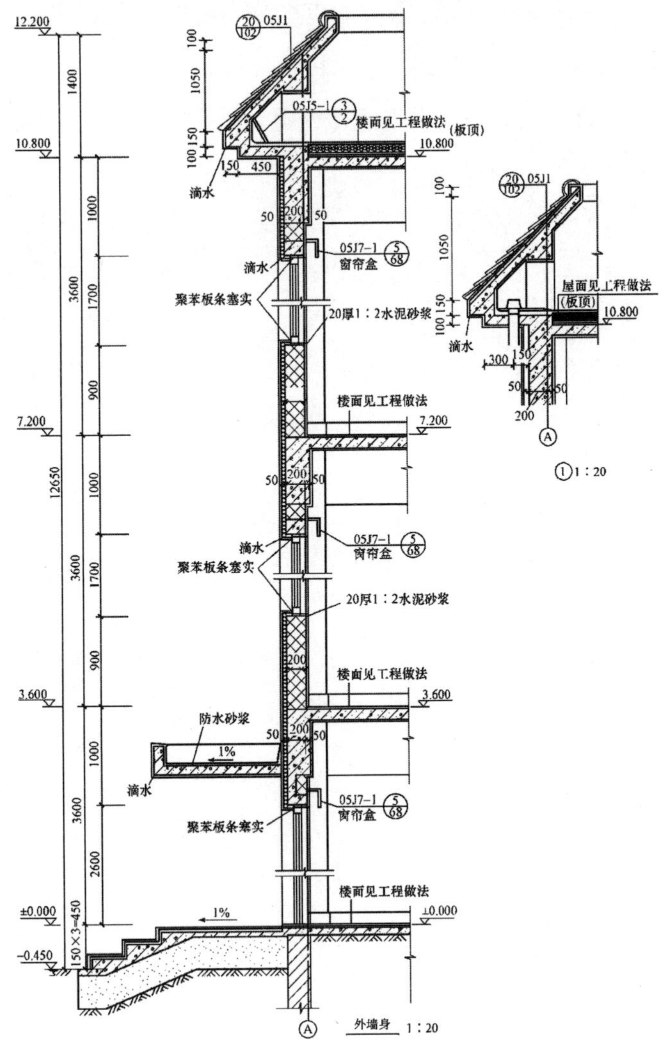

图1-40 某住宅小区外墙身详图

(1)该图为某住宅小区外墙身详图，比例为1:20。

(2)图中表示出正门处台阶的形式，台阶下部的处理方法，台阶顶面向外侧设置了1%的排水坡，防止雨水进入大厅。

(3)正门顶部有雨篷，雨篷的排水坡度为1%，雨篷上用防水砂浆抹面。

(4)正门门顶部位用聚苯板条塞实。

(5)一层楼面为现浇混凝土结构，做法见工程做法。

(6)从图中可知该楼房二、三楼楼面也为现浇混凝土结构，楼面做法见工程做法。

(7)外墙面最外层设置隔热层，窗台下外墙部分为加气混凝土墙，此部分墙厚200mm，窗台顶部设置矩形窗过梁，楼面下设250mm厚混凝土梁，窗过梁上面至混凝土梁之间用加气混凝土墙，外墙内面用厚1:2水泥砂浆做20mm厚的抹面。

(8)窗框和窗扇的形状与尺寸需另用详图表示，窗顶窗底施工时均用聚苯板条塞实，窗顶设有滴水，室内窗帘盒做法需查找通用图集05J7-1第68页5详图。

(9)雨水管的位置和数量可从立面图或平面图中查到。

2 混凝土结构施工图识读

2.1 混凝土结构施工图识读基础知识

2.1.1 建筑结构施工图的组成

1.图纸目录

图纸目录是了解建筑设计整体情况的文件，从目录中我们可以明确图纸数量、出图大小、工程号，还有建筑单位及整个建筑物的主要功能。

2.结构设计总说明

结构设计总说明是结构施工图的总说明，主要是文字性的内容。结构施工图中未表示清楚的内容都反映在结构设计总说明中。结构设计总说明通常放在图样目录后面或建筑总平面图后面，它的内容根据建筑物的复杂程度有多有少，但一般应包括设计依据、工程概况、工程做法等内容，见表2-1。

建筑设计总说明的内容　　表2-1

项目	内容
设计依据	一般包括国家颁布的建筑结构方面的设计规范、规定、强制性条文、建设单位提供的地质勘察报告等方面的内容
工程概况	一般包括工程的结构体系、抗震设防烈度、荷载取值、结构设计使用年限等内容
工程做法	一般包括地基与基础工程、主体工程、砌体工程等部位的材料做法等，如混凝土构件的强度等级、保护层厚度；配置的钢筋级别、钢筋的锚固长度和搭接长度；砌块的强度、砌筑砂浆的强度等级、砌体的构造要求等方面的内容

3.基础施工图

基础施工图一般由基础平面图、基础详图和设计说明组成。由于基础是首先施工的部分，基础施工图往往又是结构施工图的前几张图纸。其中，设计说明的主要内容是明确室内地面的设计标高及基础埋深、基础持力层及其承载力特征值、基础的材料，以及对基础施工的具体要求。

基础平面图是假想用一个水平面沿着地面剖切整幢房屋，移去上部房屋和基础上的泥土，用正投影法绘制的水平投影图。基础平面图主要表示基础的平面布置情况，以及基础与墙、柱定位轴线的相对关系，是房屋施工过程中指导放线、基坑开挖、定位基础的依据。基础平面图的绘制比例，通常采用1:50、1:100、1:200。基础平面图中的定位轴线网格与建筑平面图中的轴线网格完全相同。

由于基础平面图只表示了基础平面布置，没有表达出基础各部位的断面，为了给基础施工提供详细的依据，就必须画出各部分的基础断面详图。

基础详图是一种断面图，是采用假想的剖切平面垂直剖切基础具有代表性的部位而得到的断面图。为了更清楚地表达基础的断面，基础详图的绘制比例通常取1:20、1:30。基础详图充分表达了基础的断面形状、材料、大小、构造和埋置深度等内容。基础详图一般采用垂直的横剖断面表示。基础详图中相同的基础用同一个编号、同一个详图表示。对断面形状和配筋形式都较类似的条形基础，可采用通用基础详图的形式，通用基础详图的轴线符号圆圈内不注明具体编号。

对于同一幢房屋，由于它内部各处的荷载和地基承载力不同，其基础断面的形式也不相同，所以需画出每一处断面形式不同的基础的断面图，断面的剖切位置在基础平面图上用剖切符号表示。

4.主体结构施工图

相对于基础工程，主体工程是指房屋在基础以上的部分。建筑物的结构形式主要是根据房屋基础以上部分的结构形式来区分的。

表示房屋上部结构布置的图样，叫作结构布置图。结构布置图采用正投影法绘制，设想用一个水平剖切面沿着楼板上表面剖切，然后移去剖切平面以上的部分所画的水平投影图，用平面图的方式表达，因此也称为结构平面布置图。这里要注意的是，结构平面图与建筑平面图的不同之处在于它们选取的剖切位置不一样，建筑平面是在楼层标高+900mm，即大约在窗台的高度位置将建筑物切开，而结构平面则是在楼板上表面处将建筑物切开，然后向下投影。对于多层建筑，结构平面布置图一般应分层绘制，但当各楼层结构构件的类型、大小、数量、布置情况均相同时，可只画一个标准层的结构布置平面图。构件一般用其轮廓线表示，如能表示清楚，也可用单线表示，如梁、屋架、支撑等可用粗点画线表示其中心位置；楼梯间或电梯间一般另见详图，故在平面图中通常用一对交叉的对角线及文字说明来表示其范围。

5.构件详图

主体结构施工图只表示出一些常规构件的设计信息，但对于一些特殊的构件或者在结构平面图中无法表示清楚的构件，尚需单独绘制详图来表达。

结构详图是用来表示特殊构件的尺寸、位置、材料和配筋情况的施工图，主要包括楼梯结构详图和建筑造型的有关节点详图等特殊构件。

2.1.2 建筑结构施工图识读的步骤

建筑结构施工图识读步骤，如图2-1所示。

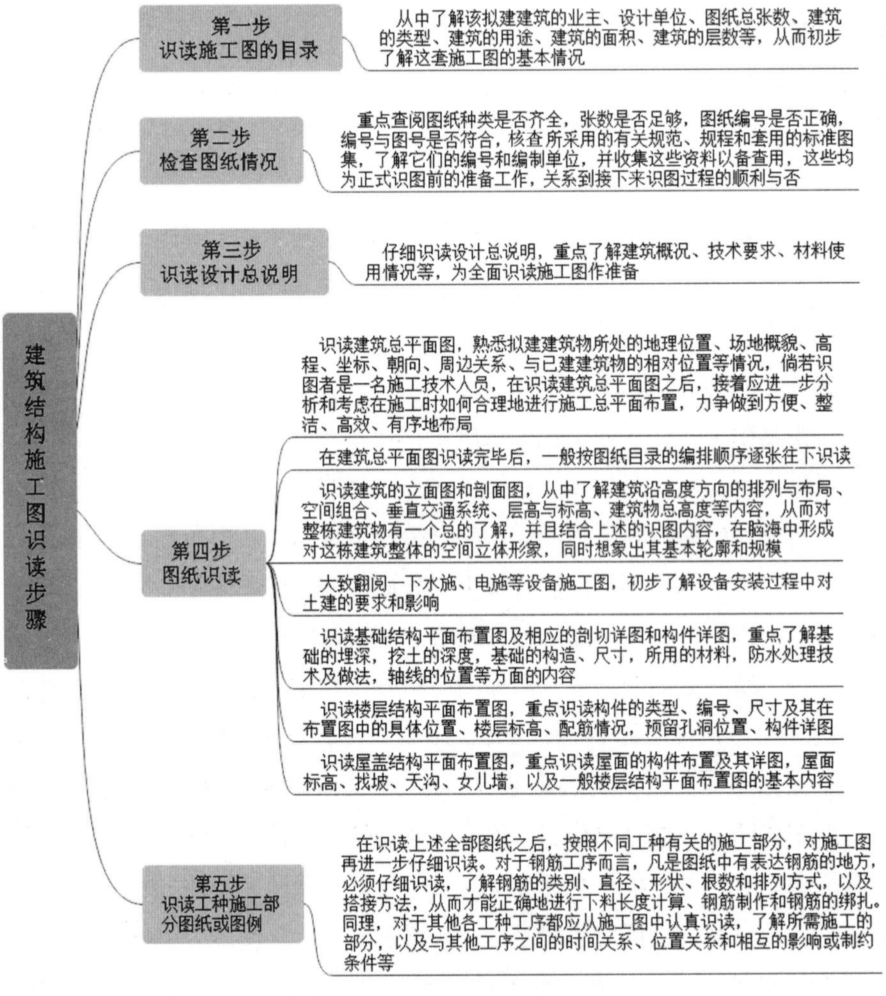

图2-1 建筑结构施工图识读步骤

2.2 基础施工图的识读

2.2.1 基础的构造形式

1.独立基础

当建筑物上部采用柱承重时，常采用单独基础，这种基础称为独立基础，独立基础的形状有阶梯形、锥形和杯形等，如图2-2所示。

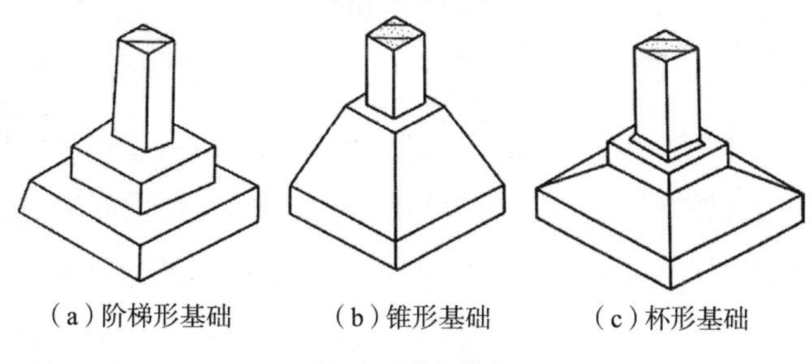

图2-2　独立基础

2.条形基础

当建筑物上部结构采用墙体承重时，基础沿墙身设置，多做成连续的长条形状，这种基础称为条形基础，如图2-3所示。

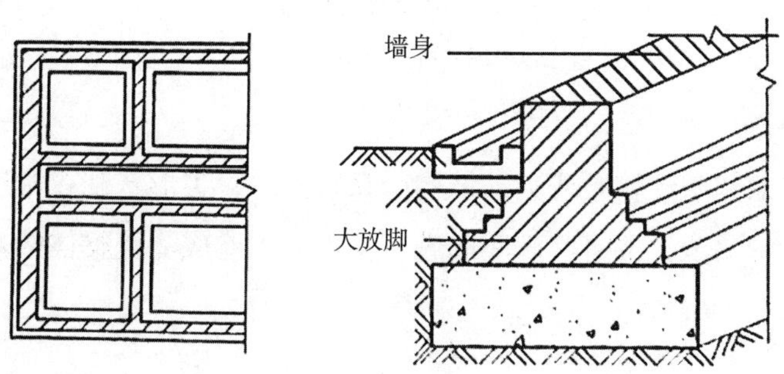

图2-3　条形基础

3.桩基础

当建筑物荷载较大，地基软弱土层的厚度在5m以上时，基础不能埋在软弱土层内，或对软弱土层进行人工处理比较困难或不经济时，通常采用桩基础。桩基础一般由设置在土中的桩和承接上部结构的承台组成，如图2-4所示。

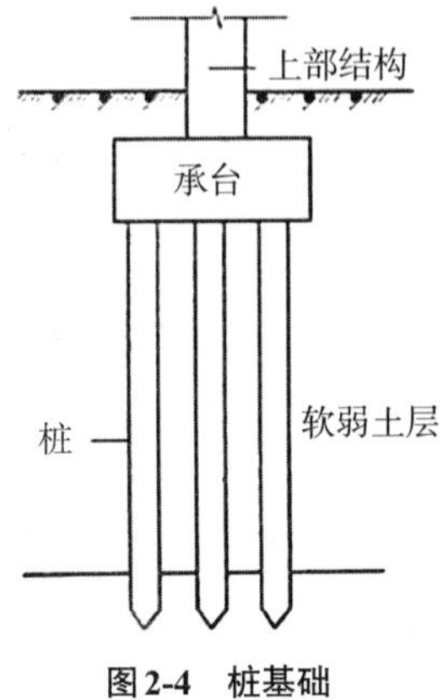

图2-4 桩基础

4.箱形基础

箱形基础是由钢筋混凝土底板、顶板、侧墙和一定数量的内隔墙构成的封闭箱形结构，如图2-5所示。该基础具有相当大的整体性和空间刚度，能抵抗地基的不均匀沉降并具有良好的抗震作用，是有人防、抗震及地下室要求的高层建筑的理想基础形式之一。

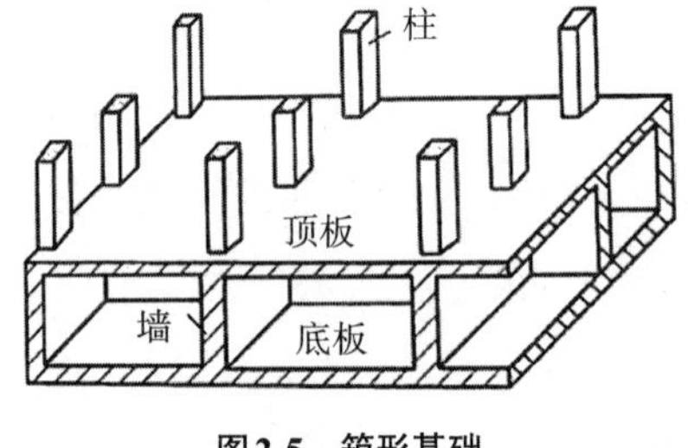

图2-5 箱形基础

5.筏形基础

当建筑物地基条件较弱或上部结构荷载较大时，条形基础或箱形基础已经不能满足建筑物的要求，常将基础底面进一步扩大，连成一块整体的基础板，形成筏形基础，如图2-6所示。

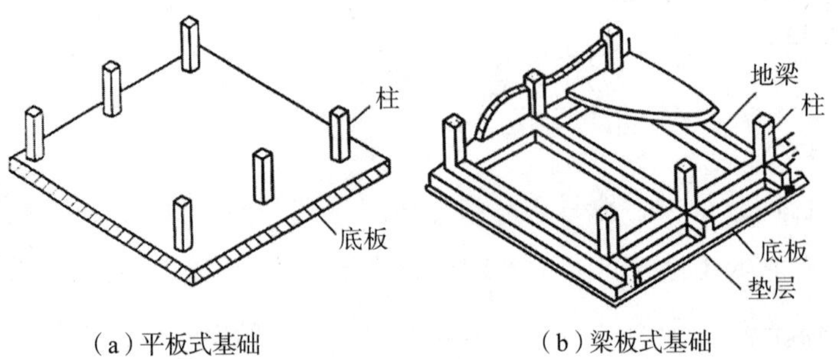

图2-6 筏形基础

2.2.2 基础平面图的实例识读

1.独立基础平面图的实例识读

独立基础平面图，如图2-7所示。

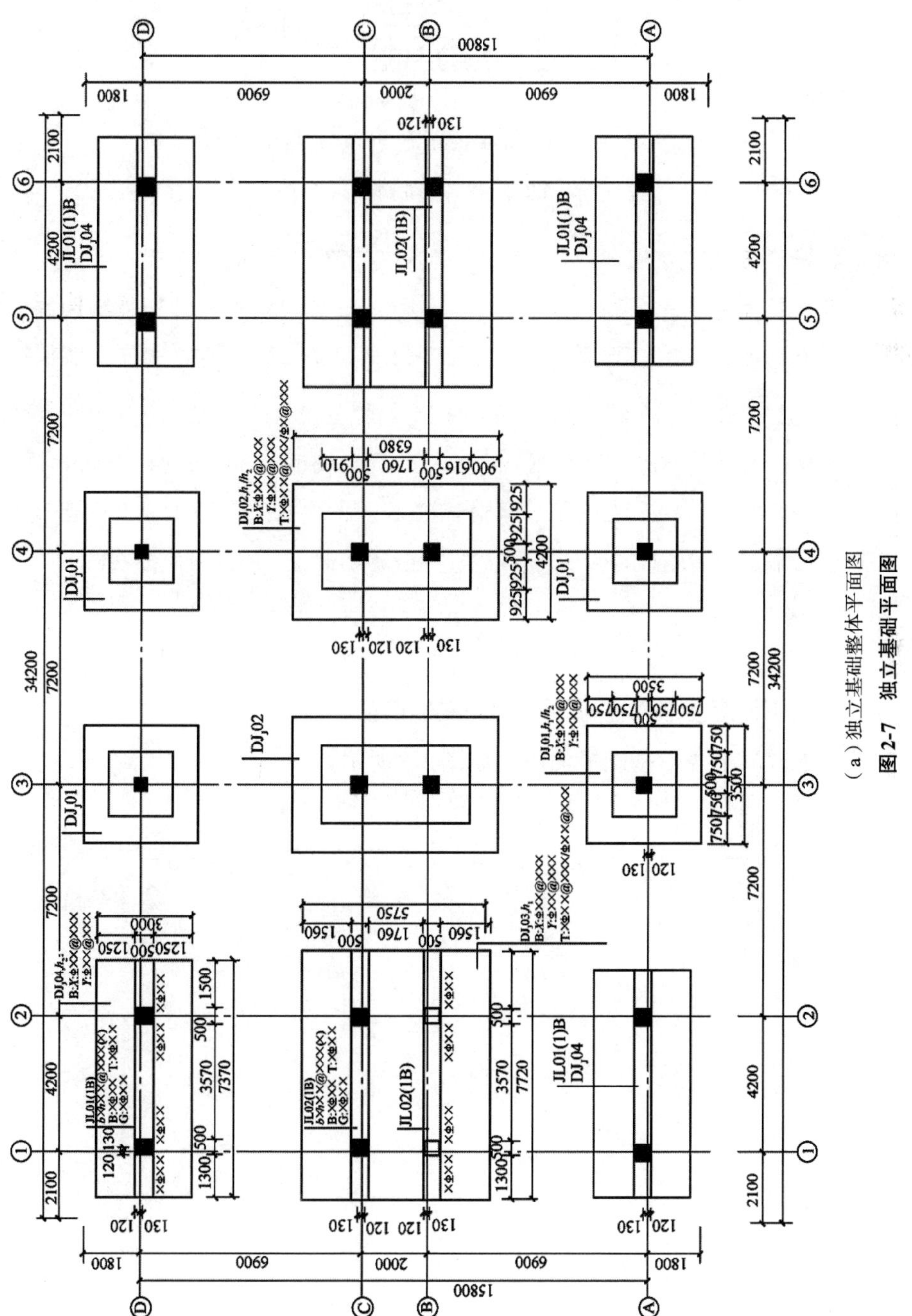

（a）独立基础整体平面图

图2-7 独立基础平面图

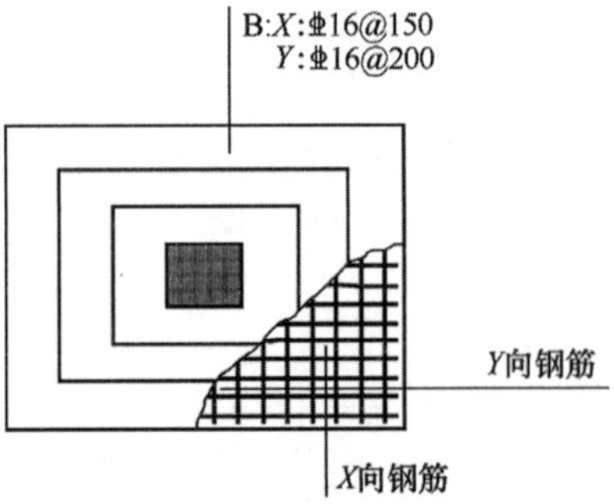

B:*X*:Φ16@150
Y:Φ16@200

*Y*向钢筋

*X*向钢筋

（b）独立基础底板底部双向配筋示意图

图2-7　独立基础平面图（续）

（1）从独立基础整体平面图中，我们可以看到独立基础的整体布置，以及各个独立基础的配筋要求，相同独立基础用统一编号代替。

（2）在独立基础底板底部双向配筋示意图中B：*X*：Φ16@150，表示基础底板底部配置HRB400级钢筋，*X*向直径为16mm，分布间距150mm。

（3）在独立基础底板底部双向配筋示意图中B：*Y*：Φ16@200表示基础底板底部配置HRB400级钢筋，*Y*向直径为16mm，分布间距200mm。

2.墙下混凝土条形基础平面图的实例识读

墙下混凝土条形基础平面图，如图2-8所示。

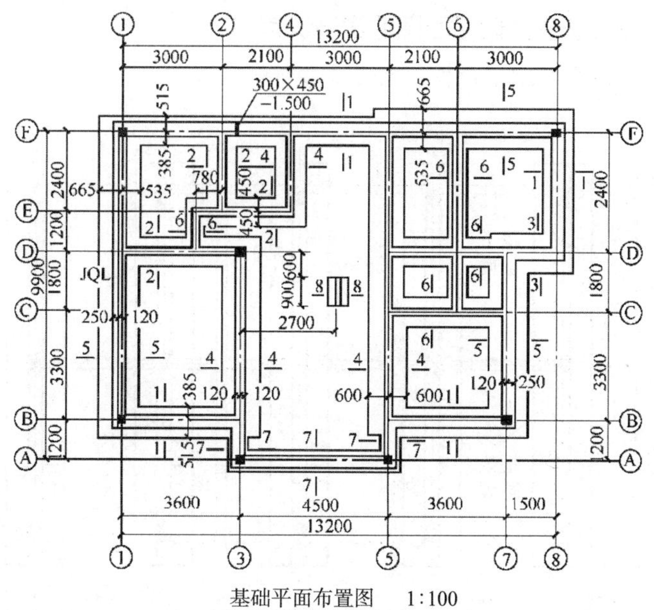

图2-8 墙下混凝土条形基础平面图

说明：1. ± 0.000相当于绝对标高80.900m；

2. 根据地质报告，持力层为粉质黏土，其地基承载力特征值f_{ak}=150MPa；

3. 本工程墙下采用钢筋混凝土条形基础，混凝土强度等级C25，钢筋HPB300、HRB335；

4. GZ主筋锚入基础内40d（d为柱内主筋直径）；

5. 地基开挖后待设计部门验槽后方可进行基础施工；

6. 条形基础施工完成后对称回填土，且分层夯实，然后施工上部结构。

（1）在基础平面布置图的说明中，我们可以看出基础采用的材料、基础持力层的名称、承载力特征值f_{ak}和基础施工时的一些注意事项等。

（2）在②轴靠近Ⓕ轴位置墙上的（300×450）/（-1.500），粗实线表示预留洞口的位置，它表示这个洞口宽×高为300mm×450mm，洞口的底标高为-1.500m。

（3）标注4—4剖面处，基础宽度1200mm，墙体厚度240mm，墙体轴线居中，基础两边线到定位轴线均为600mm；标注5—5剖面处，基础宽度1200mm，墙体厚度370mm，墙体偏心65mm，基础两边线到定位轴线分别为665mm和535mm。

3.柱下混凝土条形基础平面图的实例识读

柱下混凝土条形基础平面图，如图2-9所示。

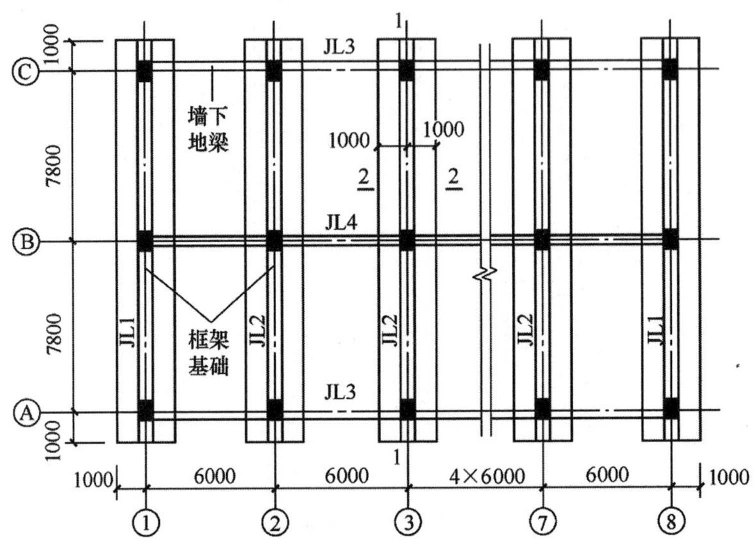

图2-9　柱下混凝土条形基础平面图

(1)图中基础中心位置正好与定位轴线重合，基础的轴线距离均为6.0m，每根基础梁上有3根柱子，用黑色的矩形表示。

(2)地梁底部扩大的面为基础底板，即图中基础的宽度为2.0m。

(3)从图上的编号可以看出两端轴线，即①轴和⑧轴的基础相同，均为JL1；其他中间各轴线的相同，均为JL2。

(4)从图中看出基础全长15.80m，地梁长度为15.600m，基础两端还有为了承托上部墙体(砖墙或轻质砌块墙)而设置的基础梁，标注为JL3，它的断面要比JL1、JL2小，尺寸为300mm×550mm($b\times h$)。

(5)JL3的设置，使我们在看图中了解到该方向可以不必再另行挖土方做砖墙的基础。

(6)柱子的柱距均为6.0m，跨度为7.8m。

4.梁板式筏形基础平面图的实例识读

梁板式筏形基础平面图，如图2-10所示。

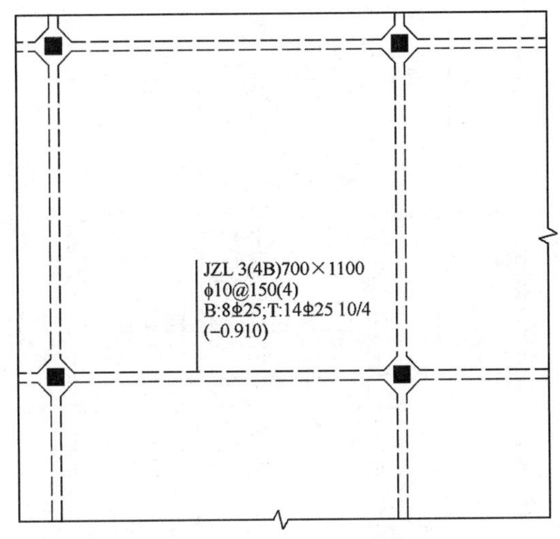

图2-10　梁板式筏形基础平面图

(1) 集中标注的第一行表示基础主梁，代号为3号；“(4B)”表示该梁为4跨，并且两端具有悬挑部分；主梁宽700mm，高1100mm。

(2) 集中标注的第二行表示箍筋的规格为HPB300，直径为10mm，间距为150mm，4肢。

(3) 集中标注的第三行“B”表示梁底部的贯通筋，8根HRB335钢筋，直径为25mm；“T”是梁顶部的贯通筋，14根HRB335钢筋，直径为25mm；分两排摆放，第一排10根，第二排4根。

(4) 集中标注的第四行表示梁的底面标高，比基准标高低0.910m。

5.桩基础承台平面图的实例识读

桩基础承台平面图，如图2-11所示。

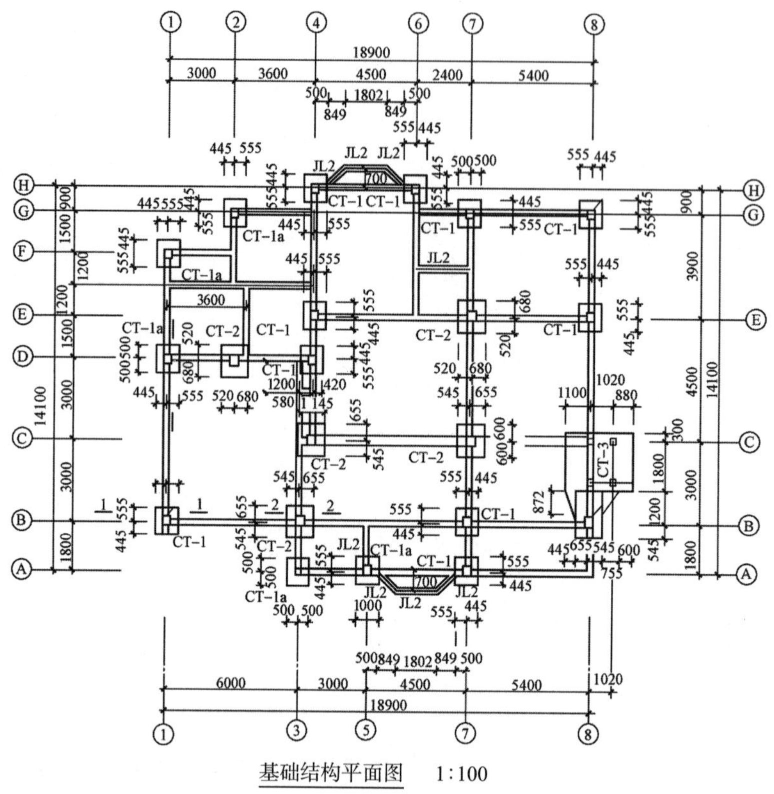

图2-11 桩基础承台平面图

(1)图名为基础结构平面图，绘图比例为1:100，后面的承台详图和地梁剖面图绘图比例亦为1:100。

(2)定位轴线编号和轴线间尺寸与桩位平面布置图中的一致，也与建筑平面图一致。

(3)CT为独立承台的代号，图中出现的此类代号有“CT-1a、CT-1、CT-2、CT-3”，表示四种类型的独立承台。

(4)承台周边的尺寸可以表达出承台中心线偏离定位轴线的距离以及承台外形几何尺寸。如图中定位轴线①号与Ⓑ号交叉处的独立承台，尺寸数字“420”和“580”表示承台中心向右偏移出①号定位轴线80mm，承台该边边长为1000mm；从尺寸数字“445”和“555”中，可以看出该独立承台中心向上偏移出Ⓑ号轴线55mm，承台该边边长为1000mm。

（5）“JL1、JL2”代表两种类型的地梁，地梁连接各个独立承台，并把它们形成一个整体，地梁一般沿轴线方向布置，偏移轴线的地梁标有位移大小。剖切符号1—1、2—2表示承台详图中承台在基础结构平面图上的剖切位置。

2.2.3 基础剖面图的实例识读

1.柱下条形基础详图的实例识读

柱下条形基础详图，如图2-12所示。

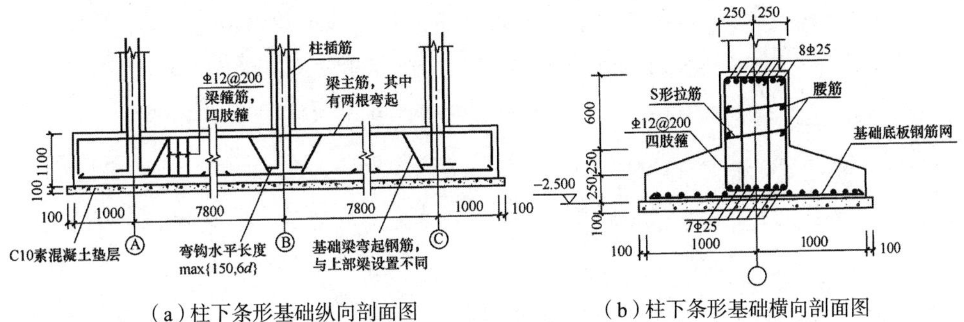

（a）柱下条形基础纵向剖面图　　（b）柱下条形基础横向剖面图

图2-12　柱下条形基础剖面图

1.柱下条形基础纵向剖面图

（1）从该剖面图中可以看到基础梁沿长向的构造，首先我们看出基础梁的两端有一部分挑出长度为1000mm，由力学知识可以知道，这是为了更好地平衡梁在框架柱处的支座弯矩。

（2）基础梁的高度是1100mm，基础梁的长度为17600mm，即跨距7800×2加上柱轴线到梁边的1000mm，故总长为7800×2+1000×2=17600mm。

(3)弄清楚梁的几何尺寸之后，主要是看懂梁内钢筋的配置。我们可以看到，竖向有3根柱子的插筋，长向有梁的上部主筋和下部的受力主筋，根据力学的基本知识我们可以知道，基础梁承受的是地基土向上的反力，它的受力就好比是一个翻转180°的上部结构的梁，因此跨中上部钢筋配置的少而支座处下部钢筋配置的少，而且最明显的是如果设弯起钢筋时，弯起钢筋在柱边支座处斜的方向和上部结构的梁的弯起钢筋斜向相反。这些在看图时和施工绑扎钢筋时必须弄清楚，否则就要形成错误，如果检查忽略而浇筑了混凝土就会成为质量事故。此外，上下的受力钢筋用钢箍绑扎成梁，图中注明了箍筋采用 ϕ12，并且是四肢箍。

2.柱下条形基础横向剖面图

(1)从该剖面图中可以看到基础梁沿短向的构造，从图中可以看到，基础宽度为2.00m，基础底有100mm厚的素混凝土垫层，底板边缘厚为250mm，斜坡高亦为250mm，梁高与纵剖面一样为1100mm。

(2)从基础的横向剖面图上还可以看出地基梁的宽度为500mm。

(3)在横向剖面图上应该看梁及底板的钢筋配置情况，从图中可以看出底板在宽度方向上是主要受力钢筋，它摆放在底下，断面上一个一个的黑点表示长向钢筋，一般是分布筋。板钢筋上面是梁的配筋，可以看出上部主筋有8根，下部配置有7根。

(4)柱下条形基础纵向剖面图提到的四肢箍就是由两个长方形的钢箍组成的，上下钢筋由四肢钢筋联结在一起，这种形式的箍筋称为四肢箍。另外，由于梁高较大，在梁的两侧一般设置侧向钢筋加强，俗称腰筋，并采用S形拉结筋钩住以形成整体。

2.砌石基础构造图的实例识读

砌石基础构造图，如图2-13所示。

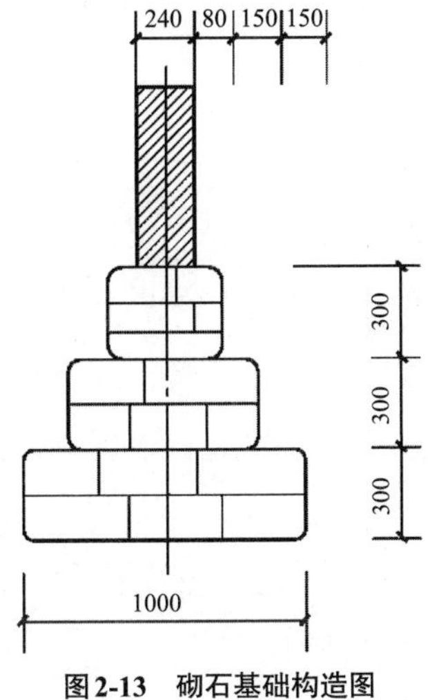

图2-13　砌石基础构造图

施工图讲解

(1) 台阶形的砌石基础每台阶至少有两层砌石，所以每个台阶的高度要求不小于300mm。

(2) 为了保证上一层砌石的边能压紧下一层砌石的边，每个台阶伸出的长度不应大于150mm。按照这项要求，做成台阶形断面的砌石基础，实际的刚性角小于允许的刚性角，因此往往要求基础要有比较大的高度。有时为了减少基础的高度，可以把断面做成梯形。

3. 箱形基础示意图的实例识读

箱形基础示意图，如图2-14所示。

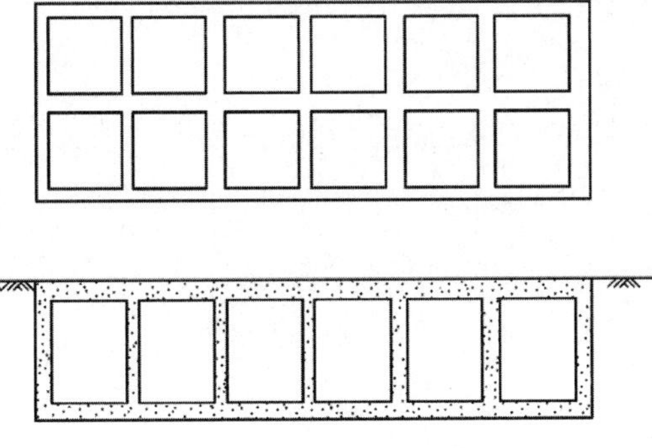

图2-14　箱形基础示意图

施工图讲解

（1）高层建筑由于建筑功能与结构受力等要求，可以采用箱形基础。

（2）这种基础是由钢筋混凝土底板、顶板和足够数量的纵横交错的内外墙组成的空间结构，如一块巨大的空心厚板，使箱形基础具有比筏板基础大得多的空间刚度，用于抵抗地基或荷载分布不均匀引起的差异沉降，以避免上部结构产生过大的次应力。

2.2.4 基础详图的实例识读

1.独立基础详图的实例识读

独立基础详图，如图2-15所示。

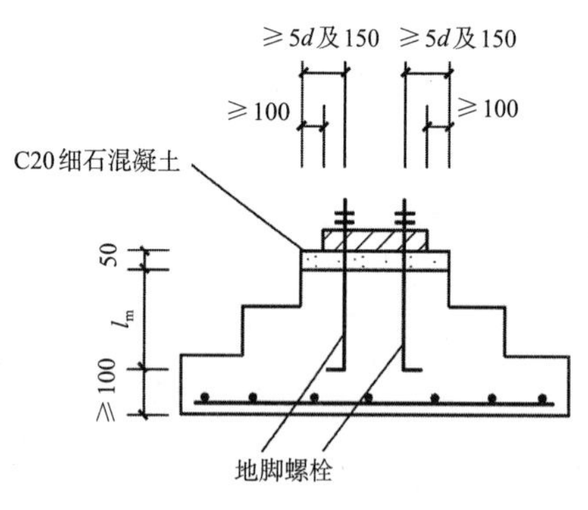

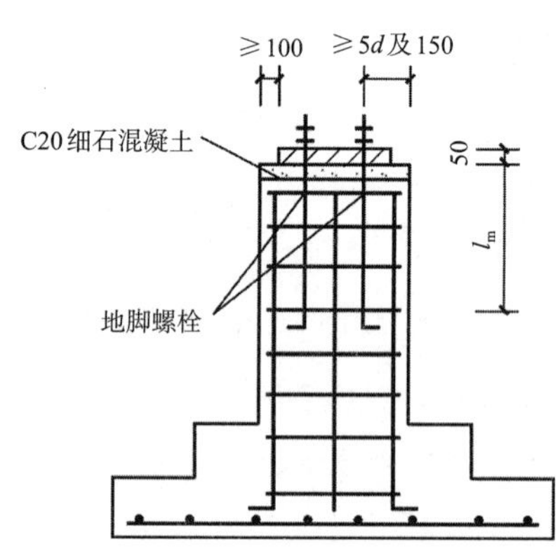

图2-15 独立基础详图

（1）地脚螺栓中心至基础顶面边缘的距离不小于5d（d为地脚螺栓直径）及150mm。

（2）钢柱底板边线至基础顶面边缘的距离不小于100mm。

（3）基础顶面设C20细石混凝土二次浇筑层，厚度一般可采用50mm。

（4）基础高度$h \geq l_m$+100mm（l_m为地脚螺栓的埋置深度）。

2.墙下条形基础详图的实例识读

墙下条形基础详图，如图2-16所示。

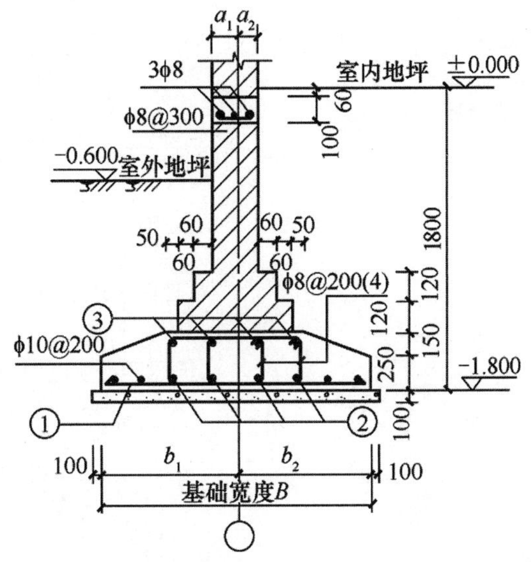

图2-16 墙下条形基础详图

（1）为保护基础的钢筋，同时也为施工时铺设钢筋弹线方便，基础下面设置了厚100mm素混凝土垫层，每侧超出基础底面各100mm，一般情况下垫层混凝土强度等级常采用C10。

（2）该条形基础内配置了①号钢筋，为HRB335或HRB400级钢，具体数值可以通过“基础细部数据表”中查得，受力钢筋按普通梁的构造要求配置，箍筋为4肢箍 ϕ8@200。

（3）墙身中粗线之间填充了图例符号，表示墙体材料是砖，墙下有放脚，由于受刚性角的限制，故分两层放出，每层120mm，每边放出60mm。

（4）基础底面即垫层顶面标高为−1.800m，说明该基础埋深1.8m。

3.桩基础承台详图的实例识读

桩基础承台详图，如图2-17所示。

100 1000 100
ϕ10@150（三肢箍）
ϕ10@150（三肢箍）
ϕ10@150（三肢箍）
1000 70 150 −1.500
C10素混凝土垫层
片石灌砂夯实

CT-1（CT-1a）

100 1200 100
ϕ10@150（三肢箍）
ϕ10@150（三肢箍）
ϕ10@150（三肢箍）
1000 70 150 −1.500
C10素混凝土垫层
片石灌砂夯实

CT-2

3Φ20
Φ8@200
Φ8@400
2Φ12
600 −1.850
3Φ20
300

JL2

3Φ25
Φ8@200
Φ8@400
4Φ12
600 −1.450
3Φ25
300

JL1

平面图未注明地梁均为JL1。
所有主次地梁相交处附加吊筋
2Φ1，垫层同承台。

⑧
1100 1020 880
上下Φ16@150
300
4 4
上下各8Φ18
锚固长750
Φ16@150上下
上下Φ18@150
873 1800 1200 3000 545
Ⓒ Ⓑ
3 3
上下锚固长
750
445 655 545 755 600

CT-3

100 1200 100
8ϕ18
3ϕ8@250腰ϕ14
ϕ10@200（六肢箍）
8ϕ18
850 70 150 −1.500
C10素混凝土垫
层片石灌砂夯实

3—3

100 3000 100
ϕ16@150 ϕ16@150
ϕ16@150 ϕ16@150
850 70 150 −1.500
C10素混凝土垫层
片石灌砂夯实

4—4

图2-17　桩基础承台详图

（1）图CT-1（CT-1a）、图CT-2分别为独立承台CT-1（CT-1a）、CT-2的剖面图。图JL1、图JL2分别为JL1、JL2的断面图。图CT-3为独立承台CT-3的平面详图，3—3剖面图、4—4剖面图为独立承台CT-3的剖面图。

（2）从CT-1（CT-1a）剖面图中可知，承台高度为1000mm，承台底面即垫层顶面标高为-1.500m。垫层分上、下两层，上层为70mm厚的C10素混凝土垫层，下层用片石灌砂夯实。由于承台CT-1与承台CT-1a的剖面形状、尺寸相同，只是承台内部配置有所差别，如图中ф10@150为承台CT-1的配筋，其旁边括号内注写的三肢箍为承台CT-1a的内部配筋，所以当选用括号内的配筋时，图CT-1（CT-1a）表示的为承台CT-1a的剖面图。

（3）从平面详图CT-3中可以看出，该独立承台由两个不同形状的矩形截面组成，一个是边长为1200mm的正方形独立承台，另一个为截面尺寸为2000mm×3000mm的矩形双柱独立承台。两个矩形部分之间用间距为150mm的ф18钢筋拉结成一个整体。图中"上下ф16@150"表示该部分上下两排钢筋均为间距150mm的ф16钢筋，其中弯钩向左和向上的钢筋为下排钢筋，弯钩向右和向下的钢筋为上排钢筋。

（4）剖切符号3—3、4—4分别表示断面图3—3、4—4在该详图中的剖切位置。从3—3断面图中可以看出，该承台断面宽度为1200mm，垫层每边多出100mm，承台高度850mm，承台底面标高为-1.500m，垫层构造与其他承台垫层构造相同。从4—4断面图中可以看出，承台底部所对应的垫层下有两个并排的桩基，承台底部与顶部均纵横布置着间距150mm的ф16钢筋，该承台断面宽度为3000mm，下部垫层两外侧边线分别超出承台宽100mm。

（5）CT-3是编号为3的一种独立承台结构详图。A实际是该独立承台的水平剖面图，图中显示两个不同形状的矩形截面。它们之间用间距为150mm的ф18钢筋拉结成一个整体。该图中"上下ф16@150"表达的是上下两排ф16的钢筋间距150mm均匀布置，图中钢筋弯钩向左和向上的表示下排钢筋，钢筋弯钩向右和向下的表示上排钢筋。还有，独立承台的剖切符号3—3、4—4分别表示对两个矩形部分进行竖直剖切。

（6）JL1和JL2为两种不同类型的基础梁或地梁。JL1详图也是该种地梁的断面图，截面尺寸为300mm×600mm，梁底面标高为-1.450m；在梁截面内，布置着3根直径为ф25的HRB335级架立筋，3根直径为ф25的HRB335级受力筋，间距为200mm、直径为ф8的HPB300级箍筋，4根直径为ф12的HPB300级的腰筋和间距100mm、直径为ф8的HPB300级的拉筋。JL2详图截面尺寸为300mm×600mm，梁底面标高为-1.850m；在梁截面内，上部布置着3根直径为ϕ20的HRB335级的架立筋，底部为3根直径为ϕ20的HRB335级的受力钢筋，间距为200mm、直径为ϕ8的HPB300级的箍筋，2根直径为ϕ12的HPB300级的腰筋和间距为400mm、直径为ϕ8的HPB300级的拉箍。

2.3 主体结构施工图的识读

2.3.1 现浇板楼面结构平面图的实例识读

现浇板楼面结构平面图，如图2-18所示。

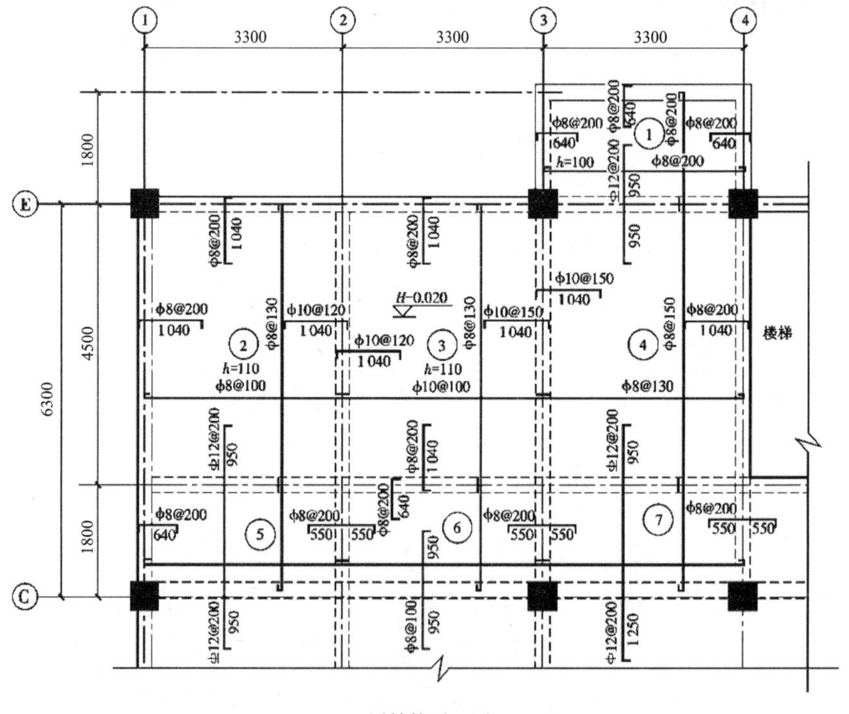

图2-18 现浇板楼面结构平面图

（1）图2-18是二层结构平面图的一部分，图中的轴线编号及轴间尺寸与建筑图相同，比例采用1:100。

（2）图中的虚线表示板底下的梁，由于该办公楼采用框架结构体系，故未设置圈梁、构造柱。

（3）门窗的上表面与框架梁底在同一高度，也未设置过梁。整个楼板厚度除阳台部位为100mm外，其余部位为110mm。

（4）相邻板若上部配筋相同，则中间不断开，采用一根钢筋跨两侧放置。在图中还注明了卫生间部位的结构标高（不含装修层的高度）比其他部位低20mm。

2.3.2 板施工平面图的实例识读

某教学楼现浇板平法施工图，如图2-19所示。

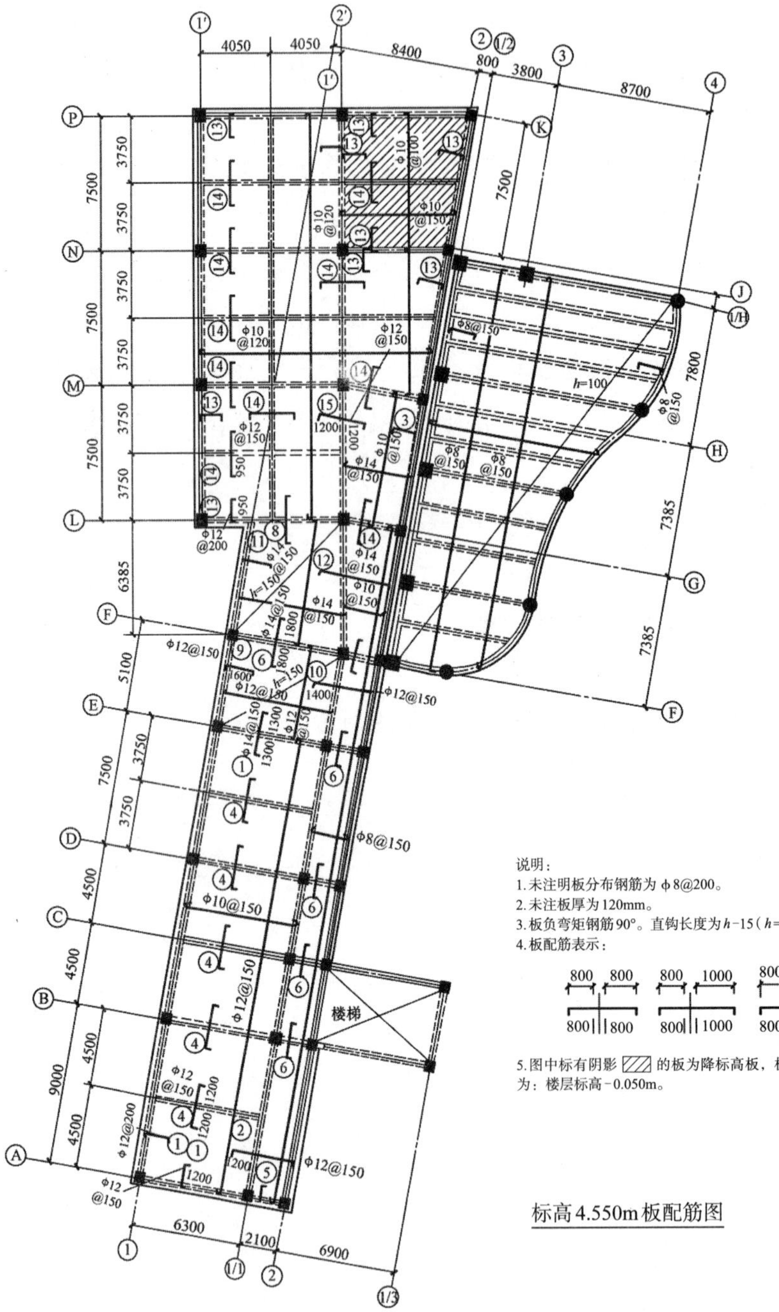

说明：

1. 未注明板分布钢筋为 ϕ8@200。
2. 未注板厚为120mm。
3. 板负弯矩钢筋90°。直钩长度为h-15（h=板厚）。
4. 板配筋表示：

800 800 800 1000 800

800 800 800 1000 800

5. 图中标有阴影 ▨ 的板为降标高板，板顶标高为：楼层标高-0.050m。

标高4.550m板配筋图

图2-19　某教学楼现浇板平法施工图

（1）图中阴影部分的板是建筑卫生间的位置，为方便防水的处理，将楼板降标高50mm。

（2）以轴L～P、①～②之间的现浇板为例讲解，下部钢筋：横向受力钢筋为ϕ10@150，是HPB235级钢，故末端做成180°弯钩；纵向受力钢筋为ϕ12@150，是HRB335级钢，故末端为平直不做弯钩，图中所示端部斜钩仅表示该钢筋的断点，而实际施工摆放的是直钢筋。上部钢筋：与梁交接处设置负筋（俗称扣筋或上铁）①②③④号筋，其中①②号筋为ϕ12@200，伸出梁外1200mm，③④号筋为ϕ12@150，伸出梁轴线外1200mm，它们都是向下做90°直钩顶在板底。按规范要求，板下部钢筋伸入墙、梁的锚固长度不小于$5d$，尚应满足伸至支座中心线，且不小于100mm；上部钢筋伸入墙、梁内的长度按受拉钢筋锚固，其锚固长度不小于l_a，末端做直钩。

2.3.3 梁施工平面图的实例识读

某办公楼梁平法配筋施工图，如图2-20所示。

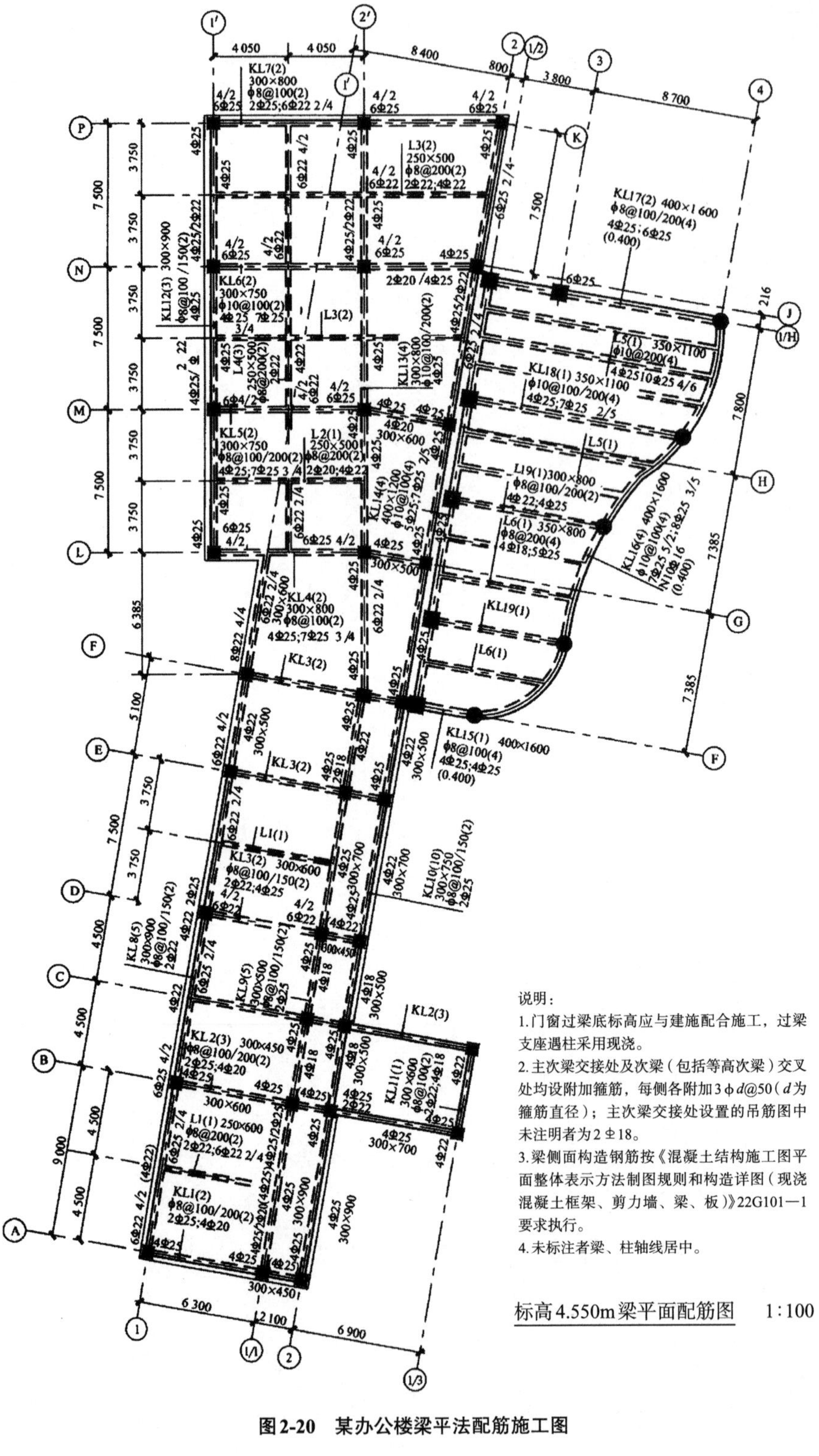

说明：

1.门窗过梁底标高应与建施配合施工，过梁支座遇柱采用现浇。

2.主次梁交接处及次梁（包括等高次梁）交叉处均设附加箍筋，每侧各附加3ϕd@50（d为箍筋直径）；主次梁交接处设置的吊筋图中未注明者为2⏀18。

3.梁侧面构造钢筋按《混凝土结构施工图平面整体表示方法制图规则和构造详图（现浇混凝土框架、剪力墙、梁、板）》22G101—1要求执行。

4.未标注者梁、柱轴线居中。

标高4.550m梁平面配筋图　1:100

图2-20　某办公楼梁平法配筋施工图

如图2-20所示为梁平法配筋施工图。梁的主要作用有两个：一是支承墙体，二是分隔板块，将跨度较大的板分割成跨度较小的板。图中框架梁（KL）编号从KL1至KL20，非框架梁（L）编号从L1至L10。由结构设计总说明可知，支梁的混凝土强度等级为C30。以KL8（5）、KL16（4）、L4（3）、L5（1）为例说明如下。

KL8（5）是位于①轴的框架梁，5跨，断面尺寸300mm×900mm（个别跨与集中标注不同者原位注写，如300mm×500mm、300mm×600mm）；2⏀22为梁上部通长钢筋，箍筋⏀8@100/150（2）为双肢箍，梁端加密区间距为100mm，非加密区间距150mm；G6⏀14表示梁两侧面各设置3⏀14构造钢筋（腰筋）；支座负弯矩钢筋：Ⓐ轴支座处为两排，上排4⏀22（其中2⏀22为通长钢筋），下排2⏀22；Ⓑ轴支座处为两排，上排4⏀22（其中2⏀22为通长钢筋），下排2⏀25，其他支座此处不再赘述；值得注意的是，该梁的第一、二跨两跨上方都原位注写了“（4⏀22）”，表示这两跨的梁上部通长钢筋与集中标注的不同，不是2⏀22，而是4⏀22；梁断面下部纵向钢筋每跨各不相同，分别原位注写，如双排的6⏀25 2/4、单排的4⏀22等。由标准构造详图可以计算出梁中纵筋的锚固长度，如第一支座上部负弯矩钢筋在边柱内的锚固长度$l_{aE}=31d=31\times22=682$（mm）；支座处上部钢筋的截断位置（上排取净跨的1/3、下排取净跨的1/4）；梁端箍筋加密区长度为1.5倍梁高。另外还可以看到，该梁的前三跨在有次梁的位置都设置了吊筋2⏀18（图中画出）和附加箍筋3ϕd@50（图中未画出但说明中指出），从距次梁边50mm处开始设置。

KL16（4）是位于④轴的框架梁，该梁为弧梁，4跨，断面尺寸400mm×1600mm；7⏀25为梁上部通长钢筋，箍筋⏀10@100（4）为四肢箍且沿梁全长加密，间距为100mm；N10⏀16表示梁两侧面各设置5⏀16受扭钢筋（与构造腰筋区别是二者的锚固不同）；支座负弯矩钢筋：未见原位标注，表明都按照通长钢筋设置，即7⏀25 5/2，分为两排，上排5⏀25，下排2⏀25；梁断面下部纵向钢筋各跨相同，统一集中注写，8⏀25 3/5，分为两排，上排3⏀25，下排5⏀25。由标准构造详图可以计算出梁中纵筋的锚固长度，如第一支座上部负弯矩钢筋在边柱内的锚固长度

l_{aE}=31d=31×22=682（mm）；支座处上部钢筋的截断位置；梁端箍筋加密区长度为1.5倍梁高。另外还可以看到，此梁在有次梁的位置都设置了吊筋2⌀18（图中画出）和附加箍筋3ϕd@50（图中未画出但说明中指出），从距次梁边50mm处开始设置；集中标注下方的“（0.400）”表示此梁的顶标高较楼面标高为400mm。

L4（3）是位于①′～②′轴间的非框架梁，3跨，断面尺寸250mm×500mm；2⌀22为梁上部通长钢筋，箍筋ϕ8@200（2）为双肢箍且沿梁全长间距为200mm；支座负弯矩钢筋：6⌀22 4/2，分为两排，上排4⌀22，下排2⌀22；梁断面下部纵向钢筋各跨不相同，分别原位注写6⌀22 2/4和4⌀22。由标准构造详图可以计算出梁中纵筋的锚固长度（次梁不考虑抗震，因此按非抗震锚固长度取用），如梁底筋在主梁中的锚固长度l_a=15d=15×22=330（mm）；支座处上部钢筋的截断位置在距支座三分之一净跨处。

L5（1）是位于Ⓗ～1/H轴间的非框架梁，1跨，断面尺寸350mm×1100mm；4⌀25为梁上部通长钢筋，箍筋ϕ10@200（4）为四肢箍且沿梁全长间距为200mm；支座负弯矩钢筋：同梁上部通长筋，一排4⌀25；梁断面下部纵向钢筋为10⌀25 4/6，分为两排，上排4⌀25，下排6⌀25。由标准构造详图可以计算出梁中纵筋的锚固长度（次梁不考虑抗震，因此按非抗震锚固长度取用），如梁底筋在主梁中的锚固长度l_a=15d=15×22=330（mm）；支座处上部钢筋的截断位置在距支座三分之一净跨处。

2.3.4 柱施工平面图的实例识读

某培训楼柱平法施工图，如图2-21所示，柱表见表2-2。

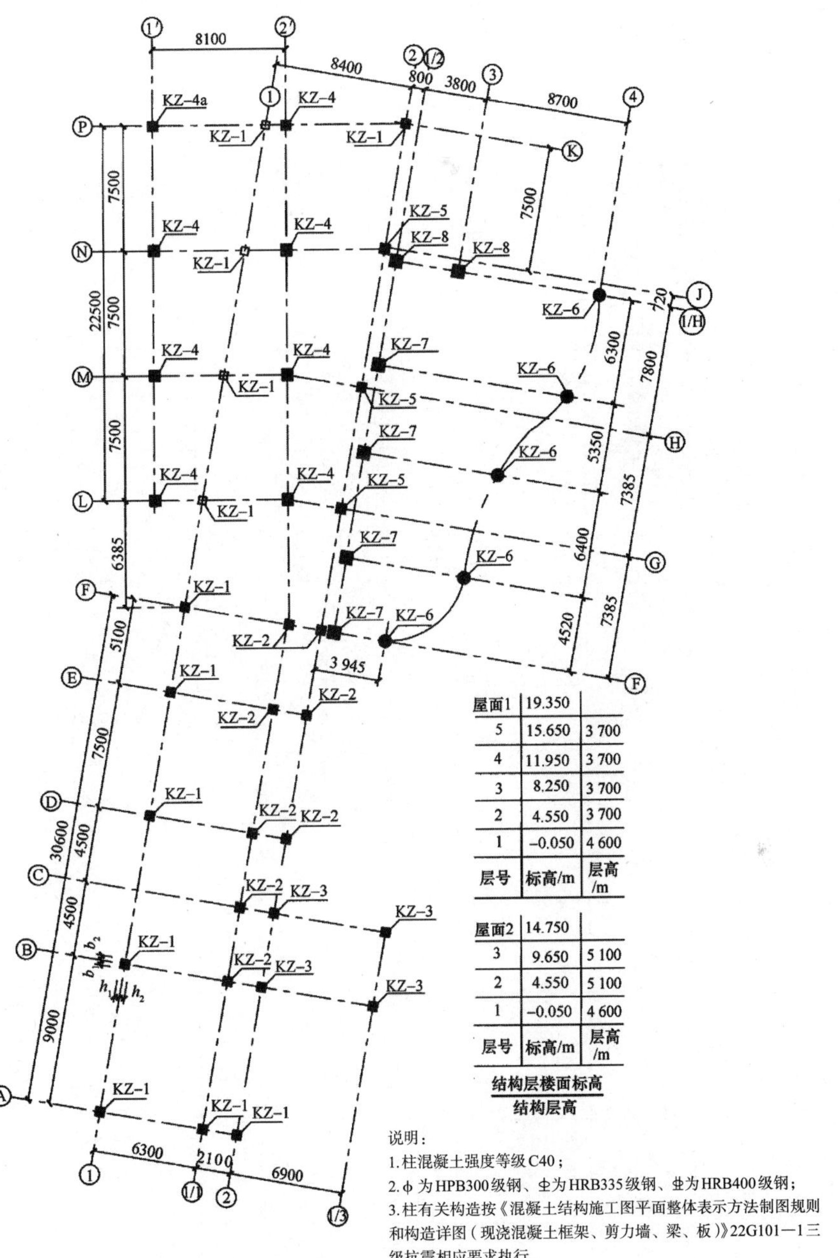

屋面1	19.350	
5	15.650	3 700
4	11.950	3 700
3	8.250	3 700
2	4.550	3 700
1	−0.050	4 600
层号	标高/m	层高/m

屋面2	14.750	
3	9.650	5 100
2	4.550	5 100
1	−0.050	4 600
层号	标高/m	层高/m

结构层楼面标高
结构层高

说明：
1. 柱混凝土强度等级C40；
2. ϕ 为HPB300级钢、Φ为HRB335级钢、Φ为HRB400级钢；
3. 柱有关构造按《混凝土结构施工图平面整体表示方法制图规则和构造详图（现浇混凝土框架、剪力墙、梁、板）》22G101—1三级抗震相应要求执行。

图2-21　某培训楼平法施工图

柱表　　表 2-2

柱号	标高/m	$b \times h$（圆柱直径D）/mm×mm	b_1/mm	b_2/mm	h_1/mm	h_2/mm	角筋	b边一侧中部筋	h边一侧中部筋	箍筋类型号	箍筋
KZ1	−0.050～19.350	600×600	300	300	300	300	4⌀25	3⌀25	3⌀25	1（4×4）	ϕ12@100/200
KZ2	−0.050～19.350	600×600	300	300	300	300	4⌀25	3⌀22	3⌀22	1（4×4）	ϕ10@100/200
KZ3	−0.050～19.350	600×600	300	300	300	300	4⌀25	2⌀25	2⌀25	1（4×4）	ϕ10@100
KZ4	−0.050～11.950	700×700	350	350	350	350	4⌀25	3⌀25	3⌀25	1（5×5）	ϕ12@100/200
	11.950～15.650	600×600	300	300	300	300	4⌀25	2⌀25	2⌀25	1（4×4）	ϕ10@100
KZ5	−0.050～15.650	650×650	325	325	325	325	4⌀25	2⌀25	2⌀25	1（4×4）	ϕ12@100/200
	15.650～19.350	650×650	325	325	325	325	4⌀25	2⌀25	2⌀25	1（4×4）	ϕ10@100
KZ6	−0.050～14.150	800	400	400	400	400	18⌀25	—	—	8	ϕ12@100/200
KZ7	−0.050～14.150	800×800	400	400	400	400	4⌀25	3⌀25	3⌀25	1（5×5）	ϕ12@100/200

(1) 图中标注的均为框架柱，共有7种编号。

(2) 根据设计说明查看该工程的抗震等级，由《混凝土结构施工图平面整体表示方法制图规则和构造详图(现浇混凝土框架、剪力墙、梁、板)》22G101-1可知构造情况。

(3) 该图中柱的标高-0.050～8.250m，即一、二两层(其中一层为底层)，层高分别为4.6m、3.7m，框架柱KZ1在一、二两层的净高分别为3.7m、2.8m，所以箍筋加密区范围分别为1250mm、650mm；KZ6在一、二两层的净高分别为3.0m、3.5m，所以箍筋加密区范围分别为1000mm、600mm(为了便于施工，常常将零数人为地化零为整)。

2.4 屋面结构施工图的识读

2.4.1 屋(楼)面板配筋图的实例识读

楼面板局部配筋图，如图2-22所示。

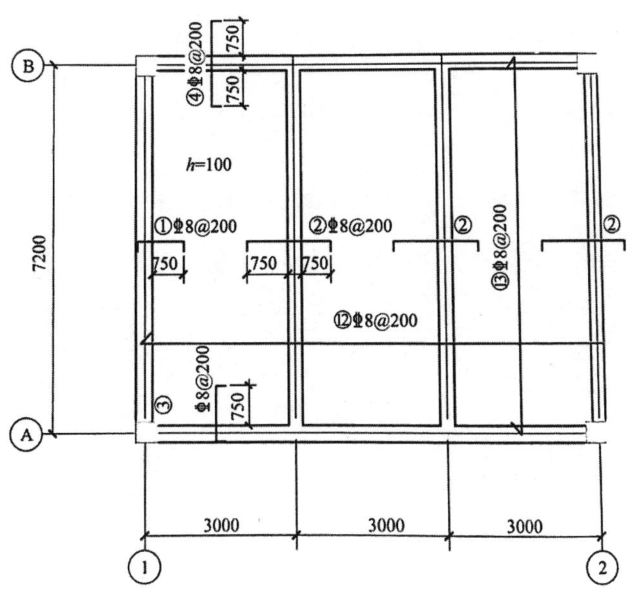

图2-22 楼面板局部配筋图

（1）板下部短边方向钢筋为12号钢筋⌀8@200，长边方向钢筋为13号钢筋⌀8@200。

（2）上部短边方向一边支座钢筋为1号钢筋⌀8@200，中间支座钢筋为2号钢筋⌀8@200，梁边缘伸出长度为750mm。

（3）板上部沿长边方向边支座钢筋为3号钢筋⌀8@200，梁边缘伸出长度为750mm，中间支座钢筋为4号钢筋⌀8@200，梁边缘伸出长度为750mm。

2.4.2 天沟板结构详图的实例识读

天沟板结构详图，如图2-23所示。

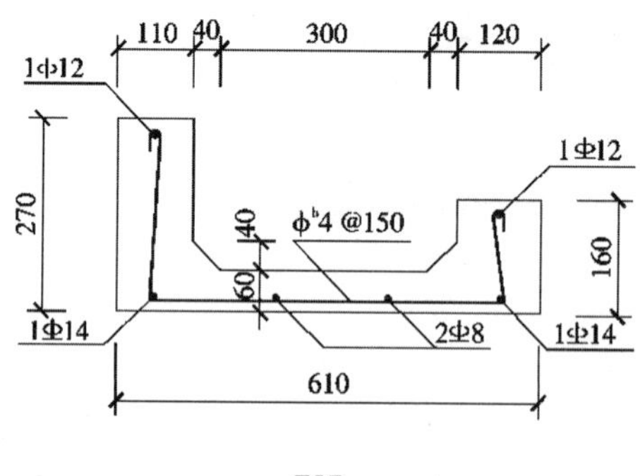

图2-23　天沟板结构详图

图中是用于屋面的预制天沟板（TGB）的横断面图。它是非定型的预制构件，故需画出结构详图。

2.4.3 屋架结构图的实例识读

屋架结构图，如图2-24所示。

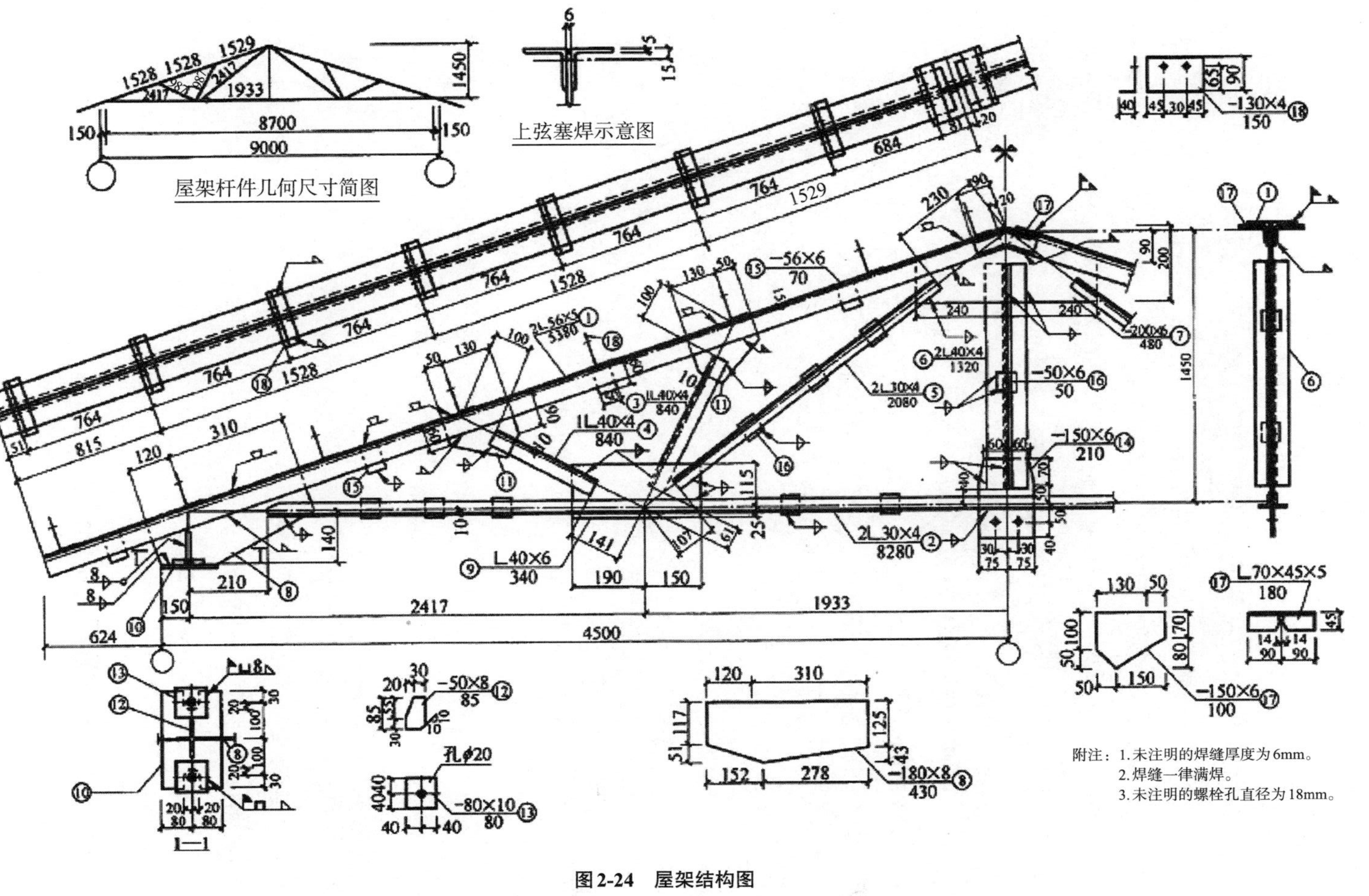
屋架杆件几何尺寸简图
上弦塞焊示意图
1—1
附注：1.未注明的焊缝厚度为6mm。
2.焊缝一律满焊。
3.未注明的螺栓孔直径为18mm。

图 2-24 屋架结构图

施工图讲解

图中为屋架结构图，从图中可以了解的内容如下：

(1) 由立面图及上弦杆①的斜视图可以看出，上弦杆是由两根等边角钢(∟56×5)背靠背(┓┏)组成。

(2) 根据屋脊节点图可以看出，节点板厚度为6mm。上弦杆缀板⑮厚度也为6mm，间隔一定距离设置。在上弦杆上为了安放檩条，设置了檩条托⑱。具体尺寸由右上角的详图标明。檩条托⑱通过角焊缝焊接在上弦杆上。由斜视图可知，檩条托⑱间隔764mm或684mm设置一个。由檩条托⑱的详图可知，该檩条托与檩条通过两个M13的螺栓连接，图中把螺栓孔涂黑。

(3) 从立面图和侧面图可知，下弦杆②由两根背靠背(┛┗)的角钢(∟30×4)组成，中间由缀板⑯相连。

(4) 由立面图和侧面图可知，竖杆⑥是由两根相错(┓┗)的角钢(∟40×4)组成，一根在节点板之前，另一根在节点板之后。它们之间夹有3块缀板。

(5) 斜杆⑤由两根角钢组成，而斜杆③、④则由一根角钢构成。斜杆③在节点板⑨之后，斜杆④在节点板⑨之前。

(6) 由立面图、1—1剖面图可知，节点板⑧夹在上、下弦角钢之间，用角焊缝和塞焊连接上弦杆。底板⑩是水平放置的一块矩形钢板，它与直立的节点板⑧焊在一起。

(7) 为了加强刚度，在节点板与底板之间焊了两块加劲板⑫。底板⑩上有两个缺口，以便使墙内预埋螺栓穿过，然后把两块垫板⑬套在螺栓上再拧紧螺母。垫板是在安装后与底板⑩焊接的，因此采用现场焊接符号表示。

(8) 为了加强左、右两上弦杆的连接，屋脊节点处除了节点板⑦外，还有前后两块拼接角钢⑰。由节点⑰详图可知，拼接角钢是由不等边角钢(∟70×45×5)在中部裁切掉V形后弯折而成的，并与上弦杆件焊接在一起。

2.4.4 屋面支撑布置图的实例识读

屋面支撑布置图，如图2-25所示。

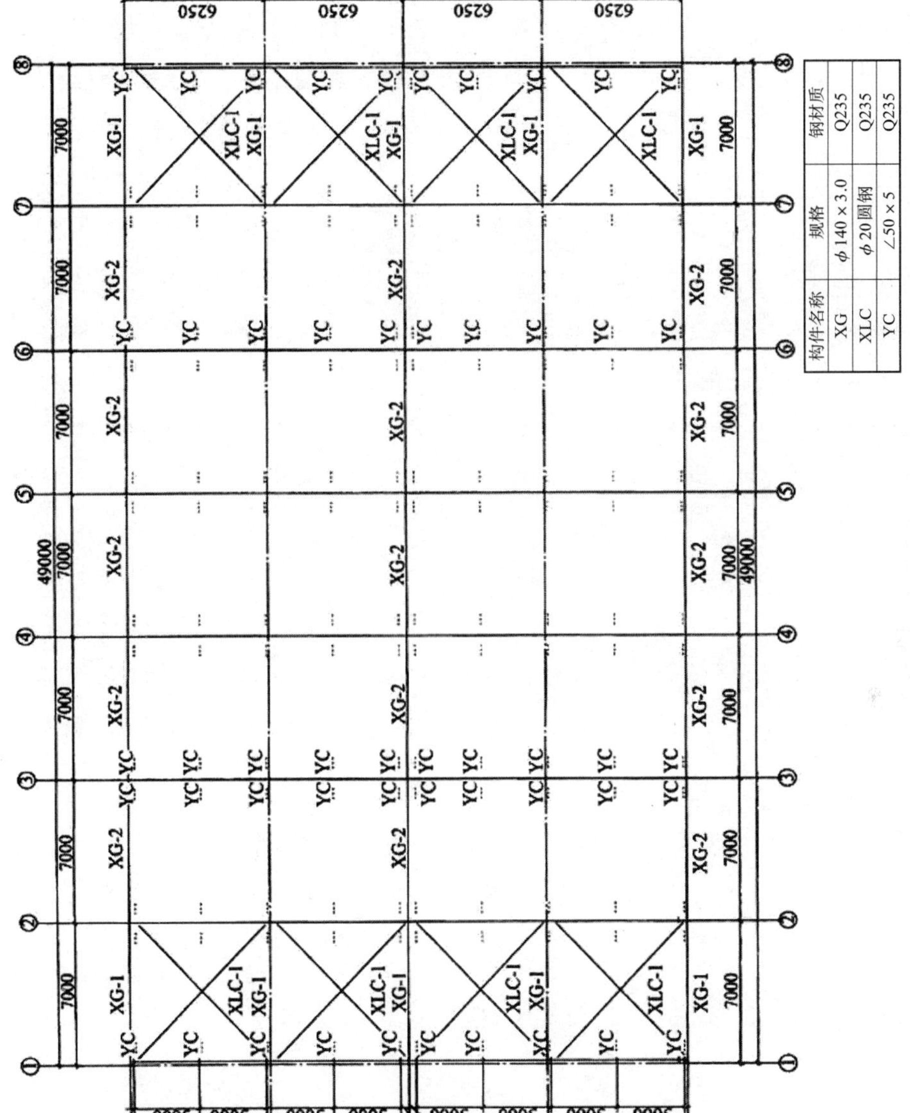

构件名称	规格	钢材质
XG	ϕ140×3.0	Q235
XLC	ϕ20圆钢	Q235
YC	∠50×5	Q235

图2-25 屋面支撑布置图

图2-25为屋面支撑布置图，从图中可以了解的内容如下：

（1）厂房总长49m，仅在端部柱间布置支撑。

（2）XG是系杆的简称，共布置3道通长的系杆，边柱顶部2道，屋脊处1道。其次在有水平支撑的地方布置，根据系杆的长度不同分为XG-1，XG-2。从构件表中得知系杆为尺寸ϕ140mm×3.0mm的无缝钢管，钢材质为Q235。

（3）XLC是斜拉撑的简称，即水平支撑，一个柱间布置4道，间距6250mm，XLC的尺寸为ϕ20圆钢，钢材质为Q235。圆钢支撑应采用特制的连接件与梁柱腹板连接，经校正定位后张紧固定。圆钢支撑与刚架构件的连接，可直接在刚架构件腹板上靠外侧设孔连接。当圆钢直径大于25mm或腹板厚度不大于5mm时，应对支撑孔周围进行加强。圆钢支撑与刚架的连接宜采用带槽的专用楔形垫块，或在孔两侧焊接弧形支承板。圆钢端部应设螺纹，并宜采用花篮螺栓张紧。

（4）YC是隅撑的简称，在屋面梁上每间隔3m布置一道，隅撑的尺寸为∠50mm×5mm，钢材质为Q235。隅撑宜采用单角钢制作，隅撑可连接在刚架构件下（内）翼缘附近的腹板上距翼缘不大于100mm处，也可连接在下（内）翼缘上。隅撑与刚架、檩条或墙梁应采用螺栓连接，每端通常采用单个螺栓。隅撑与刚架构件腹板的夹角不宜小于45°。

2.5 钢筋混凝土楼梯施工图的识读

2.5.1 楼梯结构平面图的实例识读

1.某住宅楼楼梯平面图的实例识读

某住宅楼楼梯平面图，如图2-26所示。

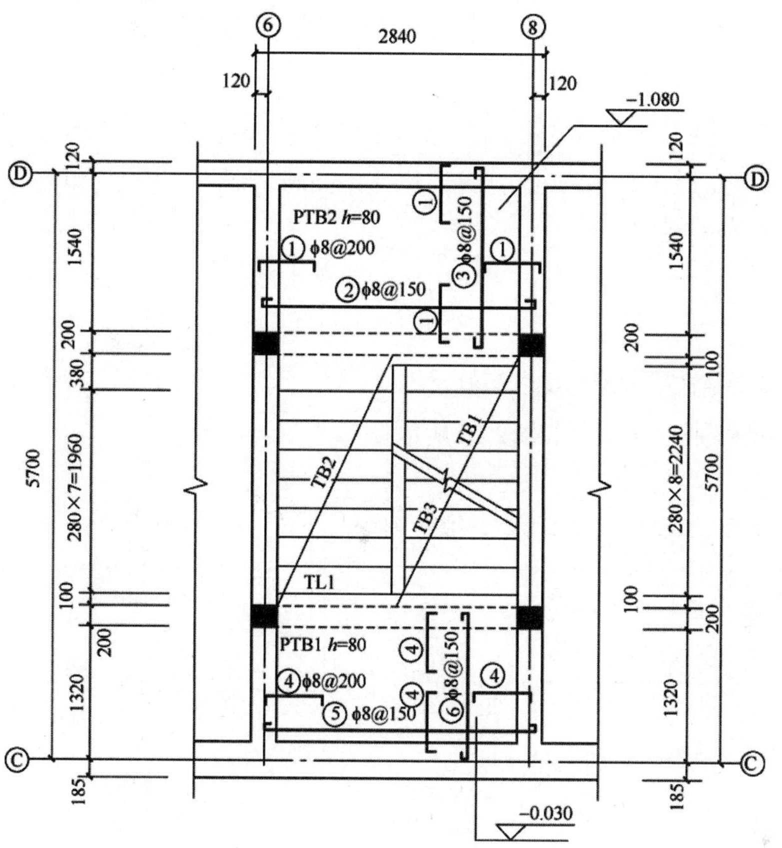

图 2-26　某住宅楼楼梯平面图

(1) 图中，“280×7=1960”表示楼梯踏面宽度为280mm，踏步数为7，楼梯梯板净跨度为1960mm。

(2) 图中“PTB1 *h*=80”表示编号为1的平台板，平台板厚度为80mm。“④ ϕ8@200”表示1号平台板中编号为④的负筋（工地施工人员通常称之为爬筋或扣筋），钢筋直径为8mm，钢筋强度等级为HPB300级，钢筋间距为200mm。

(3) 图中“⑤ ϕ8@150”表示1号平台板中编号为⑤的板底正筋（工地施工人员通常称之为底筋），钢筋长度为板的跨度值，钢筋强度等级为HPB300级，钢筋直径为8mm，钢筋间距为150mm。

(4) 图中“▽-0.030”表示1号平台板顶面结构标高值为-0.030m（相对建筑

标高为 ±0.000)。

(5) 图中“⑥ ϕ8@150”表示1号平台板短向跨度板底编号为⑥的正筋。钢筋强度等级为HPB300级，钢筋直径为8mm，钢筋间距为150mm，沿板长跨方向均匀布置。

2. 楼梯结构平面图的实例识读

某楼梯结构平面图，如图2-27所示。

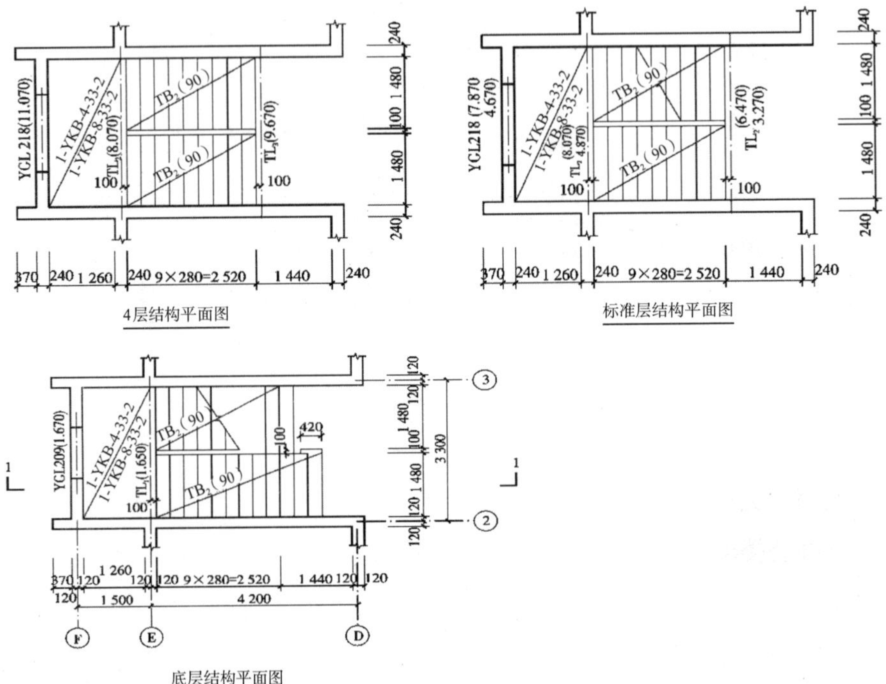

图2-27 楼梯结构平面图

施工图讲解

(1) 楼层结构平面图中虽然也包括楼梯间的平面位置，但因比例较小(1:100)，不易把楼梯构件的平面布置和详细尺寸表达清楚，而底层又往往不画底层结构平面图。因此楼梯间的结构平面图通常需要用较大的比例(如1:50)另行绘制，如图2-27所示。楼梯结构平面图的图示要求与楼层结构平面图基本相同，它也是用水平剖面图的形式来表示的，但水平剖切位置有所不同。为了表示楼梯梁、梯段板和平台板的平面布置，通常把剖切位置放在层间楼梯平台的上方；底层楼梯平面图的剖切位置在1、2层间楼梯平台的上方；2(3)层楼梯平面图的剖切位置在2、3(4)层间楼梯平台的上方；本例4层(即顶层)楼面以上无楼梯，则4层楼梯平面图的剖切位置就设在4层楼面上方的适当位置。

(2)楼梯结构平面图应分层画出，当中间几层的结构布置和构件类型完全相同时，则只要画出一个标准层楼梯平面图。如图2-27所示的中间一个平面图，即为二、三层楼梯的通用平面图。

(3)楼层结构平面图中各承重构件，如楼梯梁(TL)、楼梯板(TB)、平台板(YKB)、窗过梁(YGL)和圈梁(QL)等的表达方式和尺寸注法与楼层结构平面图相同，这里不再赘述。在平面图中，梯段板的折断线按投影法理应与踏步线方向一致，为避免混淆，按制图标准规定画成倾斜方向。在楼层结构平面图中除了要注出平面尺寸外，通常还需注出各种梁底的结构标高。

2.5.2 楼梯剖面图的实例识读

1.某办公楼楼梯剖面图的实例识读

某办公楼楼梯剖面图，如图2-28所示。

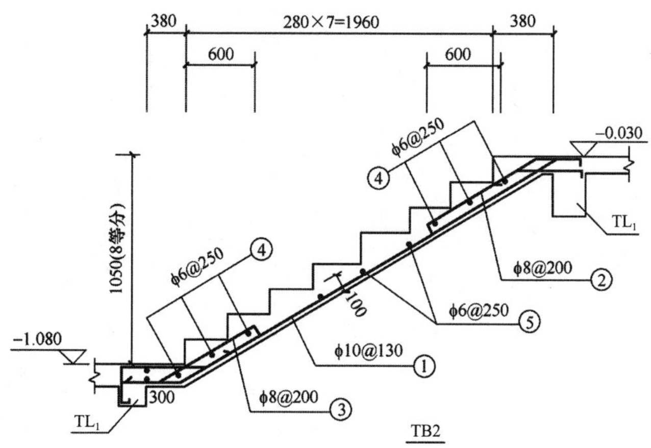

图2-28 某办公楼楼梯剖面图

（1）图中“280×7=1960”表示楼梯梯段踏步宽度为280mm，踏步数为7，楼梯段净跨值为1960mm。

（2）图中楼梯段梯板板底筋“ϕ10@130”表示钢筋强度等级为HPB300级，钢筋直径为10mm，钢筋间距为130mm，钢筋编号为①。

（3）图中楼梯段梯板分布钢筋“ϕ6@250”表示梯板板底筋沿板跨方向全跨均匀布置，分布钢筋直径为6mm，钢筋强度等级为HPB300级，钢筋间距为250mm，钢筋编号为④。

（4）楼梯板顶部支座处钢筋“ϕ8@200”编号为②，钢筋直径为8mm，钢筋强度等级为HPB300级，钢筋间距为200mm。伸入楼梯板净跨的水平长度为600mm。

（5）楼梯板中部注写值“100”表示楼梯板最小厚度值。

2.某写字楼楼梯结构剖面图的实例识读

楼梯结构剖面图，如图2-29所示。

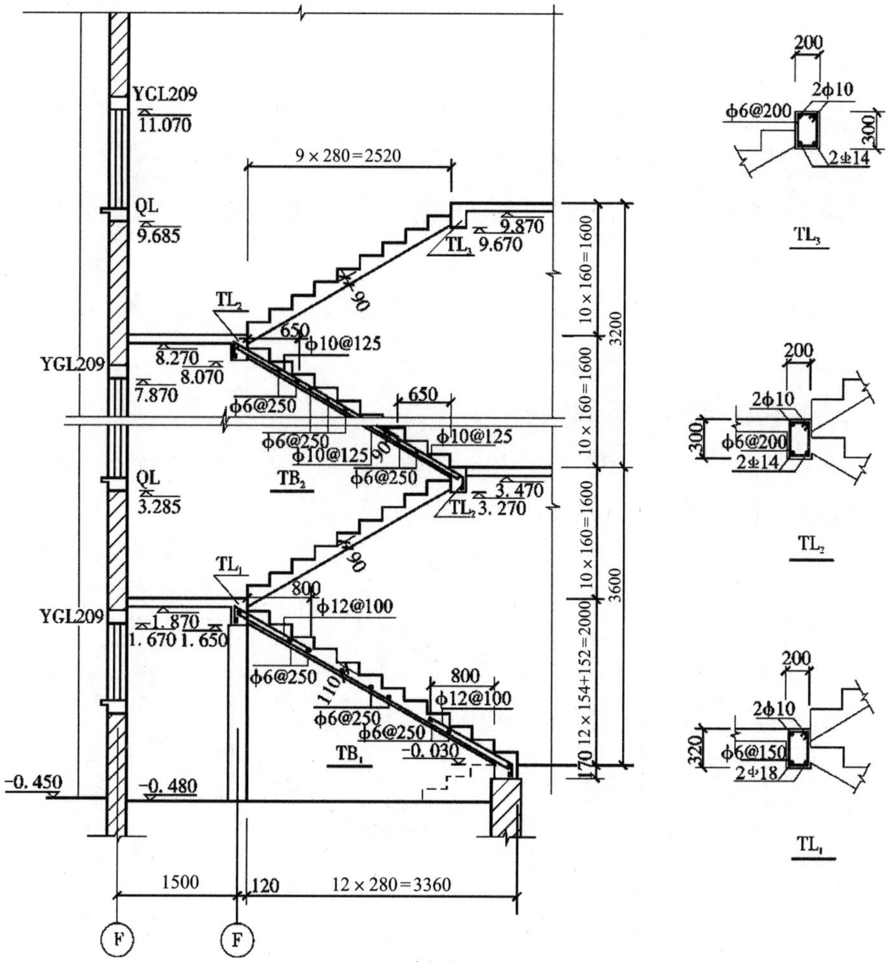

1—1剖面图

图2-29 楼梯结构剖面图

（1）楼梯的结构剖面图是表示楼梯间各种构件的竖向布置和构造情况的图样。如图2-29所示为由楼梯结构平面图中所画出的1—1剖切线的剖视方向而得到的楼梯1—1剖面图。

（2）它表明了剖切到的梯段（TB_1、TB_2）的配筋、楼梯基础墙、楼梯梁（TL_1、TL_2、TL_3）、平台板（YKB）、部分楼板、室内外地面和踏步以及外墙中窗过梁（YGL209）和圈梁（QL）等的布置，还表示出未剖切到梯段的外形和位置。与楼梯平面图相类似，楼梯剖面图中的标准层可利用折断线断开，并采用标注不同标高的形式来简化。

（3）在楼梯结构剖面图中，应标注轴线尺寸、梯段的外形尺寸和配筋、层高尺寸以及室内外地面和各种梁、板底面的结构标高等。

（4）在图的右侧，还分别画出楼梯梁（TL_1、TL_2、TL_3）的断面形状、尺寸和配筋。

2.5.3 楼梯构件详图的实例识读

某框架结构楼梯构件详图实例，如图2-30所示。

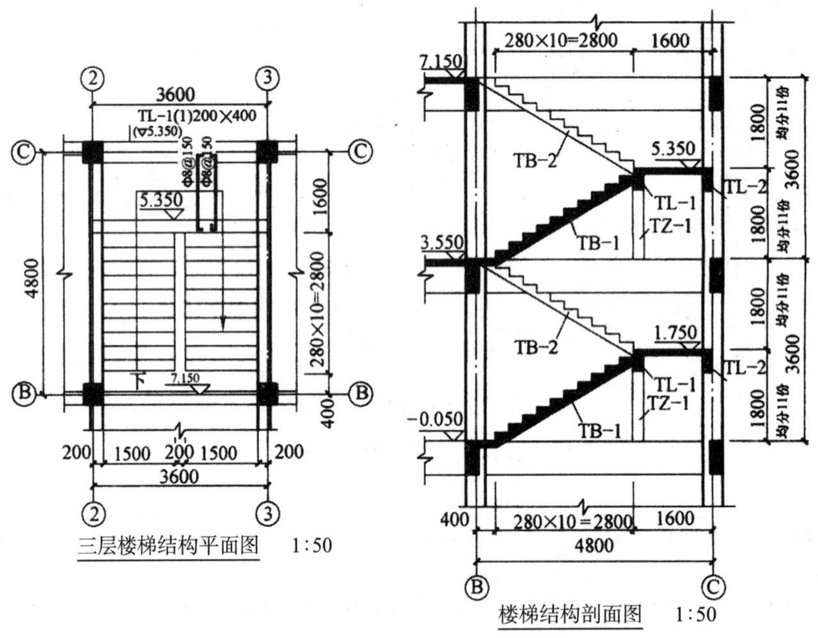

图2-30 某框架结构楼梯构件详图

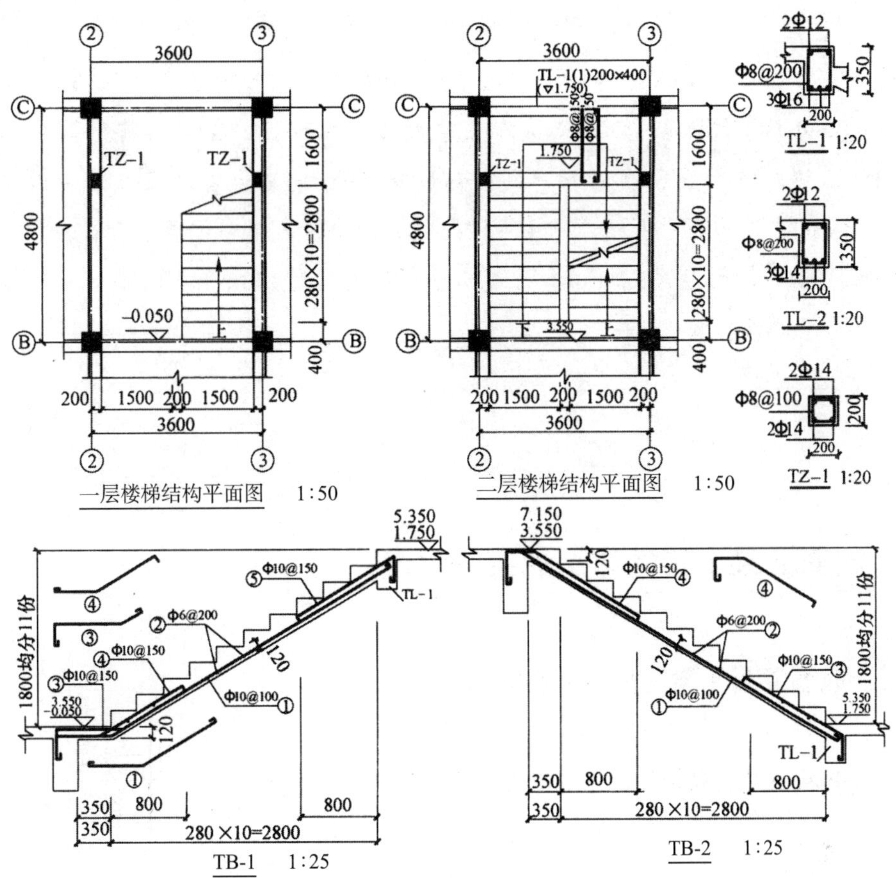

图2-30 某框架结构楼梯构件详图（续）

施工图讲解

（1）如图2-30所示为框架结构楼梯构件详图，从图中可以看出该楼梯为两跑楼梯，而且一层至二层的楼梯和二层至三层的楼梯相同，第一个梯段都是TB-1，第二个梯段都是TB-2。TB-2都是一端支撑在框架梁上，另一端支撑在楼梯梁TL-1上。两个楼梯段与框架梁相连处都有一小段水平板，所以这两个楼梯板都是折板楼梯。TL-1的两端支撑在楼梯柱TZ-1上，TZ-1支撑在基础拉梁（一层）或框架梁（二层）上。楼梯休息平台梯端支撑在TL-1上，另一端支撑在TL-2上。TL-2的两端都支撑在框架柱上。在框架结构中填充墙是不受力的，所以楼梯梁不能支撑在填充墙上。

（2）楼梯板的配筋可从TB-1和TB-2的配筋详图中得知，比如TB-1的板底受力钢筋为①号筋 ф10@100；左支座负筋为③号钢筋 ф10@150和④号钢筋 ф10@150，因为该楼梯左支座处为折板楼梯，支座负筋需要两根钢筋搭接；右支座负筋为⑤号钢筋 ф10@150，板底分布钢筋为②号钢筋 ф6@200。为了表示①、③、④号钢筋的详细形状，图中还画出它们的钢筋详图。TB-1的板厚为120mm，注意水平段厚度也是120mm。TB-2的配筋请读者自己阅读。

2.6 钢筋混凝土构件详图的实例识读

2.6.1 钢筋混凝土梁详图的实例识读

某钢筋混凝土梁结构详图，如图2-31所示。

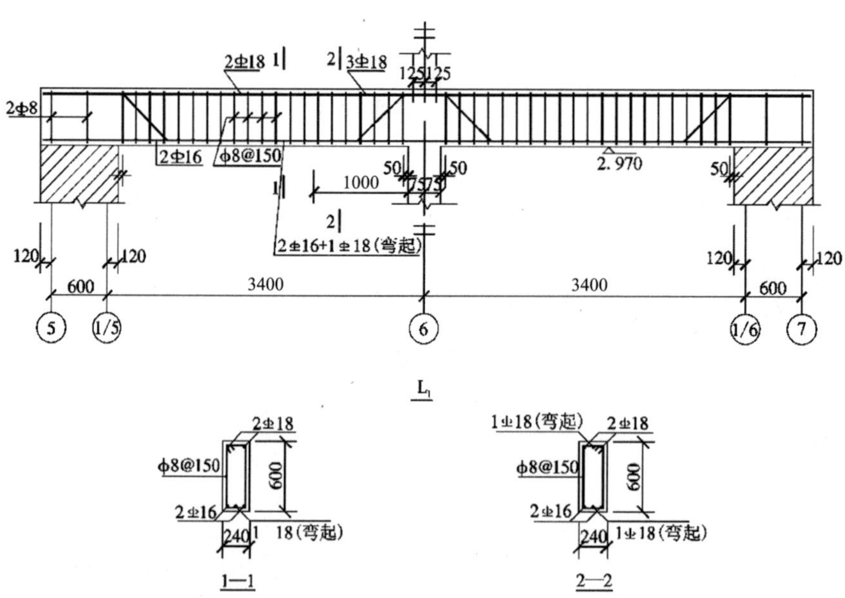

图2-31　某钢筋混凝土梁结构详图

施工图讲解

钢筋混凝土梁的结构一般用立面图和断面图表示。图中为两跨钢筋混凝土梁的立面图和断面图。该梁的两端搁置在砖墙上，中间与钢筋混凝土柱连接。由于两跨梁上的断面、配筋和支承情况完全对称，则可在中间对称轴线（轴线⑥）的上下端部画上对称符号。这时只需要在梁的左边一跨内画出钢筋的配置详图（图中右边一跨也画出了钢筋配置，当画出对称符号后，右边一跨可以只画梁外形），并标注各种钢筋的尺寸。

梁的跨中下面配置3根钢筋（即2Φ16+1Φ18），中间的1根Φ18钢筋在近支座处按45°方向弯起，弯起钢筋上部弯平点的位置离墙或柱边缘距离为50mm。墙边弯起钢筋伸入靠近梁的端面（留一保护层厚度）；柱边弯起钢筋伸入梁的另一跨内，距下层柱边缘为1000mm。由于HRB335级钢筋的端部不做弯钩，因此在立面图中当几根纵向钢筋的投影重叠时，就反映不出钢筋的终端位置。现规定用45°方向的短粗线作为无弯钩钢筋的终端符号。梁的上面配置两根通长钢筋（即2Φ18），箍筋为ϕ8@150。按构造要求，靠近墙或柱边缘的第一道箍筋的距离为50mm，即与弯起钢筋上部弯平点位置一致。在梁的进墙支座内布置两道箍筋。梁的断面形状、大小及不同断面的配筋，则用断面图表示。1—1为跨中断面，2—2为近支座处断面。除了详细标注梁的定型尺寸和钢筋尺寸外，还应注明梁底的结构标高。

2.6.2 雨篷板结构详图的实例识读

雨篷板结构详图，如图2-32所示。

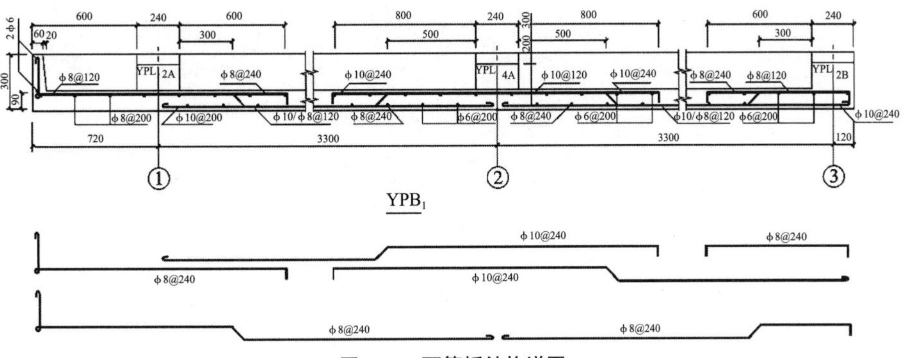

图2-32　雨篷板结构详图

施工图讲解

(1) 图中是现浇雨篷板(YPB_1)的结构详图，它是采用一个剖面图来表示的，非定型的现浇构件。

(2) YPB_1是左端带有外挑板(轴线①的左侧部分)的两跨连续板，它支撑在外挑雨篷梁(YPL_{2A}，YPL_{4A}，YPL_{2B})上。由于建筑上要求雨篷板的板底做平，故雨篷梁设在雨篷板的上方(称为逆梁)。YPL_{2A}、YPL_{4A}是矩形截面梁，梁宽为240mm，梁高为200～300mm；YPL_{2B}为矩形等截面梁，断面为240mm×300mm。

(3) 雨篷板(YPB_1)采用弯起式配筋，即板的上部钢筋由板的下部钢筋直接弯起，为了便于识读板的配筋情况，现把板中受力筋的钢筋图画在配筋图的下方。在钢筋混凝土构件的结构详图中，除了配筋比较复杂外，一般不另画钢筋图。

(4) 板的配筋图中除了必须标注板的外形尺寸和钢筋尺寸外，还应注明板底的结构标高。

(5) 当结构平面图采用较大比例(如1:50)时，也可以把现浇板配筋(受力筋)的钢筋图直接画在板的平面图上，从而省略板的结构详图。

2.6.3 钢筋混凝土柱结构详图的实例识读

钢筋混凝土柱结构详图，如图2-33所示。

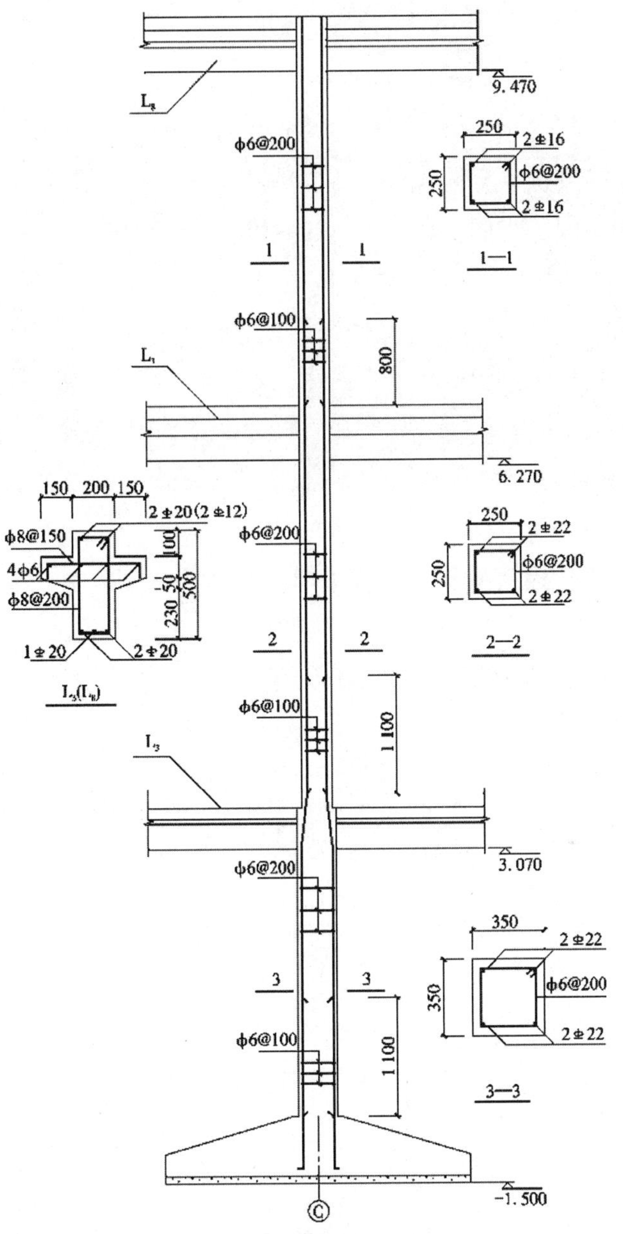

图2-33　钢筋混凝土柱结构详图

施工图讲解

(1) 图2-33是现浇钢筋混凝土柱(Z)的立面图和断面图。该柱从柱基起直通四层楼面。底层柱为正方形断面350mm×350mm。受力筋为2Φ22(见3—3断面),下端与柱基插铁搭接,搭接长度为1100mm上端伸出二层楼面

1100mm，以便与二层柱受力筋2⌀22（见2—2断面）搭接。

（2）二、三层柱为正方形断面250mm×250mm。二层柱的受力筋上端伸出三层楼面800mm与三层柱的受力筋2⌀16（见1—1断面）搭接。受力钢筋搭接区的箍筋间距需适当加密为ф6@100；其余箍筋均为ф6@200。

（3）在柱（Z）的立面图中还画出了柱连接的二、三层楼面梁L3和四层楼面梁L8的局部（外形）立面。因搁置预制楼板（YKB）的需要，同时也为了提高室内梁下净空高度，把楼面梁断面做成十字形（俗称花篮梁），其断面形状和配筋如图2-33中L3（L8）左侧所示。

2.6.4 预应力多孔板结构详图的实例识读

预应力多孔板结构详图，如图2-34所示。

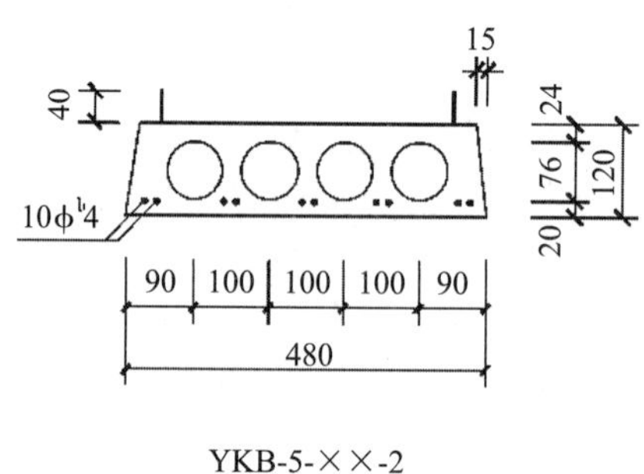

图2-34　预应力多孔板结构详图

图中是预制的预应力多孔板（YKB-5-××-2）的横断面图。板的名义宽度应是500mm，但考虑到制作误差（若板宽比500mm稍大时，可能会影响板的铺设）及板间构造嵌缝，故将板宽的设计尺寸定为480mm。YKB是某建筑构配件公司下属混凝土制品厂生产的定型构件，因此不必绘制结构详图。

2.6.5 构造柱与墙体连接结构详图的实例识读

构造柱与墙体连接结构详图，如图2-35所示。

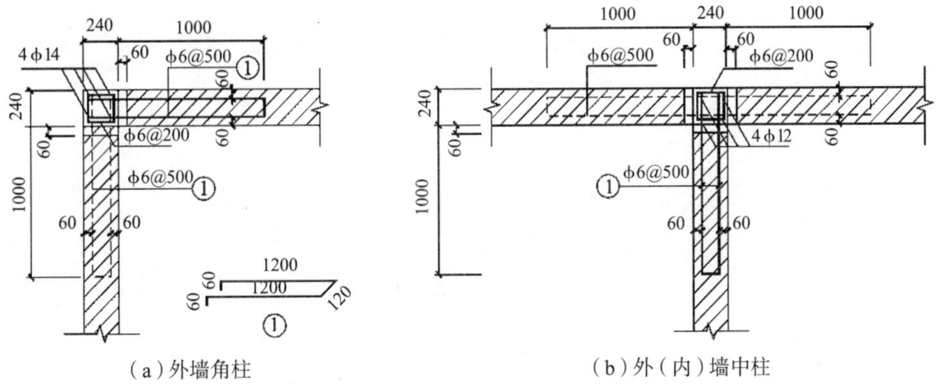

图2-35 构造柱与墙体连接结构详图

（1）在多层混合结构房屋中设置钢筋混凝土构造柱是提高房屋整体延性和砌体抗剪强度，使之增加抗震能力的一项重要措施。构造柱与基础、墙体、圈梁必须保证可靠连接。图2-35为构造柱与墙体连接结构详图。构造柱与墙连接处沿墙高每隔500mm设2ϕ6拉结钢筋，每边伸入墙内不宜小于1000mm。

（2）图2-35（a）为外墙角柱与墙体连接图，图2-35（b）为外（内）墙中柱与墙体连接图。构造柱与墙体连接处的墙体宜砌成马牙槎，在施工时先砌筑墙，后浇筑构造柱的混凝土。在墙体砌筑时应根据马牙槎的尺寸要求，从柱角开始，先退后进，以保证柱脚为大截面。

3 钢结构施工图识读

钢结构施工图识读步骤，如图3-1所示。

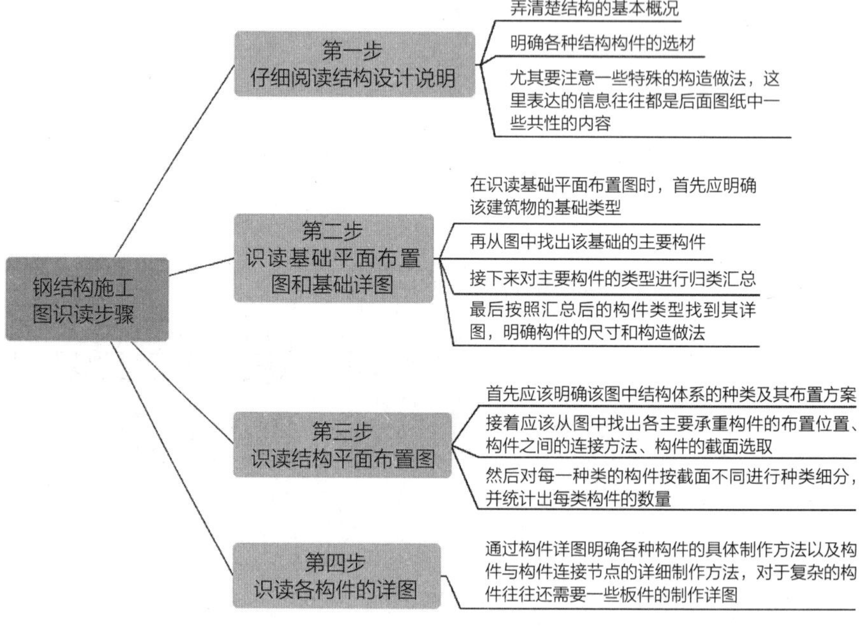

图3-1　钢结构施工图识读步骤

3.1 门式刚架施工图的实例识读

3.1.1 门式刚架结构施工图的组成

1.结构设计说明

结构设计说明主要包括工程概况、设计依据、设计荷载资料、材料的选用、制作安装等。

2.基础平面布置图及基础详图

基础平面布置图主要通过平面图的形式，反映建筑物基础的平面位置关系和平面尺寸。对于轻钢门式刚架结构，在较好的地质情况下，基础形式一般采用柱下独立基础。在平面布置图中，一般标注有基础的类型和平面的相关尺寸，如果需要设置拉梁，也一并在基础平面布置图中标出。

由于门式刚架的结构单一，柱脚类型较少，相应基础的类型也不多，所以往往把基础详图和基础平面布置图放在一张图纸上，如果基础类型较多，可考虑将基础详图单列一张图纸。基础详图往往采用水平局部剖面图和竖向剖面图来表达，图中主要标明各种类型基础的平面尺寸和基础的竖向尺寸，以及基础中的配筋情况等。

3.柱脚锚栓布置图

柱脚锚栓布置图是先按一定比例绘制柱网平面布置图，再在该图上标注各个钢柱柱脚锚栓的位置（相对于纵横轴线的位置尺寸），在基础剖面上标出锚栓空间位置高程，并标明锚栓规格数量及埋设深度。

4.支撑布置图

支撑布置图包括屋面支撑布置图和柱间支撑布置图。屋面支撑布置图主要表示屋面水平支撑体系的布置和系杆的布置；柱间支撑布置图主要采用纵剖面来表示柱间支撑的具体安装位置。另外，往往还配合详图共同表达支撑的具体做法和安装方法。

5.檩条布置图

檩条布置图主要包括屋面檩条布置图和墙面檩条（墙梁）布置图。屋面檩条布置图主要表明檩条间距和编号以及檩条之间设置的直拉条、斜拉条布置和编号，还有隅撑的布置和编号；墙面檩条（墙梁）布置图往往按墙面所在轴线分类绘制，每个墙面的檩条布置图内容与屋面檩条布置图内容相似。

6.主刚架图及节点详图

门式刚架由于通常采用变截面，故要绘制构件图以便通过构件图表达构件外形、几何尺寸及构件中杆件的截面尺寸；门式刚架图可利用对称性绘制，主要标注其变截面柱和变截面斜梁的外形及几何尺寸、定位轴线和标高以及柱截面与定位轴线的相关尺寸等。一般根据设计的实际情况，不同种类的刚架均应含有此图。

在相同构件的拼接处、不同构件的连接处、不同结构材料的连接处以及需要特殊交代清楚的部位，往往需要用节点详图来进行详细的说明。节点详图在设计阶段应表示清楚各构件间的相互连接关系及其构造特点，节点上应标明在整个结构上的相关位置，即应标出轴线编号、相关尺寸、主要控制标高、构件编号或截面规格、节点板厚度及加劲肋做法。构件与节点板焊接连接时，应标明焊脚尺寸及焊缝符号。构件采用螺栓连接时，应标明螺栓的种类、直径和数量。

3.1.2 门式刚架结构施工图的识读技巧

1.基础平面布置图及其详图识读技巧

识读时，需要注意图中写出的施工说明。另外，需要注意观察每一个基础与定位轴线的相对位置关系，此处最好一起看柱子与定位轴线的关系，从而确定柱子与基础的位置关系，以保证安装的准确性。

2.柱脚锚栓布置图识读技巧

在识读时，需要注意以下3个方面的问题：

(1) 通过识读锚栓平面布置图，可以根据图纸的标注准确地对柱脚锚栓进行水平定位。

(2) 通过识读锚栓详图，掌握与锚栓有关的一些竖向尺寸，主要有锚栓的直径、锚栓的锚固长度、柱脚底板的标高等。

(3) 通过识读锚栓布置图，可以对整个工程的锚栓数量进行统计。

3.支撑布置图识读技巧

识读屋面支撑布置图的顺序是：看图名称→看轴网编号、数量，并与其相应的锚栓平面布置图相互对照识读→看屋面支撑、系杆在平面图上的位置→看右下角的图纸说明。读图时，经常按顺序读出以下信息：

(1) 明确支撑的所处位置和数量。门式刚架结构中，并不是每一个开间都要设置支撑，如果要在某开间内设置，往往将屋面支撑和柱间支撑设置在同一开间，从而形成支撑桁架体系。因此需要从图中明确，支撑系统到底设在哪几个开间，另外需要知道每个开间内共设置了几道支撑。

(2) 明确支撑的起始位置。柱间支撑需要明确支撑底部的起始高程和上部的结束高程；屋面支撑需要明确其起始位置与轴线的关系。

(3) 支撑的选材和构造做法。支撑系统主要分为柔性支撑和刚性支撑两类，柔性支撑主要指的是圆钢截面；刚性支撑主要指的是角钢截面。此处可以根据详图来确定支撑截面，以及它与主刚架的连接做法，以及支撑本身的特殊构造。

4.檩条布置图识读技巧

(1) 识读时，首先要弄清楚各种构件的编号规则。

（2）要清楚每种檩条的所在位置和截面做法，檩条的位置主要根据檩条布置图上标注的间距尺寸和轴线来判断，尤其要注意墙面檩条布置图。

5.主刚架图及节点详图识读技巧

（1）识读详图时，应该先明确详图所在结构的相关位置，既可以根据详图上所标的轴线和尺寸进行位置的判断，也可以利用索引符号和详图符号的对应性来判断详图的位置。

（2）明确位置后，要弄清楚图中所画构件是什么构件，它的截面尺寸是多少。接着要清楚为了实现连接需加设哪些连接板件或加劲板件，最后要了解构件之间的连接方法。

3.1.3 基础平面图及详图的实例识读

某轻钢门式刚架厂房结构基础平面图及详图，如图3-2所示。

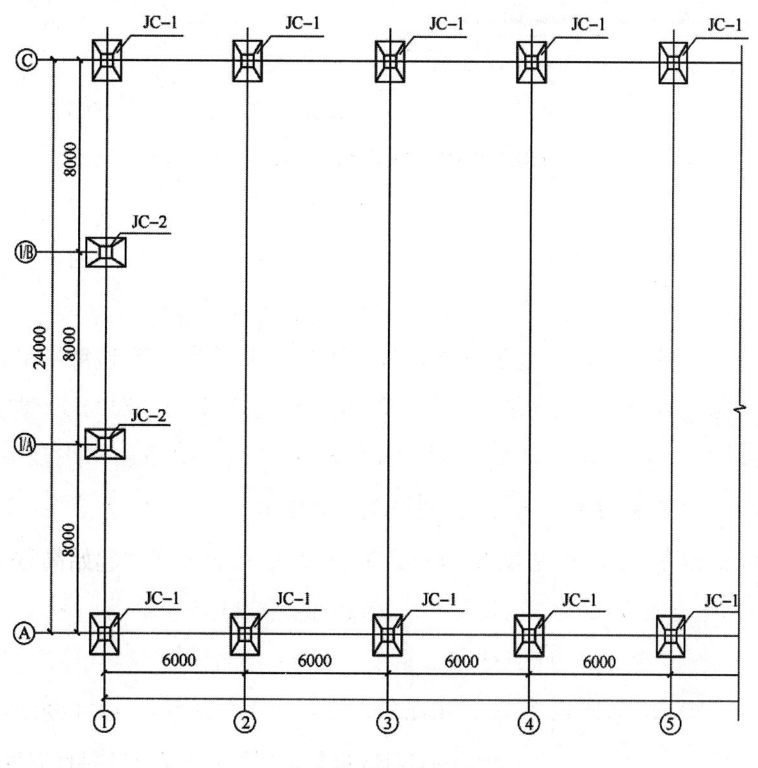

（a）基础平面布置图

图3-2　某轻钢门式刚架厂房结构基础平面图及详图

(b) 基础详图

图3-2　某轻钢门式刚架厂房结构基础平面图及详图（续）

(1) 识读基础平面布置图可知，该建筑物的基础为柱下独立基础，共有两种类型，分别为JC-1和JC-2，图中显示出的JC-1共10个，JC-2共2个。

(2) 识读基础详图可知，JC-1的基底尺寸为1700mm×1100mm，基础底部的分布筋为直径8mm的HPB300级钢筋，受力筋为直径10mm的HPB300级钢筋，间距均为200mm。基础上短柱的平面尺寸为550mm×450mm，短柱的纵筋为12根直径为20mm的HRB335级钢筋，箍筋为直径8mm，间距为200mm的HPB300级钢筋。

(3) 识读基础详图可知，JC-2的基底尺寸为1600mm×1100mm，基础底部的分布筋为直径8mm的HPB300级钢筋，受力筋为直径8mm的HPB300级钢筋，间距均为200mm。基础上短柱的平面尺寸为500mm×

450mm，短柱的纵筋为12根直径为20mm的HRB335级钢筋，箍筋为直径8mm，间距为200mm的HPB300级钢筋。

（4）从详图可知，该基础下部设有100mm厚的垫层，基础的底部标高为-0.050m。

3.1.4 柱脚锚栓布置图的实例识读

某轻钢门式刚架厂房结构柱脚锚栓布置图，如图3-3所示。

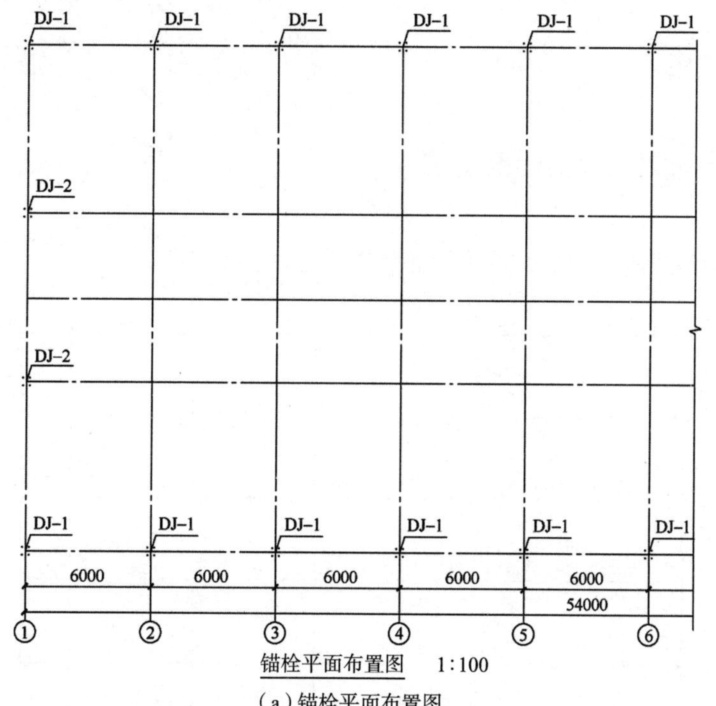

（a）锚栓平面布置图

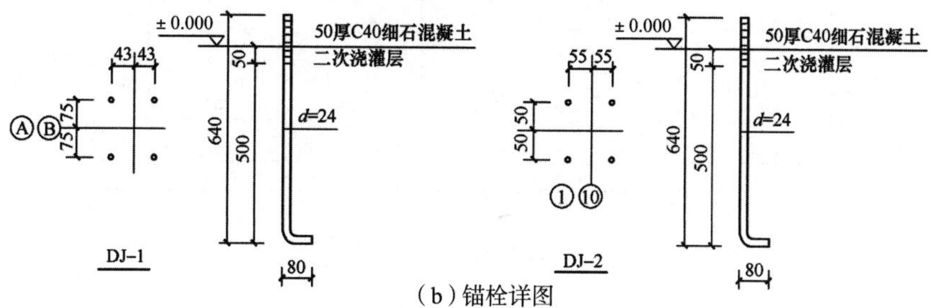

（b）锚栓详图

图3-3 某轻钢门式刚架厂房结构柱脚锚栓布置图

（1）从锚栓平面布置图中可知，共有两种柱脚锚栓形式，分别为刚架柱下的DJ-1和抗风柱下的DJ-2，并且二者的方向是相互垂直的。另外还可以看到纵向轴线和横向轴线都恰好穿过柱脚锚栓群的中心位置，且每个柱脚下都是4个锚栓。

（2）从锚栓详图中可以看到，DJ-1和DJ-2所用锚栓均为直径24mm的锚栓，锚栓的锚固长度都是从二次浇灌层底面以下500mm，柱脚底板的标高为±0.000。

（3）DJ-1的锚栓间距为沿横向轴线为150mm，沿纵向定位轴线的距离为86mm，DJ-2的锚栓间距为沿横向轴线为100mm，沿纵向定位轴线的距离为110mm。

3.1.5 支撑布置图的实例识读

某轻钢门式刚架厂房结构支撑布置图，如图3-4所示。

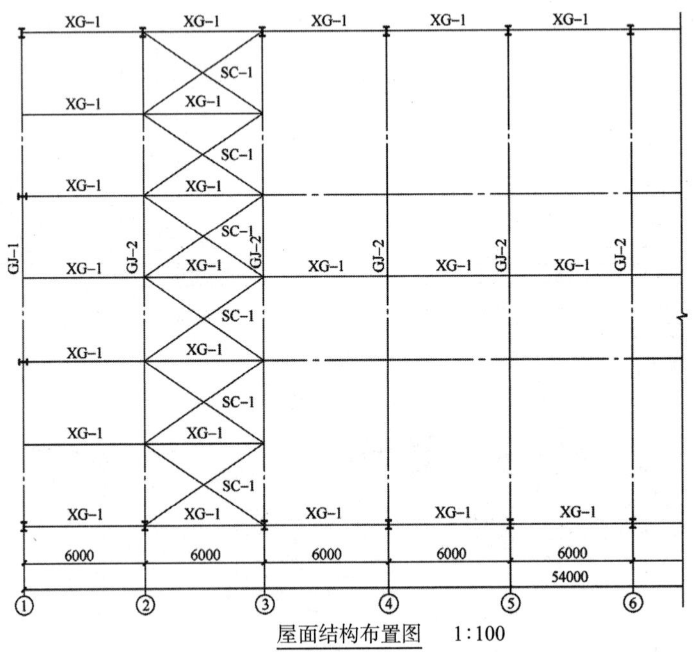

（a）屋面结构布置图

图3-4 某轻钢门式刚架厂房结构支撑布置图

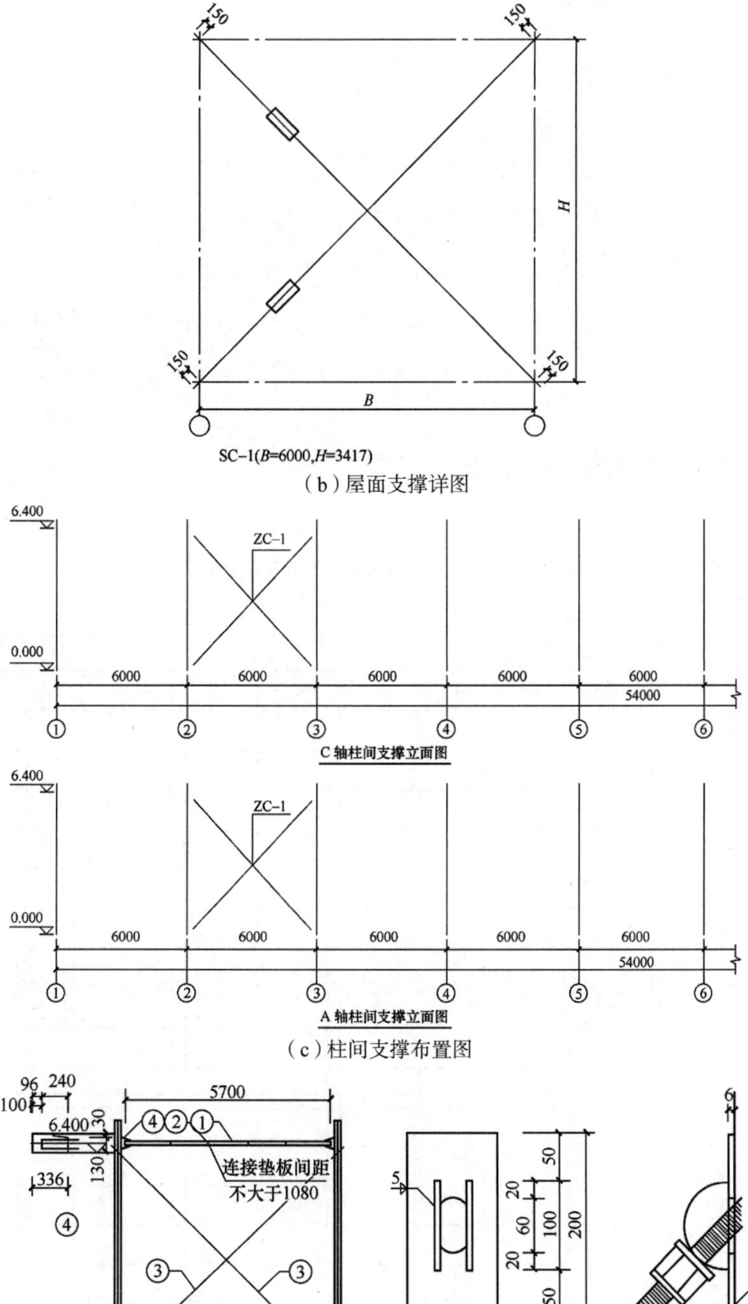

（b）屋面支撑详图

（c）柱间支撑布置图

（d）柱间支撑详图

图3-4　某轻钢门式刚架厂房结构支撑布置图（续）

施工图讲解

(1) 从图中可知，屋面支撑（SC-1）和柱间支撑（ZC-1）均设置在第二个开间，即②～③轴线间。

(2) 在每个开间内柱间支撑只设置了一道，而屋面支撑每个开间内设置了6道支撑，主要是为了能够使支撑的角度接近45°。

(3) 从柱间支撑详图中可知，柱间支撑的下标高为0.300m，柱间支撑的顶部标高为6.400m，而每道屋面支撑在进深方向的尺寸为3417mm。

3.1.6 檩条布置图的实例识读

某轻钢门式刚架厂房结构檩条布置图，如图3-5所示。

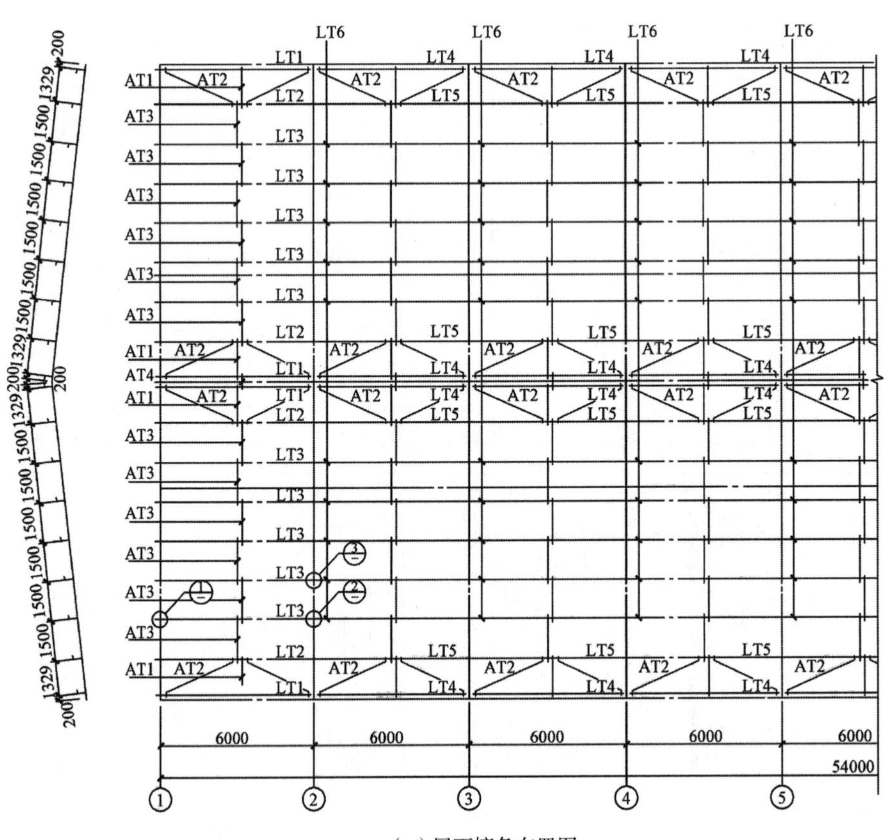

(a) 屋面檩条布置图

图3-5　某轻钢门式刚架厂房结构檩条布置图

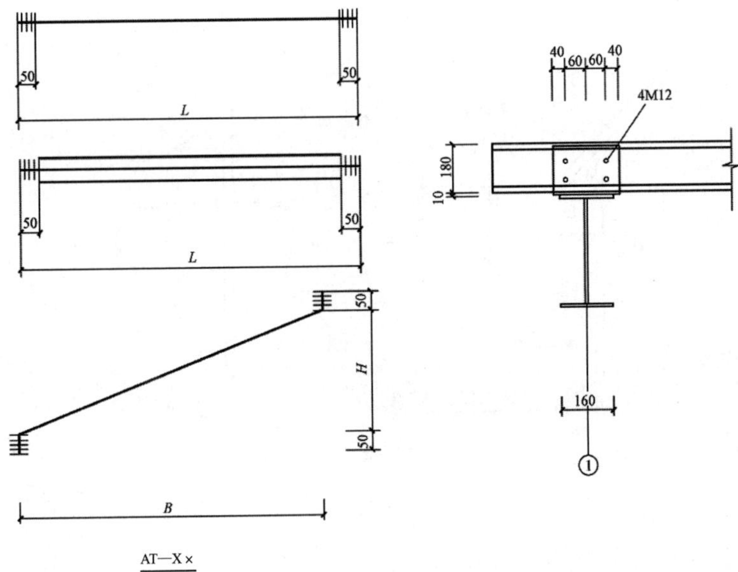

（b）檩条与钢架梁的连接

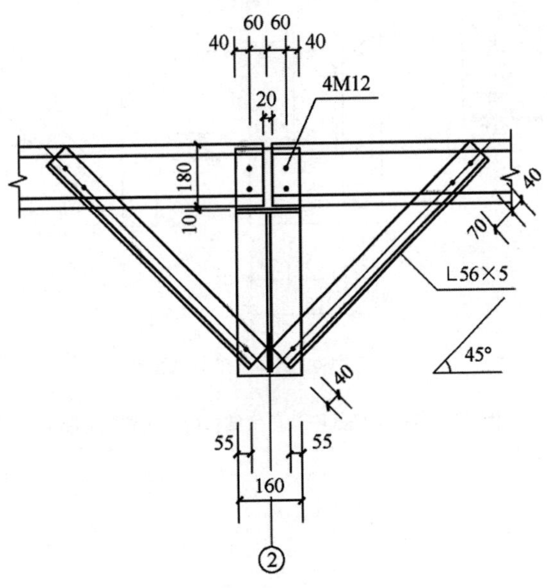

（c）檩条隅撑节点图

图3-5 某轻钢门式刚架厂房结构檩条布置图（续）

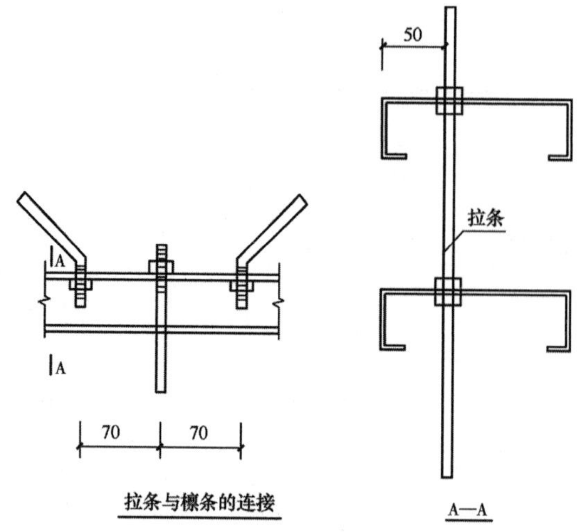

（d）拉条与檩条的连接

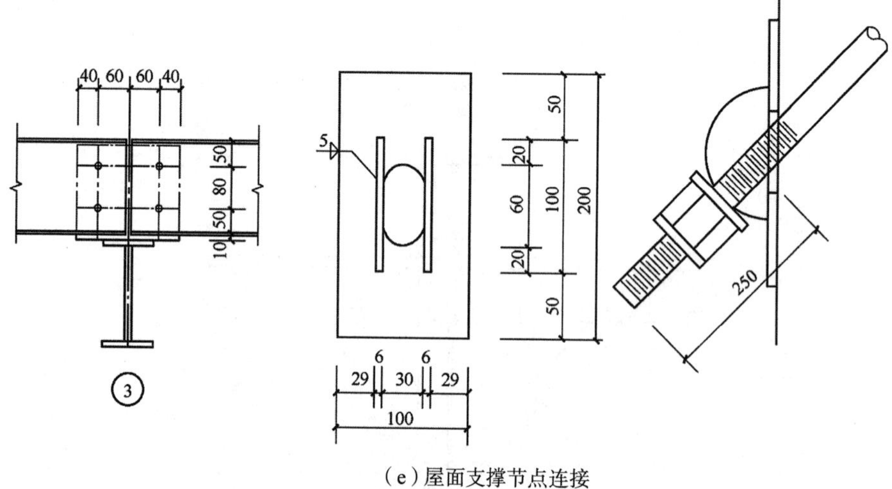

（e）屋面支撑节点连接

图3-5　某轻钢门式刚架厂房结构檩条布置图（续）

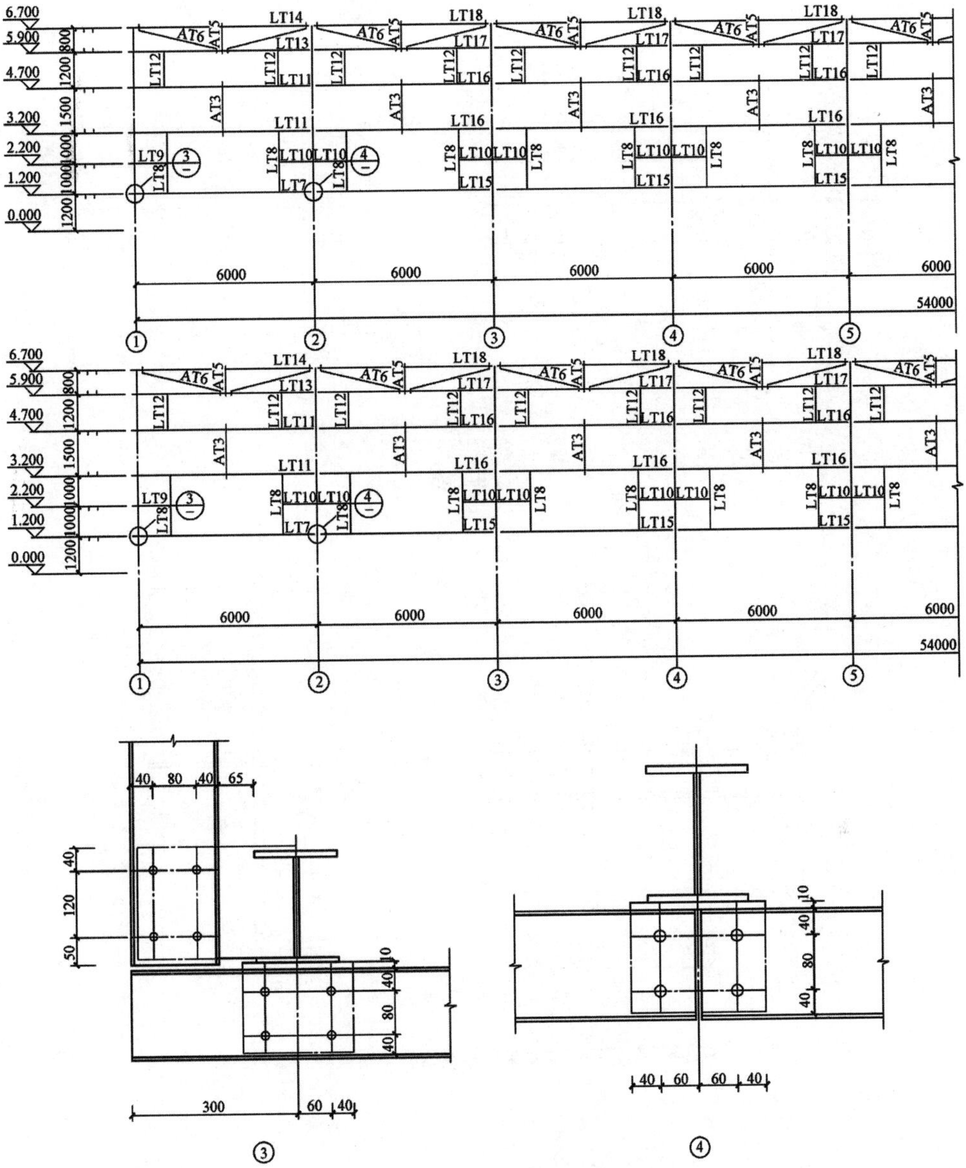

(f) 墙面檩条布置图

图3-5 某轻钢门式刚架厂房结构檩条布置图（续）

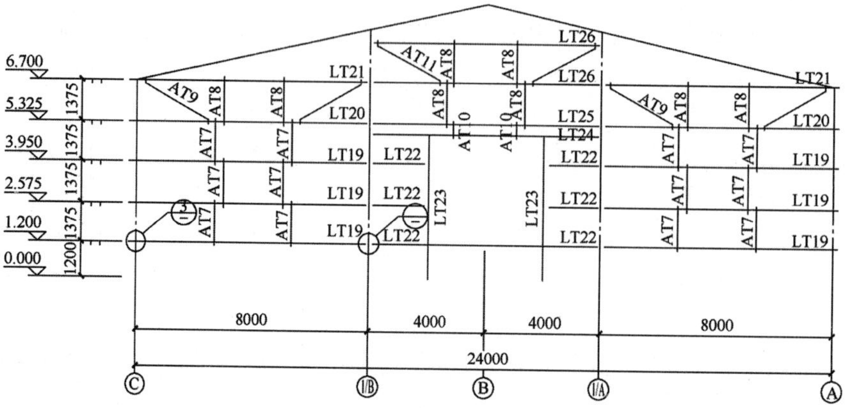

山墙檩条布置图　1∶100

（g）山墙檩条布置图

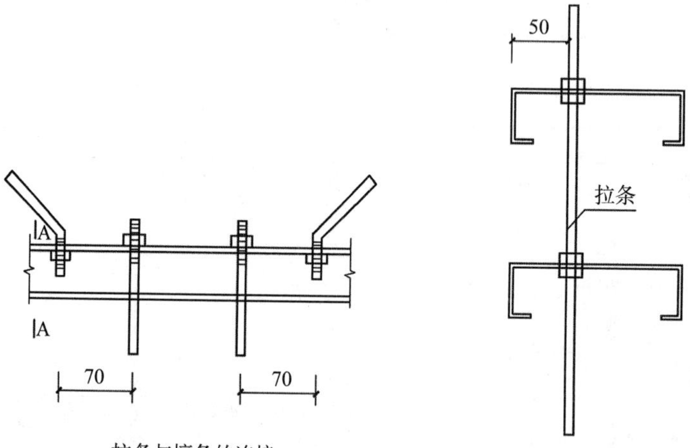

拉条与檩条的连接

A—A

（h）拉条与檩条的连接

图3-5　某轻钢门式刚架厂房结构檩条布置图（续）

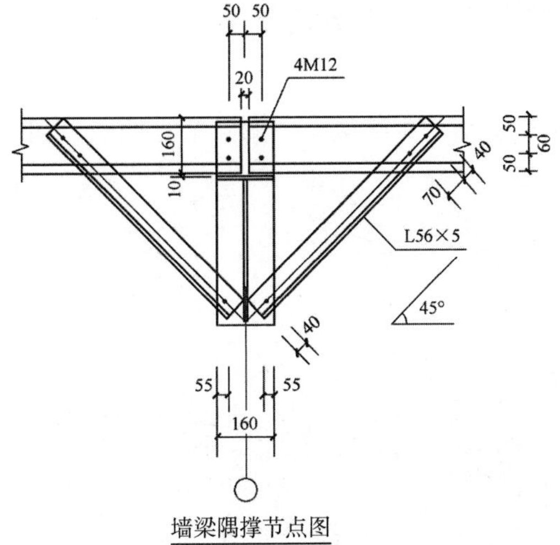

（i）墙梁隅撑节点图

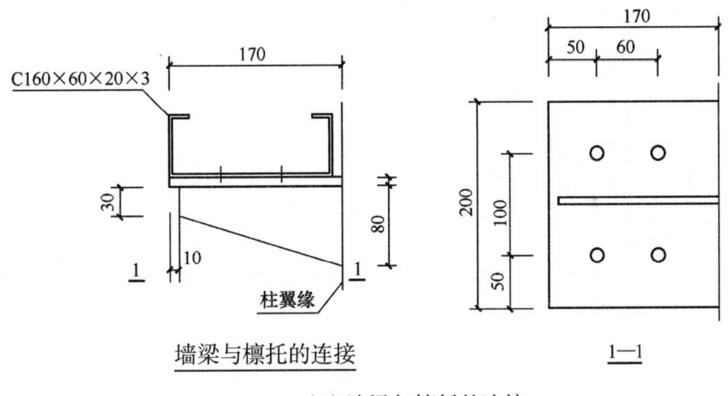

（j）墙梁与檩托的连接

图3-5　某轻钢门式刚架厂房结构檩条布置图（续）

（1）图中檩条采用LT×（×为编号）表示，直拉条和斜拉条都采用AT×（×为编号）表示，隅撑采用YC×（×为编号）表示，这也是较为通用的一种做法。

（2）要清楚每种檩条的所在位置和截面做法，檩条位置主要根据檩条布置图上标注的间距尺寸和轴线来判断，尤其要注意墙面檩条布置图，由于门窗的开设使得墙梁的间距很不规则，对于截面可以根据编号到材料表中查询。

（3）结合详图弄清楚檩条与刚架的连接构造、檩条与拉条的连接构造、隅撑的做法等内容。

3.1.7 主刚架图及节点详图的实例识读

某轻钢门式刚架厂房结构主刚架布置图及节点详图，如图3-6所示。

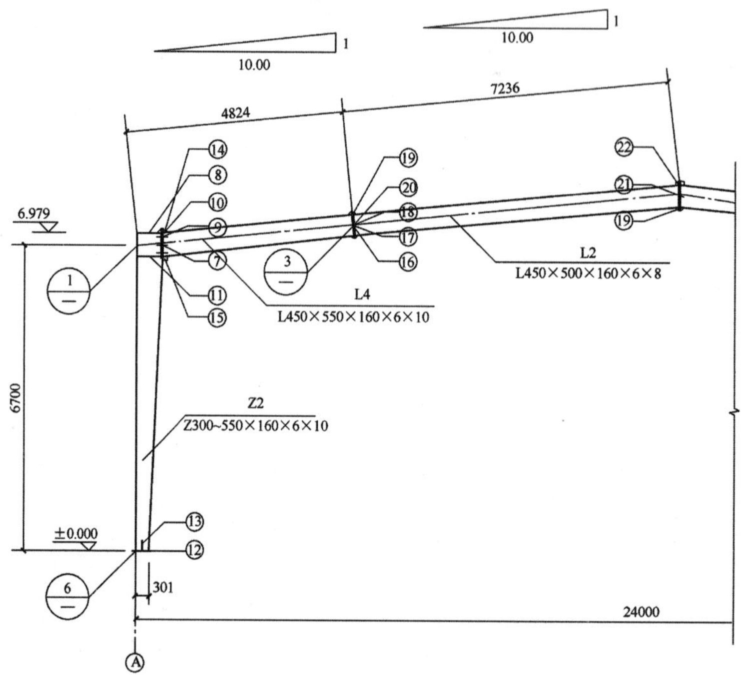

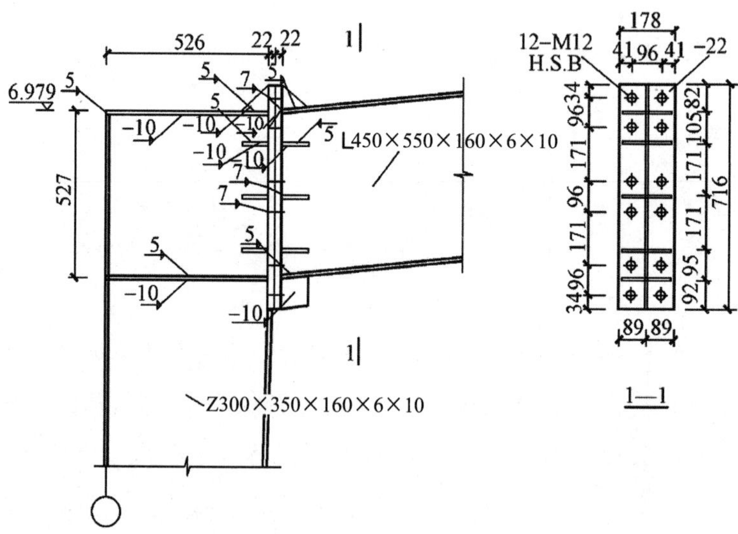

图3-6 某轻钢门式刚架厂房结构主刚架布置图及节点详图

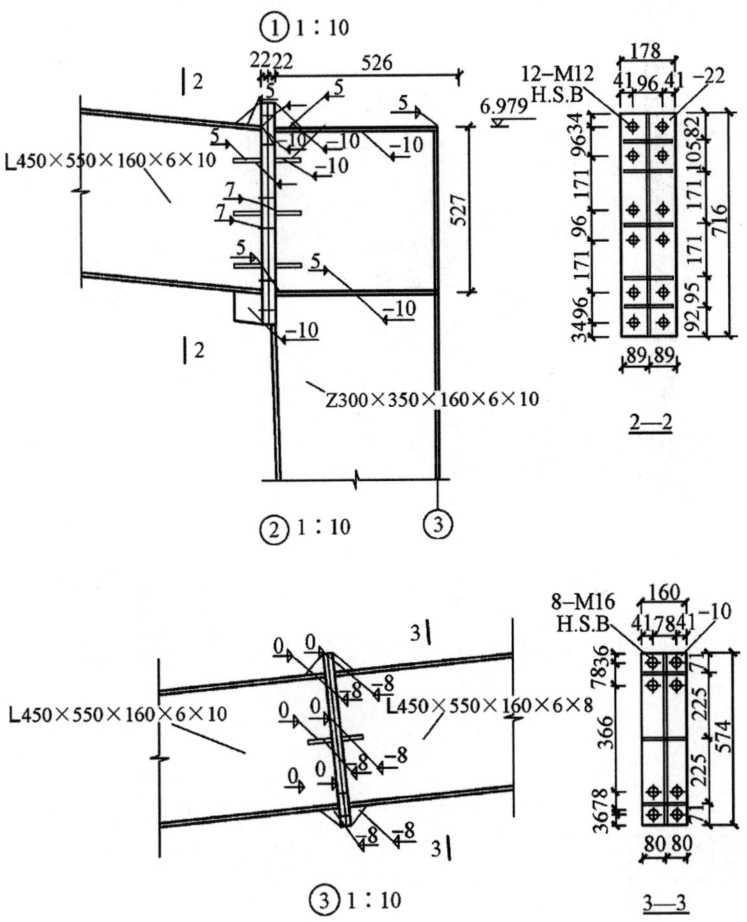

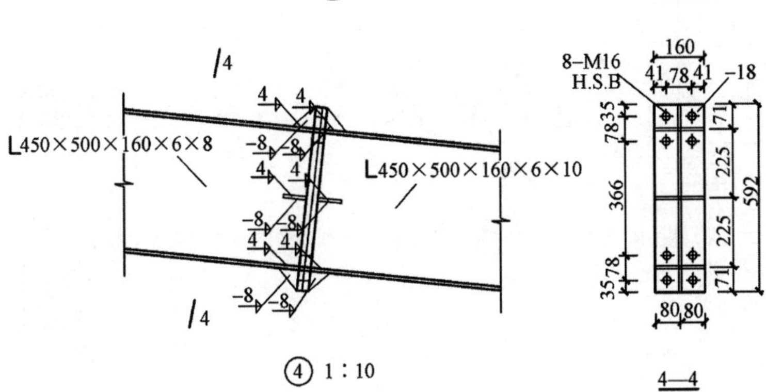

图3-6　某轻钢门式刚架厂房结构主刚架布置图及节点详图（续）

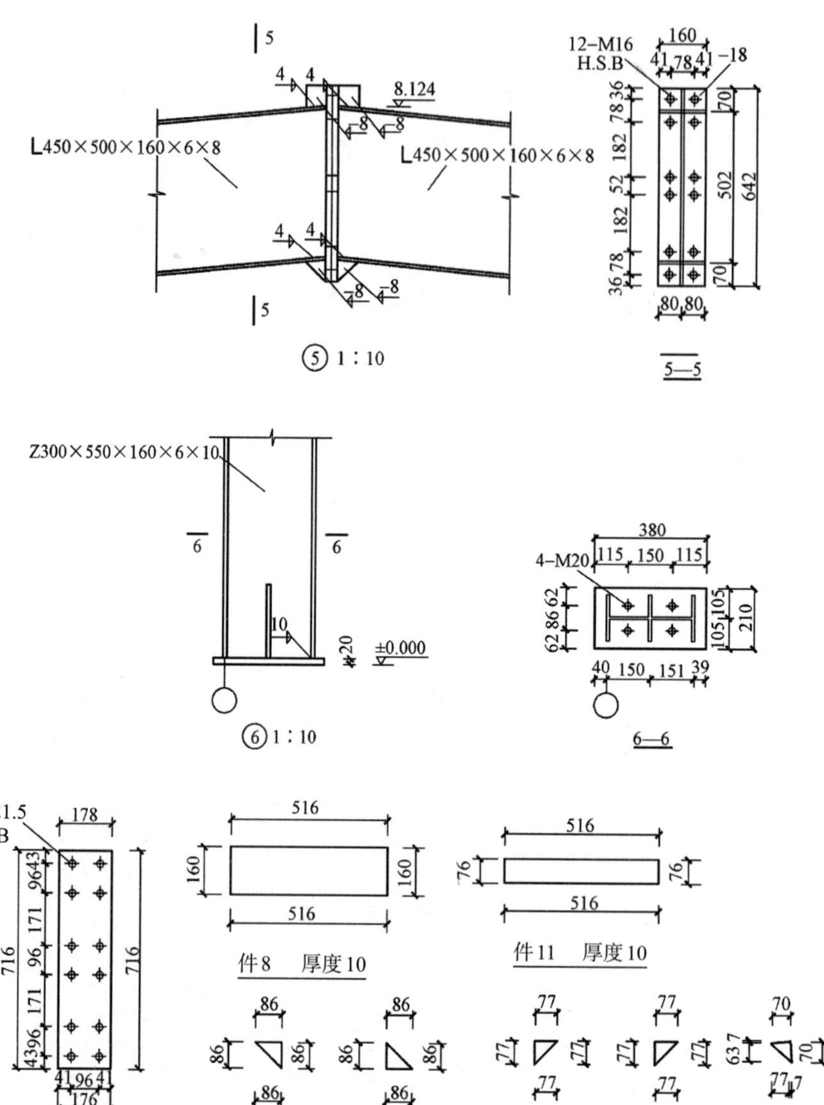

图3-6 某轻钢门式刚架厂房结构主刚架布置图及节点详图（续）

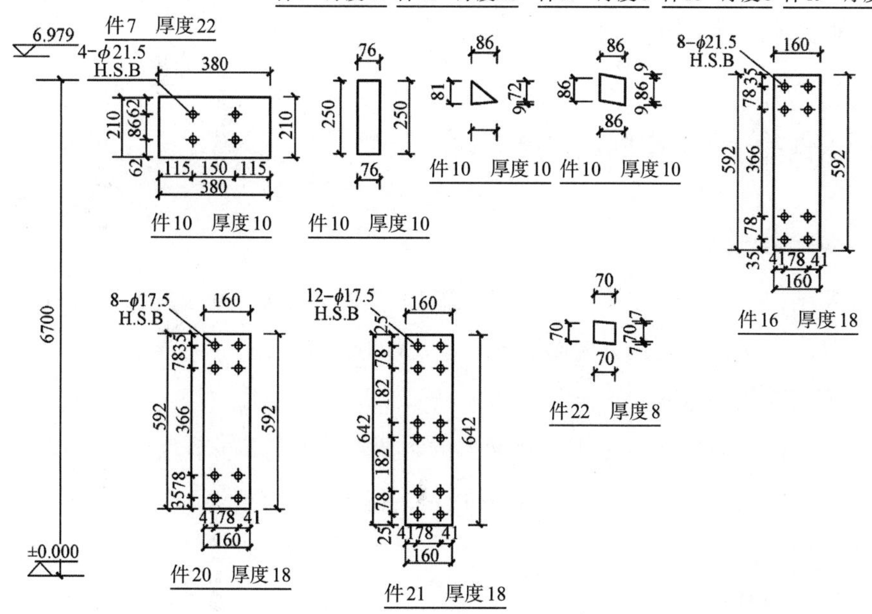

图3-6 某轻钢门式刚架厂房结构主刚架布置图及节点详图（续）

(1) 主刚架图中，通过详图符号和索引符号的对应关系可以找到：①号节点详图是主刚架图中左侧梁节点的详图，由此可以进一步明确①号节点详图中所画的两个主要构件都是刚架梁，梁截面为∟450×550×160×6×10。

(2) 为了实现梁刚接，在梁的连接端部各用一块端板与梁端焊接，端板的厚度为22mm，然后用12个直径12mm的高强度摩擦螺栓将梁与梁进行了连接。

(3) 端板两侧梁翼缘上下和腹板中间各设3道加劲肋。

3.2 钢网架结构施工图的实例识读

3.2.1 钢网架结构施工图的组成

1.网架结构设计说明

网架结构设计说明主要包括：工程概况、设计依据、网架结构设计和计算、材料、制作、安装、验收、表面处理、主要计算结果等。

2.网架平面布置图

网架平面布置图主要是用来对网架的主要构件（支座、节点球、杆件）进行定位的，一般配合纵、横两个方向剖面图共同表达，支座的布置往往还需要有预埋件布置图配合。

3.网架安装图

网架安装图主要是对各杆件和节点球上按次序进行编号。

4.球加工图

球加工图主要表达各种类型螺栓球的开孔要求，以及各孔的螺栓直径等。由于螺栓球是一个立体造型复杂、开孔位置多样化的构件，因此在绘制时往往选择能够尽量多地反映开孔情况的球面进行投影绘制，然后将图上绘制出来的各孔孔径中心之间的角度标注出来。图名以构件编号命名，另外注明该球总共的开孔数、球直径和该编号球的数量。

5.支座详图和支托详图

支座详图和支托详图都是用来表达局部辅助构件的大样详图，虽然两张图表达的是两个不同的构件，但从制图或者识图的角度来讲是相同的。

6.材料表

材料表把网架工程中涉及的所有构件的详细情况分类进行了汇总。此图可以作为材料采购、工程量计算的一个重要依据。另外在识读其他图纸时，如有参数标注不全的，也可以结合材料表来校验或查询。

3.2.2 钢网架结构施工图的识图技巧

1. 网架平面布置图识读技巧

节点球的定位主要还是通过两个方向的剖面图控制的。一般应首先明确平面图中哪些属于上弦节点球，哪些属于下弦节点球，然后再按排、列或者定位轴线逐一进行位置的确定。

通过平面图和剖面图的联合识读可以判断，平面图中在实线交点上的球均为上弦节点球，而在虚线交点上的球均为下弦节点球；每个节点球的位置可以由两个方向的尺寸共同确定。

2. 网架安装图识读技巧

节点球的编号一般用大写英文字母开头，后边跟一个阿拉伯数字，节点球的编号有几种大写字母开头，就表明有几种球径的球，即开头字母不同的球的直径是不同的；即使直径相同的球，由于所处位置不同，球上的开孔数量和位置也不尽相同，因此用字母后边的数字来表示不同的编号。

杆件的编号一般采用阿拉伯数字开头，后边跟一个大写英文字母或什么都不跟，标注在杆件的上方或左侧，图中杆件的编号有几种数字开头，就表明有几种横断面不同的杆件；对于同种断面尺寸的杆件，其长度未必相同，因此在数字后加上字母用以区别杆件类型的不同。

为了较好地识别图纸中的上弦节点球、下弦节点球、上弦杆、下弦杆等，正确方法是将两张图纸或多张图纸对应起来识图。为了弄清楚各种编号的杆件和球的准确位置，必须与“网架平面布置图”结合起来看。由于网架平面布置图中的杆件和网架安装图的构件是一一对应的关系，故为了施工读图的方便可以考虑将安装图上的构件编号直接标注在平面布置图上。

3. 球加工图识读技巧

球加工图主要表达各种类型螺栓球的开孔要求，以及各孔的螺栓直径等。由于螺栓球是一个立体造型复杂、开孔位置多样化的构件，因此在绘制时往往选择能够尽量多地反映开孔情况的球面进行投影绘制，然后将图上绘制出来的各孔孔径中心之间的角度标注出来。图名以构件编号命名，还应注明该球总共的开孔数、球直径和该编号球的数量。

4. 支座详图识读技巧

识读时，一般先看整个构件的立面图，掌握组成这个构件的各零件的相对位置关系，例如支座详图中，通过立面可以知道螺栓球、十字板和底板之间的相对位置关系；然后根据立面图中的断面符号找到相应的断面图，进一步明确各零件之间在平面上的位置关系和连接做法；最后，根据立面图中的板件编号（带圆圈的数字）查明组成这一构件的每一种板件的具体尺寸和形状。

另外，还需要仔细阅读图纸中的说明，可以进一步帮助大家更好地明确该详图。

3.2.3 网架平面布置图的实例识读

某钢网架平面布置图，如图3-7所示。

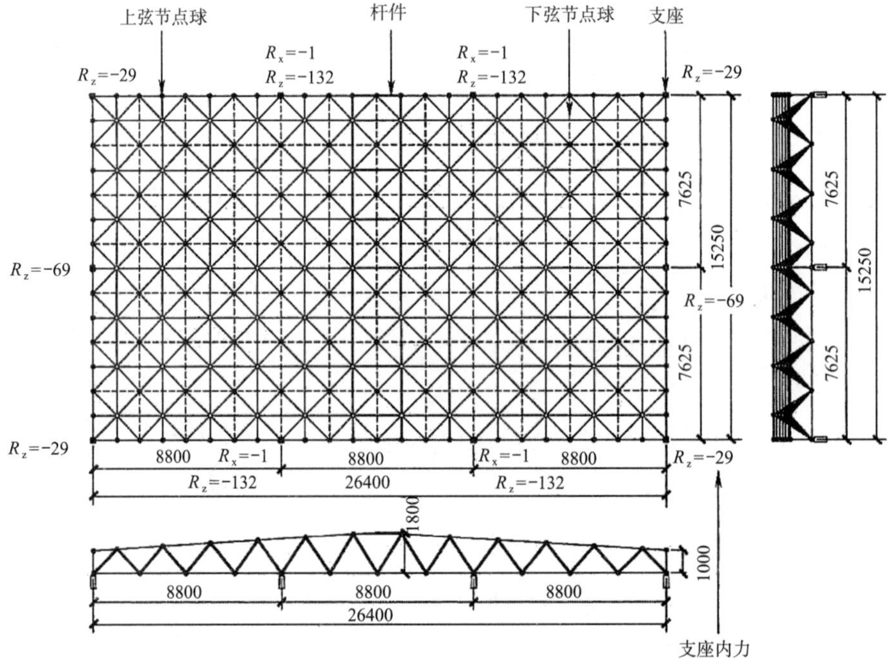

图3-7　某钢网架平面布置图

（1）对于本图，首先明确平面图中哪些属于上弦节点球，哪些属于下弦节点球，然后再按排、列或者定位轴线逐一进行位置的确定。在图中通过平面图和剖面图的联合识读可以判断，平面图中在实线交点上的球均为上弦节

点球，而在虚线交点上的球均为下弦节点球；每个节点球的位置可以由两个方向的尺寸共同确定。如图中最下方的一个支座上的节点球，由于它处于实线交点上，因此它属于上弦节点球，它的平面位置：东西方向可以从平面图下方的剖面图中读出，处于距最西边13.2m的位置；南北方向可以从其右侧的剖面图中读出，处于最南边的位置。

（2）从图中还可以读出网架的类型为正方四角锥双层平板网架，网架的矢高为1.8m（由剖面图可以读出）以及每个网架支座的内力。

3.2.4 网架安装图的实例识读

某钢结构网架安装图，如图3-8所示。

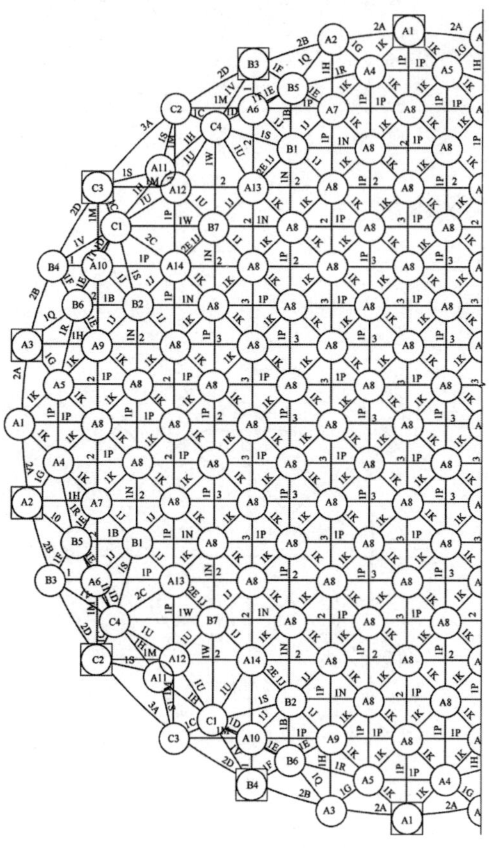

图3-8 某钢结构网架安装图

施工图讲解

（1）图中共有3种球径的螺栓球，分别用A、B、C表示，其中A类球、B类球、C类球又分成不同类型。

（2）图中共有3种断面的杆件，分别为1、2、3，其中每一种断面类型的杆件根据其长度不同又分为不同种类。

注意：这张图对于初学者最大的难点在于如何判断哪些是上弦节点球，哪些是下弦节点球，哪些是上弦杆，哪些是下弦杆？这里需要特别强调一种识图方法，那就是把两张图纸或多张图纸对应起来看。这也是初学者经常容易忽视的一种方法。对于这张图要想弄清楚上面所说的问题，就必须采用这一种方法。为了弄清楚各种编号的杆件和球的准确位置，就必须与“网架平面布置图”结合起来看。在平面布置图中粗实线一般表示上弦杆，细实线一般表达腹杆，而下弦杆则用虚线来表达，与上弦杆连接在一起的球自然就是上弦节点球，而与下弦杆连在一起的球则为下弦节点球。网架平面布置图中的构件和网架安装图的构件又是一一对应的，为了施工方便，可以考虑将安装图上的构件编号直接在平面布置图上标出，如此就可以做到一目了然。

3.2.5 球加工图的实例识读

某钢结构球加工图，如图3-9所示。

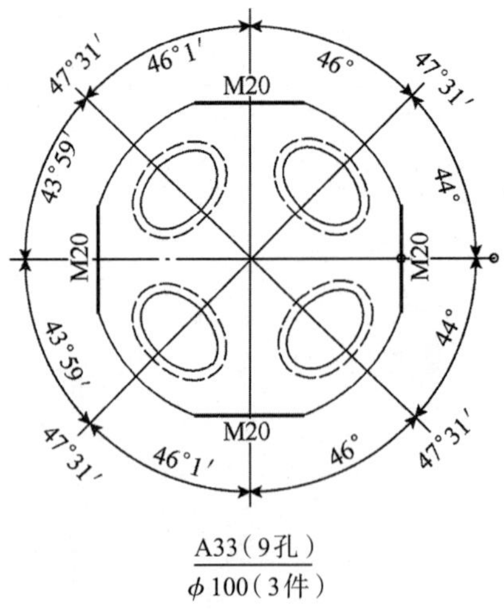

图3-9 某钢结构球加工图

（1）图中所示为编号A33的节点球的加工图，此类型的球共有3个。

（2）该球共有9个孔，球直径为100mm。

注意：该图纸的作用主要是校核由加工厂运来的螺栓球的编号是否与图纸一致，以免在安装过程中出现错误、重新返工，这个问题尤其是在高空散装法的初期要特别注意。

3.2.6 支座与支托详图的实例识读

某钢结构支座详图，如图3-10所示。

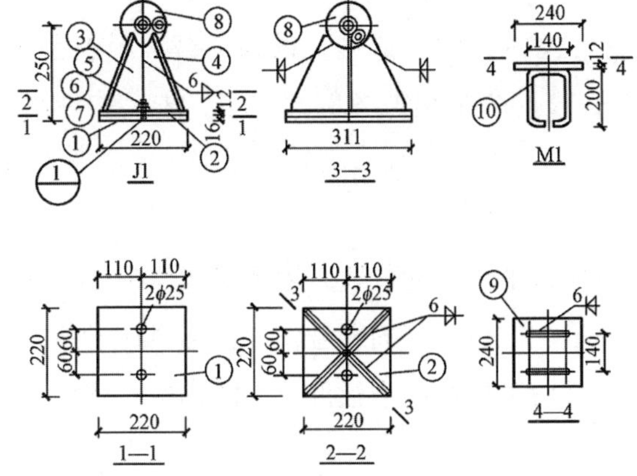

材料表							
项目	零件号	截面/mm×mm	长度/mm	数量	重量/kg		
					单重	共计	合计
J1	1	–220×16	220	1	6.1	6.1	23
	2	–220×12	220	1	4.6	4.6	
	3	–195×6	295	1	2.7	2.7	
	4	–195×6	295	1	2.7	2.7	
	5	螺柱M24	70	2	0.25	0.5	
	6	六角螺母		2	0.11	0.22	
	7	垫圈24		2	0.03	0.06	
	8	Q1		1	6.6	6.6	
M1	9	–240×12	240	1	5.4	5.4	7
	10	16	640	2	1.0	2.0	

注：

1.螺栓球与十字钢板的焊接，应将球体预热到150～200℃后再施焊。

2.为了保证螺栓球与十字钢板的位置和角度的准确性，应在专用的定位架上施焊。

3.零件⑤与①的焊缝不应超出钢板的表面。

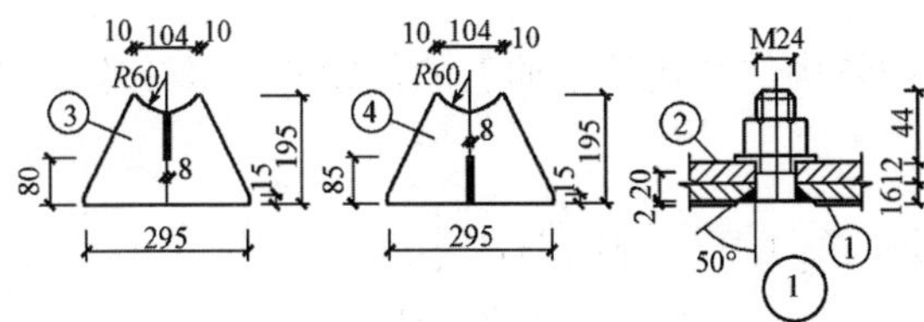

图3-10 某钢结构支座详图

施工图讲解

（1）从J1立面图可以看出，共有①～⑧八种零件，具体尺寸见材料表。还有一个详图符号，即详图①。

（2）看清楚剖切符号的剖切位置，然后与各个剖面图对应识读。

（3）通过识读图中注解可知施焊的预热温度、施焊要求等内容。

3.3 钢框架结构施工图的实例识读

3.3.1 钢框架结构施工图的组成

1.结构设计说明

钢框架结构的结构设计说明主要包括：设计依据，设计荷载，材料要求，构件制作、运输、安装要求，施工验收，图中相关图例的规定，主要构件材料表等。

2.底层柱子平面布置图

柱子平面布置图是反映结构柱在建筑平面中的位置，用粗实线反映柱子的截面形式，根据柱子断面尺寸的不同，给柱进行不同的编号，并且标出柱子断面中心线与轴线的关系尺寸，给柱子定位。对于柱截面中板件尺寸的选用，往往另外用列表方式表示。

3.结构平面布置图

结构平面布置图是确定建筑物各构件在建筑平面上的位置图，具体绘制内容主要有：

（1）根据建筑物的宽度和长度，绘出柱网平面图；

（2）用粗实线绘出建筑物的外轮廓线及柱的位置和截面示意；

（3）用细实线绘出梁及各构件的平面位置，并标注构件定位尺寸；

（4）在平面图的适当位置处标注所需的剖面，以反映结构楼板、梁等不同构件的竖向标高关系；

（5）在平面图上对梁构件编号；

（6）表示出楼梯间、结构留洞等的位置。对于结构平面布置图的绘制数量，与确定绘制建筑平面图的数量原则相似，只要各层结构平面布置相同，可以只画某一层的平面布置图来表达相同各层的结构平面布置图。

4.屋面檩条平面布置图

屋面檩条平面布置图主要表达檩条的平面布置位置、檩条的间距以及檩条的标高。

5.楼梯施工详图

对于楼梯施工详图，首先要弄清楚各构件之间的位置关系，其次要明确各构件之间的连接问题。它的主要构件有踏步板、梯斜梁、平台梁、平台柱等。

楼梯施工详图主要包括楼梯平面布置图、楼梯剖面图、平台梁与梯斜梁的连接详图、踏步板详图、平台梁与平台柱的连接详图、楼梯底部基础详图等。

6.节点详图

钢结构的连接方式有焊缝连接和螺栓连接，螺栓连接又分为普通螺栓连接和高强度螺栓连接，这些连接的部位统称为节点。

节点详图在设计阶段应表示清楚各构件之间的相互连接关系及其构造特点，节点上应标明整个结构物的相关位置，即应标出轴线编号、相关尺寸、主要控制标高、构件编号和截面规格、节点板厚度及加劲肋做法。构件与节点板采用焊接连接时，应标明焊脚尺寸及焊缝符号。构件采用螺栓连接时，应标明螺栓的种类、直径、数量。

3.3.2 钢框架结构施工图的识读技巧

1.底层柱子平面布置图识读技巧

在读图中，要弄清楚每一根柱子的具体位置、摆放方向以及它与轴线的关系。对于钢结构的安装尺寸必须要精确，因此在识读时必须要准确掌握柱子的位置，否则将会影响其他构件的安装；另外还要注意柱子的摆放方向，因为这与柱子的受力，以及整个结构体系的稳定性都有直接的关系。

2.结构平面布置图识读技巧

在对某一层结构平面布置图详细识读时，往往采取以下步骤：

(1) 明确本层梁的信息。结构平面布置图是在柱网平面上绘制出来的，而在识读结构平面布置图之前，已经识读了柱子平面布置图，所以在此图上的识读重点首先落到梁上。这里提到的梁的信息主要包括梁的类型数、各类梁的截面形式、梁的跨度、梁的标高以及梁柱的连接形式等信息。

（2）掌握其他构件的布置情况。这里的其他构件主要是指梁之间的水平支撑、隅撑以及楼板层的布置。水平支撑和隅撑并不是所有的工程中都有，如果有的话也将在结构平面布置图中一起表示出来；楼板层的布置主要是指采用钢筋混凝土楼板时，应将钢筋的布置方案在平面图中表示出来，有时也会将板的布置方案单列一张图纸。

（3）查找图中的洞口位置。楼板层中的洞口主要包括楼梯间和配合设备管道安装的洞口，在平面图中主要明确它们的位置和尺寸大小。

3.屋面檩条平面布置图识读技巧

屋面檩条平面布置图主要表达檩条的平面布置位置、檩条的间距以及檩条的标高。

4.楼梯施工详图识读技巧

对于楼梯施工详图的识读步骤一般为：先读楼梯平面图，掌握楼梯的具体位置和楼梯的具体平面尺寸；再读楼梯剖面度，掌握楼梯在竖向上的尺寸关系和楼梯本身的构造形式及结构组成；最后就是阅读钢楼梯的节点详图，从而掌握组成楼梯的各构件之间的连接做法。

5.节点详图识读技巧

对于节点详图的识读，首先要判断清楚该详图对应于整体结构的什么位置（可以利用定位轴线或索引符号等），其次判断该连接的连接特点（即两构件之间在何处连接，是铰接连接还是刚接连接等），最后识读图上标注。

3.3.3 底层柱子施工图的实例识读

某钢结构底层柱子平面布置图，如图3-11所示。

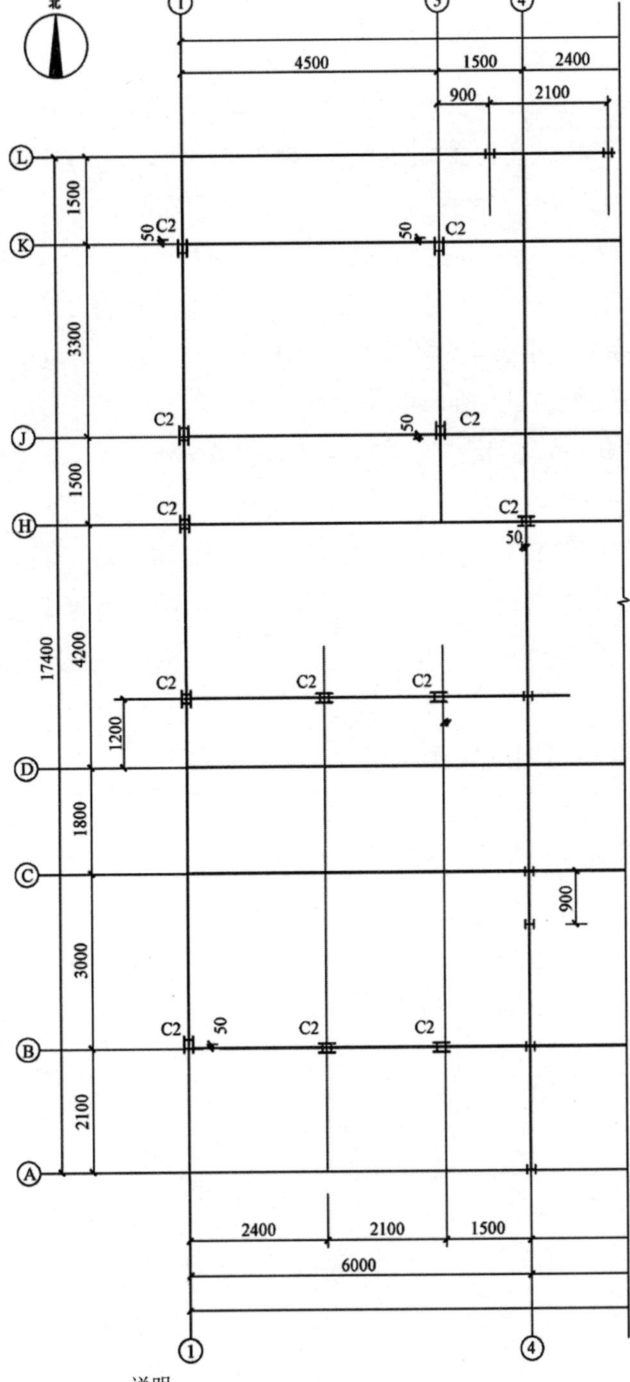

说明：
1.未注明柱为C1。
2.除注明外，梁柱轴线均为轴线对中。

图3-11　某钢结构底层柱子平面布置图

(1) 图中主要表达了底层柱子的布置情况，在读图时，首先明确图中一共有几种类型的柱子，每一种类型的柱子的截面形式如何，各有多少个。

(2) 图中共有两种类型的柱子，未在图中注明的柱子C1和图中注明的柱子C2；对照设计说明中的材料表可以知道柱子C1、柱子C2的截面尺寸。

(3) 从图中查出本层各类柱子的数量分别是多少个。

(4) 弄清楚每一根柱子的具体位置、摆放方向以及它与轴线的关系。对于钢结构的安装尺寸必须要精确，因此在识读时必须要准确掌握柱子的位置，否则将会影响其他构件的安装。

(5) 注意柱子的摆放方向，因为这与柱子的受力，以及整个结构体系的稳定性都有直接的关系。图中位于①轴线和Ⓑ轴线相交位置处的柱子C2，长边沿着①轴线放置，且柱中与①轴线重合，短边沿Ⓑ轴线布置，且柱的南侧外边缘在Ⓑ轴线以南50mm。

3.3.4 结构平面布置图的实例识读

某钢结构平面布置图，如图3-12所示。

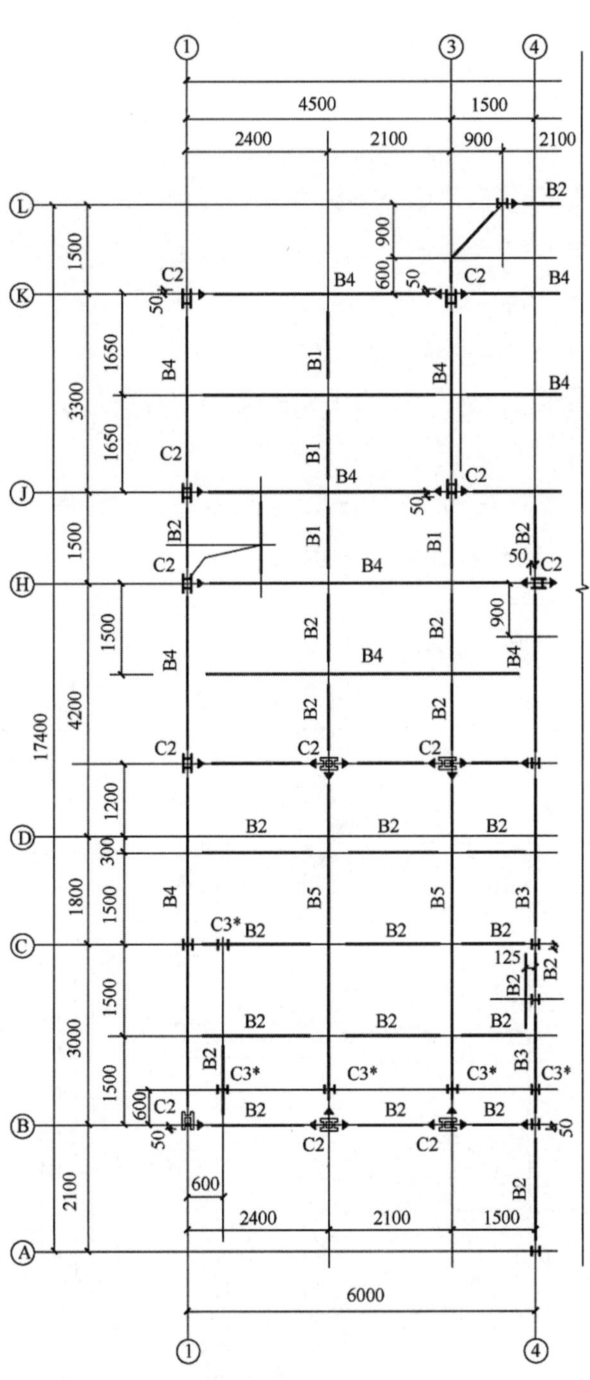

说明：
1.未注明柱为C1，未注明梁为B3。
2.除注明外，本层梁顶标高为3.000。
3.除注明外，梁柱轴线均为轴线对中。
4.C3柱顶标高为3.380。

图3-12　某钢结构平面布置图

施工图讲解

（1）图中可以看到6种型号的梁，编号为B1、B2、B3、B4、B5、B6，每种梁的截面尺寸可以到结构设计说明中的主要材料表查询。

（2）从图上看，所有梁的标高相等。从梁与柱的连接参照图例可以发现，绝大多数梁柱节点为刚性连接，只有边梁和阳台梁与柱的连接采用了铰接连接。

（3）对于其他构件的布置情况，由于本工程梁的跨度和梁的间距均不大，因此没有水平支撑和隅撑的布置。

（4）图中显示的洞口在Ⓗ轴线与①轴线相交处附近。

3.3.5 屋面檩条平面布置图的实例识读

某钢结构屋面檩条平面布置图，如图3-13所示。

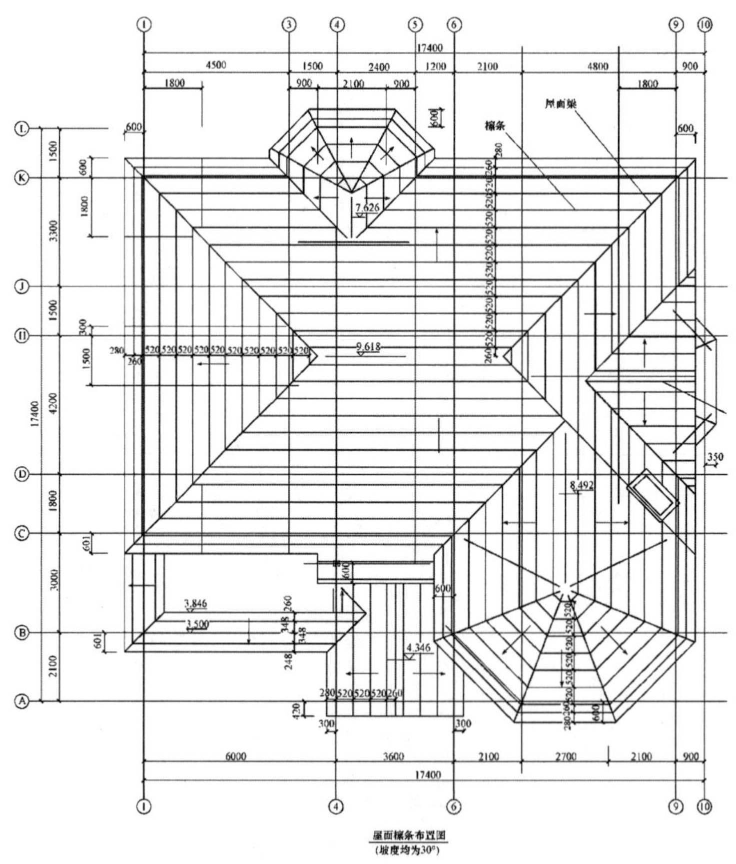

图3-13　某钢结构屋面檩条平面布置图

施工图讲解

（1）要清楚每种檩条的所在位置和截面做法，檩条的位置主要根据檩条布置图上标注的间距尺寸和轴线进行判断，截面可以根据编号到材料表中查询。

（2）注意屋面坡度方向，本图中已经注明坡度均为30°。

（3）注意屋顶不同位置的标高。

3.3.6 楼梯施工详图的实例识读

某楼梯施工详图，如图3-14所示。

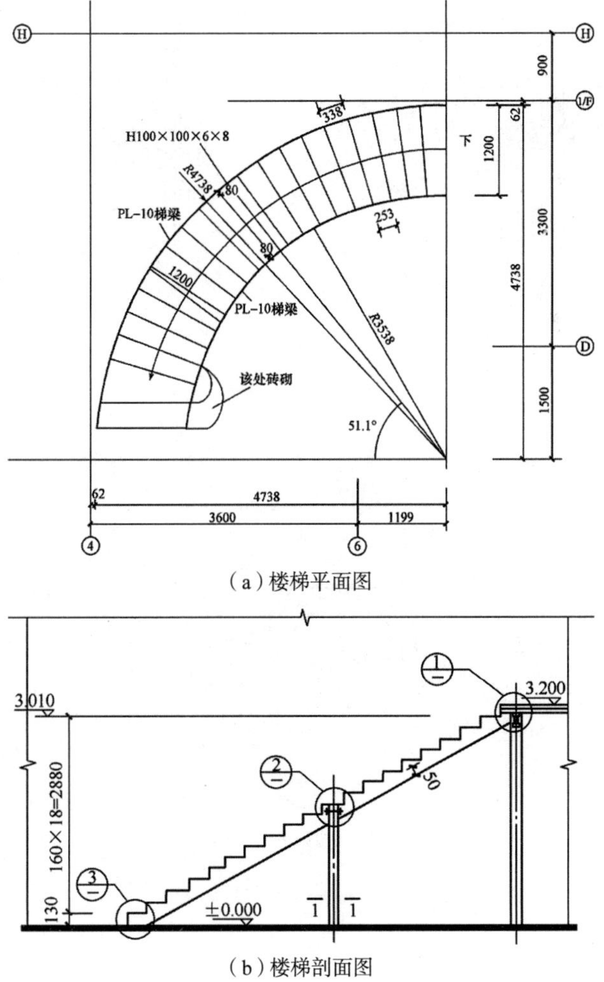

（a）楼梯平面图

（b）楼梯剖面图

图3-14　某楼梯施工详图

（c）楼梯节点详图一

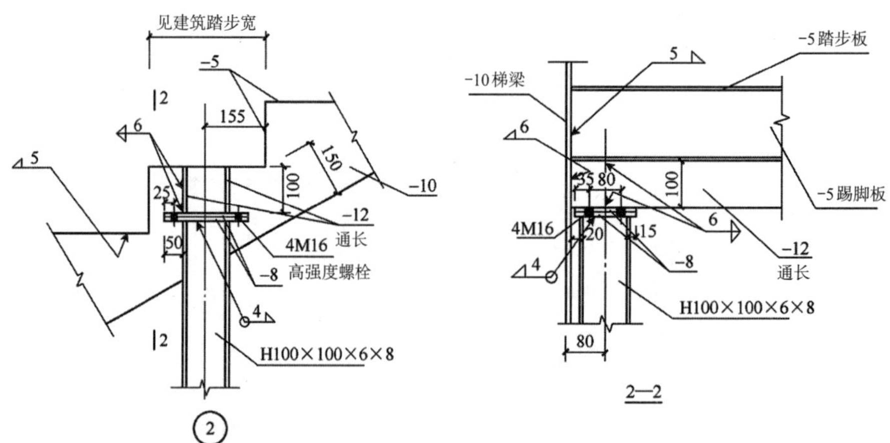

（d）楼梯节点详图二

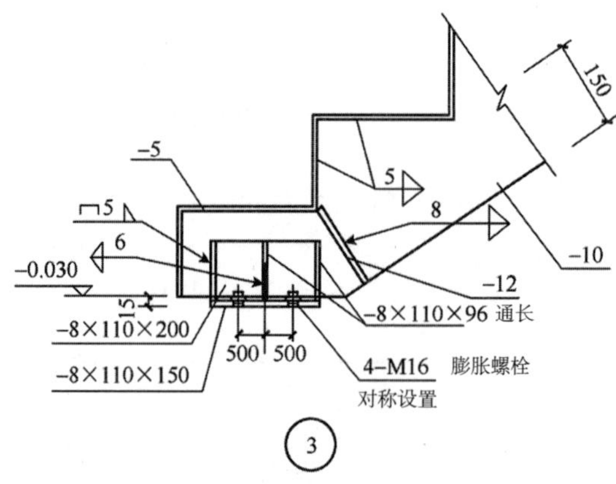

（e）楼梯节点详图三

图3-14 某楼梯施工详图（续）

（1）图中的楼梯为某别墅室内楼梯，所以坡度较大、受力较小，而且从平面图可知其还是一部旋转楼梯。

（2）对于楼梯施工详图，首先要弄清楚各构件之间的位置关系，其次要明确各构件之间的连接问题，由各个节点详图中可知各构件的尺寸及做法等。

（3）对于钢结构楼梯，往往做成梁板式楼梯，因此它的主要构件有踏步板、梯斜梁、平台梁、平台柱等。

4 装配式混凝土结构施工图识读

按照预制构件间连接方式的不同，装配式混凝土结构包括装配整体式混凝土结构、全装配混凝土结构等。由预制混凝土构件通过可靠的方式进行连接并与现场后浇混凝土、水泥基灌浆料形成整体的装配式混凝土结构称为装配整体式混凝土结构，简称装配整体式结构。装配整体式混凝土结构具有较好的整体性和抗震性，是目前大多数多层和高层装配式建筑采用的结构形式。

全部或部分框架梁、柱采用预制构件构建的装配整体式混凝土结构称为装配整体式混凝土框架结构。全部或部分剪力墙采用预制墙板构建的装配整体式混凝土结构称为装配整体式混凝土剪力墙结构。另外，筒体结构、框架—剪力墙结构等建筑结构体系都可以采用装配式。

4.1 结构平面布置图识读

4.1.1 剪力墙平面布置图识读

1.剪力墙平面布置图示例

剪力墙平面布置图示例，如图4-1所示。

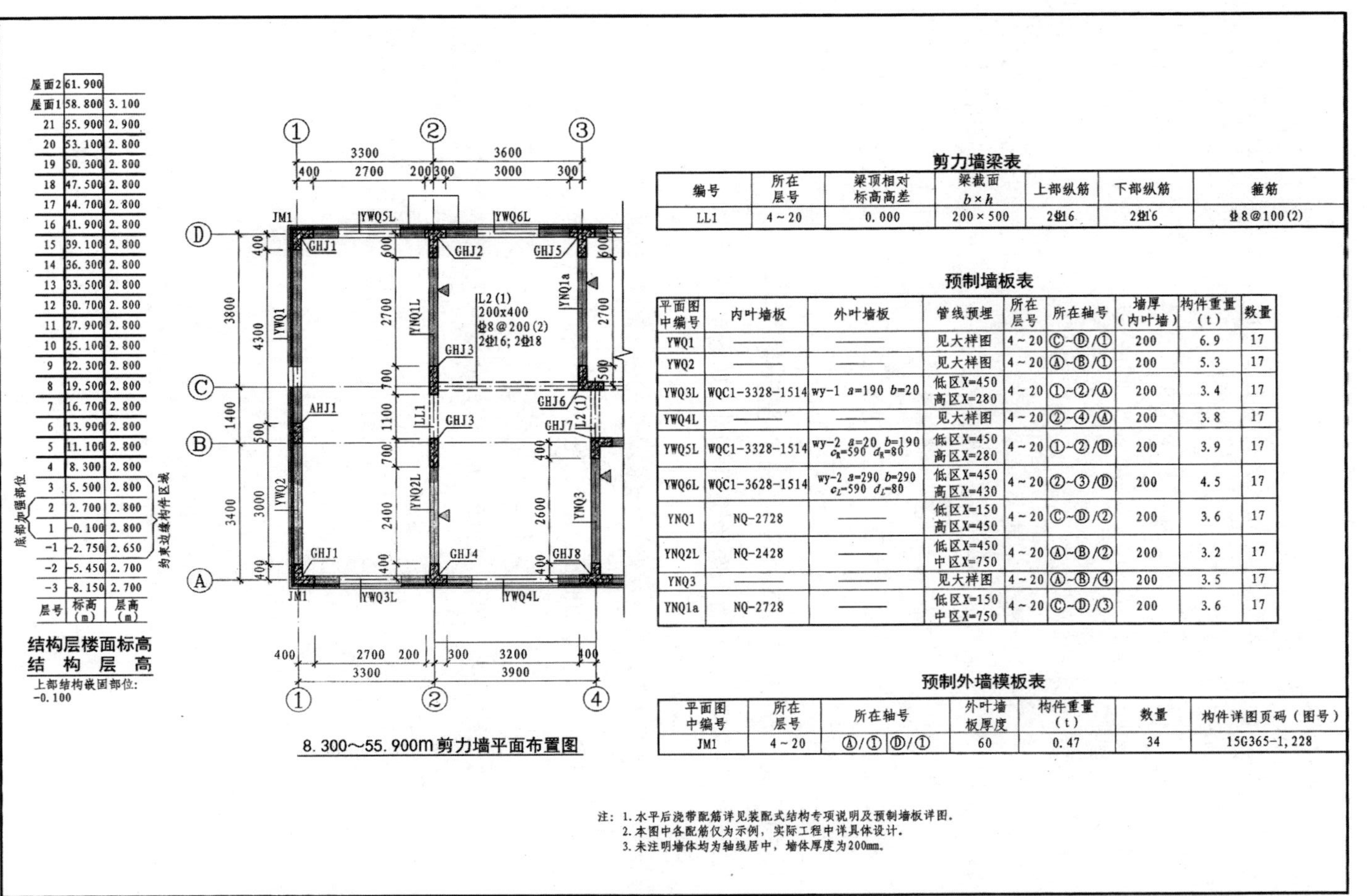

图4-1 剪力墙平面布置图示例

（1）YWQ1：表示预制外墙板，编号为1，其所在轴线号为Ⓒ～Ⓓ/①，外墙板宽为4300mm。

（2）YWQ2：表示预制外墙板，编号为2，其所在轴线号为Ⓐ～Ⓑ/①，外墙板宽为3000mm。

（3）JM1：表示预制外墙模板，编号为1，所在层号为4～20层，在图中有两处，所在轴线分别为Ⓐ/①和Ⓓ/①。

（4）AHJ1：表示非边缘暗柱后浇段，编号为1。

（5）GHJ1～GHJ8：表示构造边缘构件后浇段，编号为1～8。GHJ1、GHJ6、GHJ7为转角墙，GHJ2、GHJ4、GHJ5、GHJ8为有翼墙，GHJ3为边缘暗柱。

2. 11.500～57.900m剪力墙平面布置图示例

11.500～57.900m剪力墙平面布置图示例，如图4-2所示。

（1）该结构标高为65.200m，该平面布置图是5～20层的布置图。

（2）该图以⑦轴为对称轴，左右对称布置。

（3）剪力墙梁、梁、现浇剪力墙身、预制外墙模板、预制墙板的相关信息如表中所列。

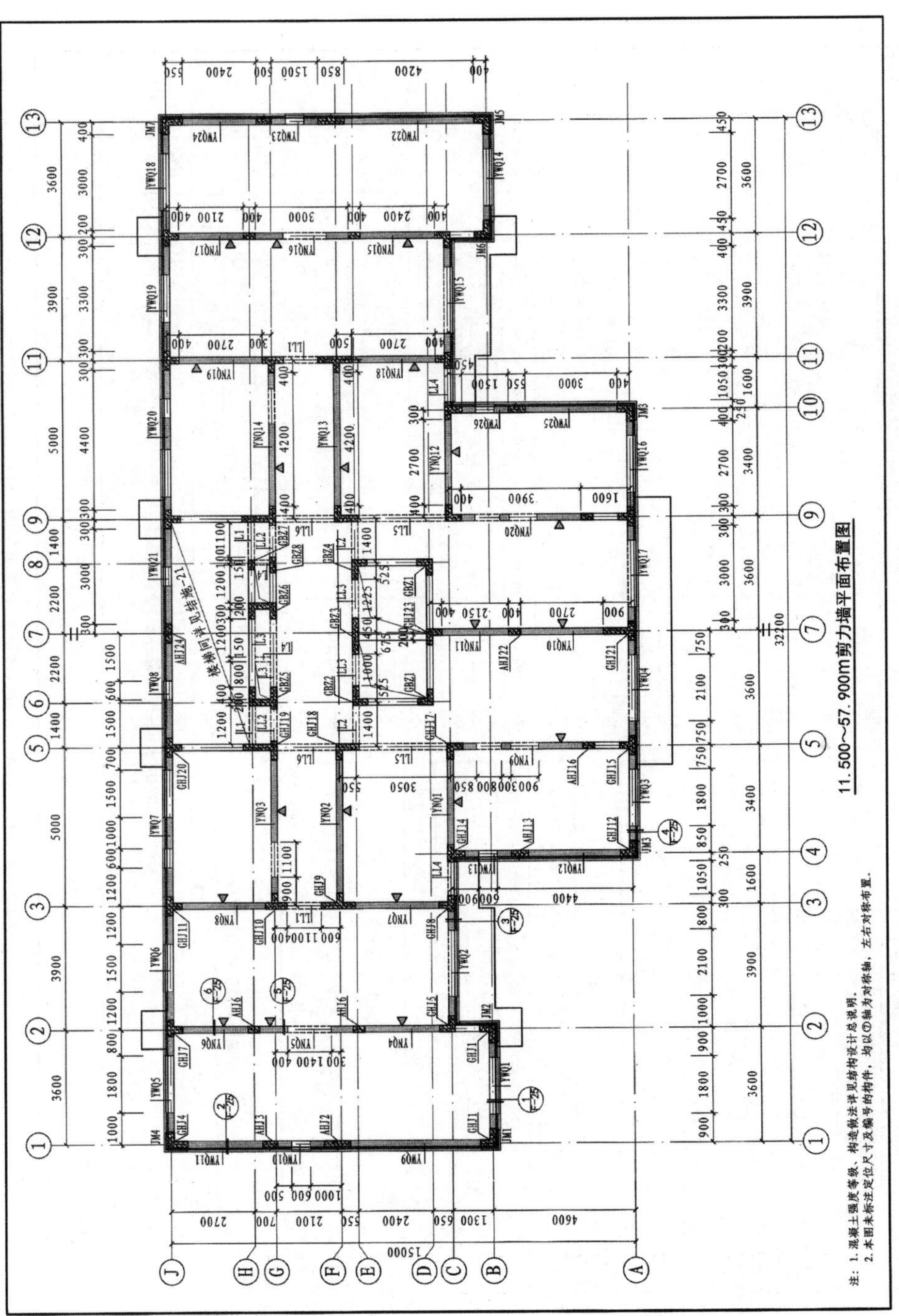

图 4-2 11.500～57.900m 剪力墙平面布置图示例

层号	标高(m)	层高(m)
屋面2	65.200	
屋面1	60.900	4.300
21	57.900	3.000
20	55.000	2.900
19	52.100	2.900
18	49.200	2.900
17	46.300	2.900
16	43.400	2.900
15	40.500	2.900
14	37.600	2.900
13	34.700	2.900
12	31.800	2.900
11	28.900	2.900
10	26.000	2.900
9	23.100	2.900
8	20.200	2.900
7	17.300	2.900
6	14.400	2.900
5	11.500	2.900
4	8.600	2.900
3	5.700	2.900
2	2.800	2.900
1	-0.100	2.900
-1	-2.750	2.650
-2	-5.450	2.700

底部加强部位

约束边缘构件区域

结构层楼面标高
结 构 层 高

上部结构嵌固部位：
-0.100

剪力墙梁表

编号	所在楼层号	梁顶相对标高高差	梁截面 b×h	上部纵筋	下部纵筋	箍筋
LL1	5~16	0.000	200×600	2Φ22	2Φ20	Φ12@100(2)
	17~20	0.000	200×600	2Φ18	2Φ18	Φ10@100(2)
LL2	5~20	0.000	200×600	2Φ20	2Φ20	Φ10@100(2)
LL3	5~20	0.000	200×600	2Φ16	2Φ16	Φ8@100(2)
LL4	5~20	1.000	200×1500	4Φ16 2/2	4Φ16 2/2	Φ8@100(2)
LL5	5~20	0.000	200×400	2Φ18	2Φ18	Φ8@100(2)
LL6	5~20	0.000	200×500	2Φ22	2Φ22	Φ8@100(2)

梁表

编号	所在楼层号	梁顶相对标高高差	梁截面 b×h	上部纵筋	下部纵筋	箍筋
L1	5~20	0.000	200×500	3Φ20	3Φ22	Φ12@200(2)
L2	5~20	0.000	200×400	2Φ20	2Φ20	Φ10@200(2)
L3	5~20	0.000	200×500	2Φ22	2Φ22	Φ8@200(2)
L4	5~20	0.000	150×400	2Φ14	2Φ14	Φ8@200(2)

现浇剪力墙身表

编号	标高	墙厚	水平分布筋	垂直分布筋	拉筋
Q1	11.500~57.900	200	Φ8@200	Φ8@200	ϕ6@600@600

预制外墙模板表(部分)

平面图中编号	所在层号	所在轴号	外叶墙板厚度	构件重量(t)	数量	构件详图页码(图号)
JM1	5~20	Ⓑ/①	60	0.51	16	结施-10，本图集略
JM2	5~20	Ⓑ/②	60	0.81	16	结施-10，本图集略
JM3	5~20	Ⓐ/④ Ⓐ/⑩	60	0.49	32	15G365-1，228
JM4	5~20	Ⓙ/①	60	0.55	16	结施-10，本图集略

预制墙板索引表(部分)

平面图中编号	选用构件	外叶墙板	管线预埋	所在层号	所在轴号	墙厚(内叶墙)	构件重量(t)	数量
YWQ1	WQCA-3329-1817	wy-2 a=20 b=20 c_L=140 d_L=150	——	5~20	①~②/Ⓑ	200	2.89	16
YWQ2	WQM-3929-2123	wy-2 a=500 b=230 c=3720 d=150	中区X_R=130	5~20	②~③/Ⓒ	200	3.02	16
YWQ3	——	——	——	5~20	④~⑤/Ⓐ	200	3.01	16
YWQ4	WQM-3629-2123	wy-2 a=290 b=290 c=3580 d=150	中区X_R=130	5~20	⑤~⑦/Ⓐ	200	2.41	16
YWQ5	WQC1-3629-1814	wy-2 a=20 b=190 c_R=590 d_R=100	——	5~20	①~②/Ⓙ	200	3.86	16
YWQ6	——	——	——	5~20	②~③/Ⓙ	200	4.83	16
YWQ7	——	——	——	5~20	③~⑤/Ⓙ	200	6.27	16
YWQ8	——	——	——	5~20	⑤~⑦/Ⓙ	200	5.11	16
YWQ9	——	——	——	5~20	Ⓑ~Ⓕ/①	200	7.76	16
YWQ10	——	——	——	5~20	Ⓕ~Ⓖ/①	200	2.44	16
YWQ11	WQ-3029	wy-1 a=240 b=20	中区X=1350	5~20	Ⓖ~Ⓙ/①	200	4.44	16
YWQ12	WQ-3629	wy-1 a=20 b=290	低区X=600; X=2250, Y=710; 低区 X=2550; 低区 X=2850	5~20	Ⓐ~Ⓒ/④-1	200	5.54	16
YWQ13	——	——	——	5~20	Ⓐ~Ⓒ/④-2	200	2.38	16
YNQ1	NQ-2729	——	——	5~20	④~⑤/Ⓒ	200	3.70	16
YNQ2	——	——	——	5~20	③~⑤/Ⓕ	200	3.47	16
YNQ3	——	——	——	5~20	③~⑤/Ⓖ	200	3.47	16
YNQ4	NQ-2429	——	中区 X=150; 低区 X=1050; 低区 X=1350	5~20	Ⓒ~Ⓙ/②-1	200	3.29	16
YNQ5	——	——	——	5~20	Ⓒ~Ⓙ/②-2	200	2.51	16
YNQ6	NQ-2129	——	低区 X=1650	5~20	Ⓒ~Ⓙ/②-3	200	2.88	16
YNQ7	NQ-2729	——	低区 X=450; 低区 X=1950; 低区 X=2250	5~20	Ⓒ~Ⓕ/③	200	3.70	16
YNQ8	NQ-2729	——	X=1950, Y=1130; X=2100, Y=1880	5~20	Ⓖ~Ⓙ/③	200	3.70	16
YNQ9	——	——	——	5~20	Ⓐ~Ⓒ/⑤	200	3.41	16
YNQ10	NQ-2729	——	低区X′=150; X′=450, Y=610 低区X′=750; 低区X′=1950	5~20	Ⓐ~Ⓓ/⑦-1	200	3.70	16
YNQ11	——	——	——	5~20	Ⓐ~Ⓓ/⑦-2	200	1.69	16

注：1. 未注明的现浇剪力墙均为Q1。
2. 保温层厚度为70。
3. 表中所选标准墙板管线预埋具体做法详图。

图4-2 11.500～57.900m剪力墙平面布置图示例（续）

4.1.2 楼板平面布置图识读

叠合楼盖平面布置示例，如图4-3所示。

（1）底板编号DBD67-3324-2：表示为单向受力叠合板用底板，预制底板厚度为60mm，现浇叠合板厚度为70mm，预制底板的标志跨度为3300mm，预制底板的标志宽度为2400mm，底板跨度方向配筋为Φ8@150。

（2）底板编号DBS1-67-3912-22：表示为双向受力叠合板用底板，拼装位置为边板，预制底板厚度为60mm，现浇叠合板厚度为70mm，预制底板的标志跨度为3900mm，预制底板的标志宽度为1200mm，底板跨度方向、宽度方向配筋均为Φ8@150。

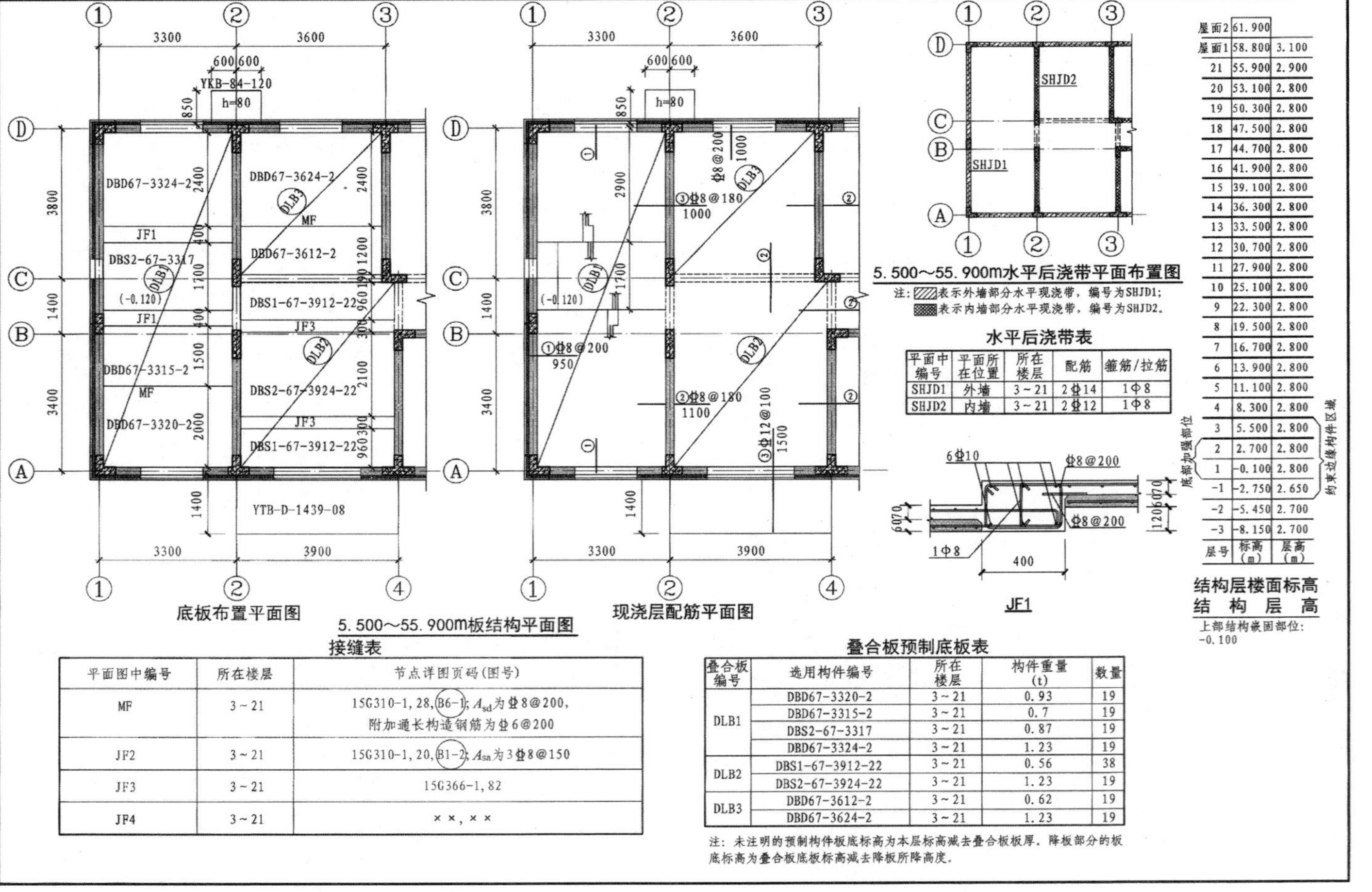

接缝表

平面图中编号	所在楼层	节点详图页码(图号)
MF	3～21	15G310-1，28，B6-1；A_{sd}为⏀8@200，附加通长构造钢筋为⏀6@200
JF2	3～21	15G310-1，20，B1-2；A_{sa}为3⏀8@150
JF3	3～21	15G366-1，82
JF4	3～21	××，××

水平后浇带表

平面中编号	平面所在位置	所在楼层	配筋	箍筋/拉筋
SHJD1	外墙	3～21	2⏀14	1Φ8
SHJD2	内墙	3～21	2⏀12	1Φ8

叠合板预制底板表

叠合板编号	选用构件编号	所在楼层	构件重量(t)	数量
DLB1	DBD67-3320-2	3～21	0.93	19
	DBD67-3315-2	3～21	0.7	19
	DBS2-67-3317	3～21	0.87	19
	DBD67-3324-2	3～21	1.23	19
DLB2	DBS1-67-3912-22	3～21	0.56	38
	DBS2-67-3924-22	3～21	1.23	19
DLB3	DBD67-3612-2	3～21	0.62	19
	DBD67-3624-2	3～21	1.23	19

注：未注明的预制构件板底标高为本层标高减去叠合板板厚。降板部分的板底标高为叠合板底板标高减去降板所降高度。

结构层楼面标高 结构层高

层号	标高(m)	层高(m)
屋面2	61.900	
屋面1	58.800	3.100
21	55.900	2.900
20	53.100	2.800
19	50.300	2.800
18	47.500	2.800
17	44.700	2.800
16	41.900	2.800
15	39.100	2.800
14	36.300	2.800
13	33.500	2.800
12	30.700	2.800
11	27.900	2.800
10	25.100	2.800
9	22.300	2.800
8	19.500	2.800
7	16.700	2.800
6	13.900	2.800
5	11.100	2.800
4	8.300	2.800
3	5.500	2.800
2	2.700	2.800
1	-0.100	2.800
-1	-2.750	2.650
-2	-5.450	2.700
-3	-8.150	2.700

图4-3 叠合楼盖平面布置示例

4.1.3 阳台板、空调板、女儿墙平面布置图识读

1.标准预制阳台板平面注写示例

标准预制阳台板平面注写示例，如图4-4所示。

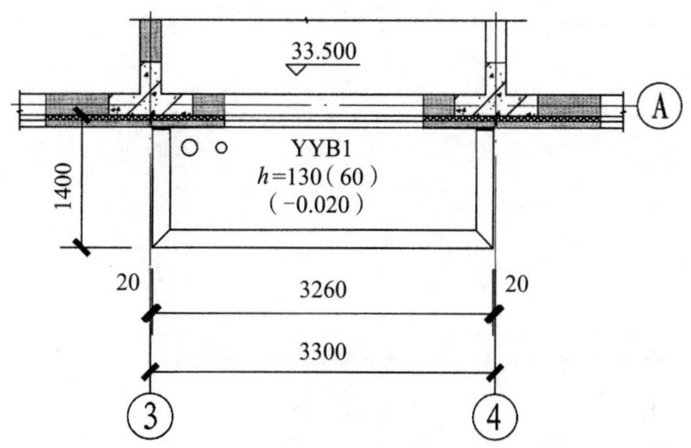

图4-4 标准预制阳台板平面注写示例

施工图讲解

阳台板长度为3300mm，宽度为1400mm，叠合板厚度为130mm，底板厚度为60mm。

2.标准预制空调板平面注写示例

标准预制空调板平面注写示例，如图4-5所示。

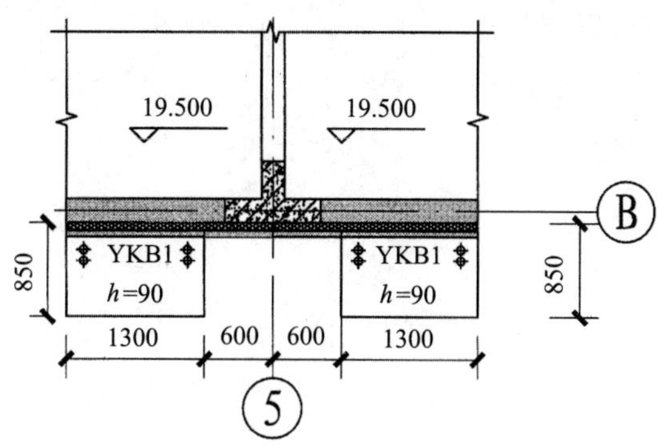

图4-5 标准预制空调板平面注写示例

施工图讲解

空调板长度为1300mm，宽度为850mm，板厚为90mm。

3.标准预制女儿墙平面注写示例

标准预制女儿墙平面注写示例，如图4-6所示。

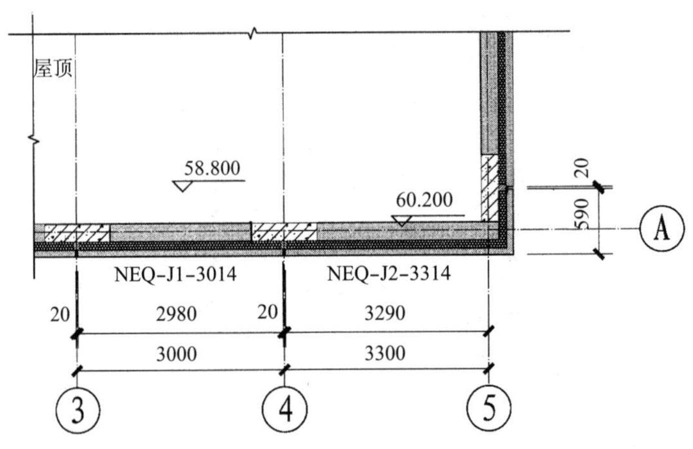

图4-6　标准预制女儿墙平面注写示例

(1)NEQ-J1-3104：表示采用夹心保温式女儿墙(直板)，其高度为1400mm，长度为3000mm。

(2)NEQ-J2-3314：表示采用夹心保温式女儿墙(转角板)，其高度为1400mm，长度为3300mm。

4.2 预制内墙板构件详图识读

4.2.1 无洞口内墙板详图识读

1. NQ-1828模板图

NQ-1828模板图，如图4-7所示。

(1) 属于无洞口内墙，内墙板标志宽度为1800mm，层高为2800mm，内墙板厚度为200mm。

(2) 5个灌浆套筒预埋在内墙板的底部，其间距为30mm。

(3) 编号为MJ1的两个预埋吊件预埋在内墙板的板顶部，在墙板宽度上位于两侧四分之一的位置处。

(4) 编号为MJ2的4个临时支撑预埋螺母在墙板内侧，距离内墙板侧边为350mm，距离墙板下边缘550mm处，上、下部两个临时支撑预埋螺母间距为1390mm。

(5) 内墙板内侧面预埋3个电气线盒。

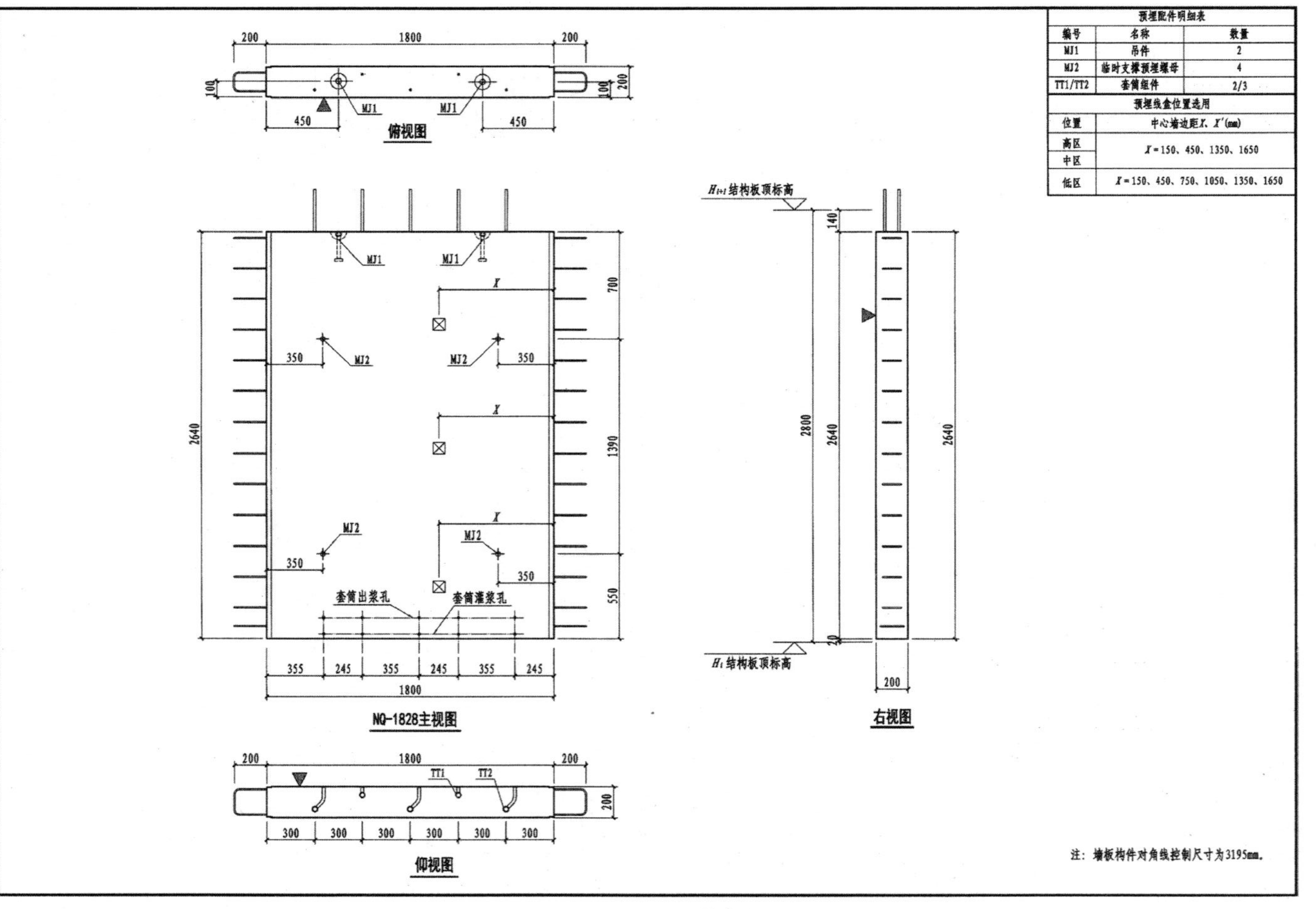

图 4-7　NQ-1828 模板图

2. NQ-1828钢筋图

NQ-1828钢筋图，如图4-8所示。

（1）钢筋编号③a：为5⌀16竖向筋，共设置5根，内侧3根，外侧2根，自墙板边300mm处开始布置，间距30mm。

（2）钢筋编号③b：为5⌀6竖向筋，共设置5根，内侧2根，外侧3根，自墙板边300mm处开始布置，间距300mm。

（3）钢筋编号③c：为4⌀12竖向筋，共设置4根，每端距墙板边50mm处内外各设置1根，沿墙板高度通长布置。

（4）钢筋编号③d：为13⌀8水平筋，单侧共设置13根，自墙板顶部40mm处开始，每200mm间距布置1根，在墙体两侧各外伸200mm。

（5）钢筋编号③e：为2⌀8水平筋，自墙板底部80mm处布置1根，两侧各外伸200mm。

（6）钢筋编号③f：为2⌀8水平筋，单侧设置2根，不外伸。

（7）钢筋编号③La：为⌀6@600拉筋，共设置10根，矩形布置，间距600mm。

（8）钢筋编号③Lb：为26⌀6端部拉筋，各节点均设置拉筋，两端共设置26根。

（9）钢筋编号③Lc：为4⌀6底部拉筋，共设置4根。

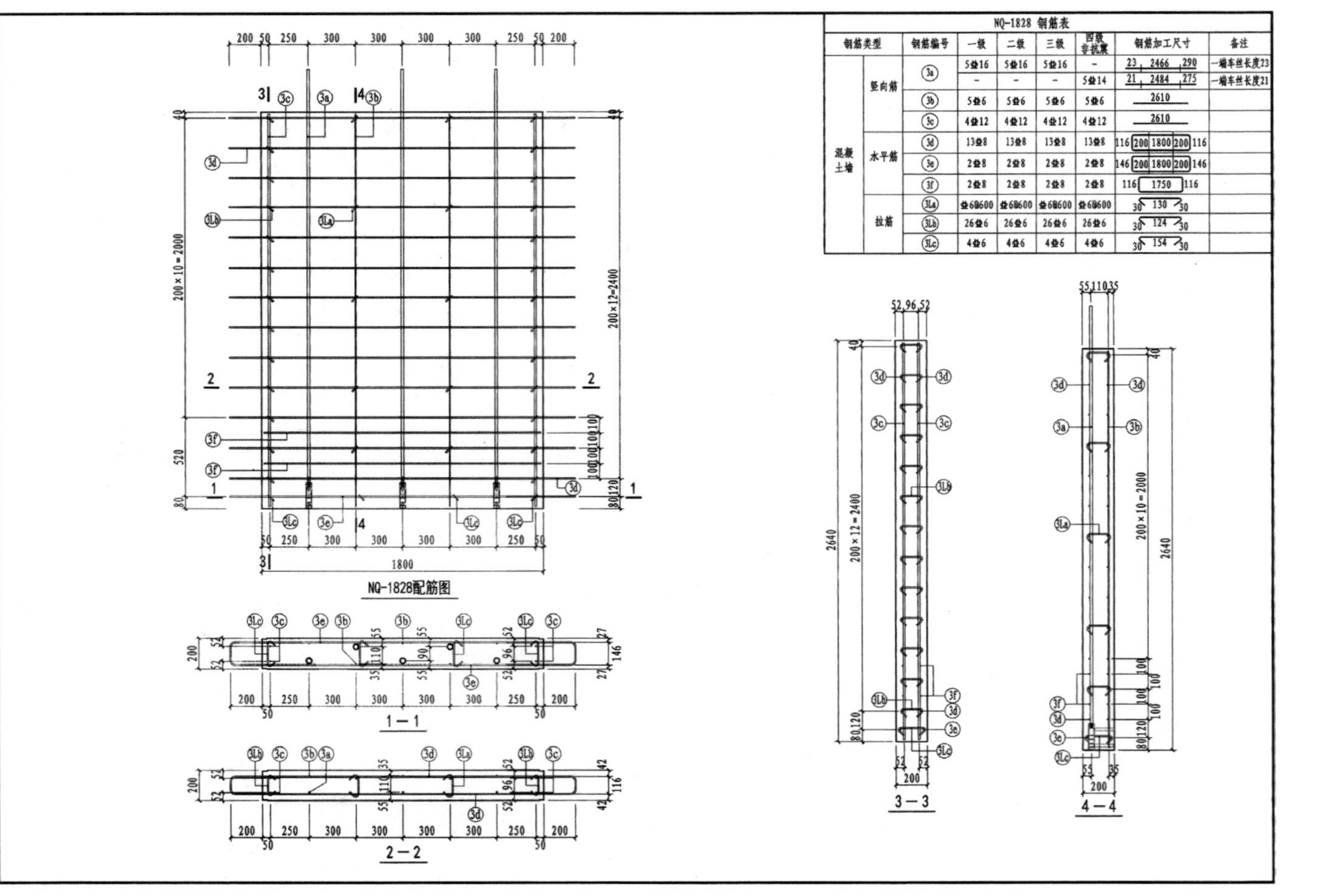

NQ-1828 钢筋表

钢筋类型		钢筋编号	一级	二级	三级	四级非抗震	钢筋加工尺寸	备注
混凝土墙	竖向筋	3a	5Φ16	5Φ16	5Φ16	-	23 2466 290	一端车丝长度23
			-	-	-	5Φ14	21 2484 275	一端车丝长度21
		3b	5Φ6	5Φ6	5Φ6	5Φ6	2610	
		3c	4Φ12	4Φ12	4Φ12	4Φ12	2610	
	水平筋	3d	13Φ8	13Φ8	13Φ8	13Φ8	116 200 1800 200 116	
		3e	2Φ8	2Φ8	2Φ8	2Φ8	146 200 1800 200 146	
		3f	2Φ8	2Φ8	2Φ8	2Φ8	116 1750 116	
	拉筋	3La	Φ6@600	Φ6@600	Φ6@600	Φ6@600	30 130 30	
		3Lb	26Φ6	26Φ6	26Φ6	26Φ6	30 124 30	
		3Lc	4Φ6	4Φ6	4Φ6	4Φ6	30 154 30	

图4-8　NQ-1828钢筋图

4.2.2 固定门垛内墙板详图识读

1. NQM1-2128-0921模板图

NQM1-2128-0921模板图，如图4-9所示。

(1) 固定门垛内墙板尺寸为2100mm×2640mm×200mm。门洞口尺寸为900mm×2130mm(用于建筑面层为50mm的墙板)、900mm×2180mm(用于建筑面层为1000mm的墙板)。

(2) MJ1：为内墙板顶部预埋吊件，数量为2个，门洞左侧预埋吊件与墙板侧边间距为250mm，门洞右侧预埋吊件与墙板侧边间距为325mm。

(3) MJ2：为墙板内侧面临时支撑预埋螺母，数量为4个，矩形布置，门洞左侧预埋螺母与墙板侧边间距为350mm，门洞右侧预埋螺母与墙板侧边间距为300mm，上部两个螺母与墙板下边缘间距为1940mm，下部两个预埋螺母与墙板下边缘间距为550mm。

(4) MJ3：为预埋临时加固螺母，数量为4个，门洞左右两侧各设置2个，矩形对称布置，临时加固螺母与门洞口侧边间距为150mm，上、下两个临时加固螺母间距为200mm。下部两个临时加固螺母与墙板下边缘的间距为250mm。

(5) 墙板底部预埋13个灌浆套筒。其中，门洞左侧设置7个灌浆套筒，门洞右侧设置6个灌浆套筒。

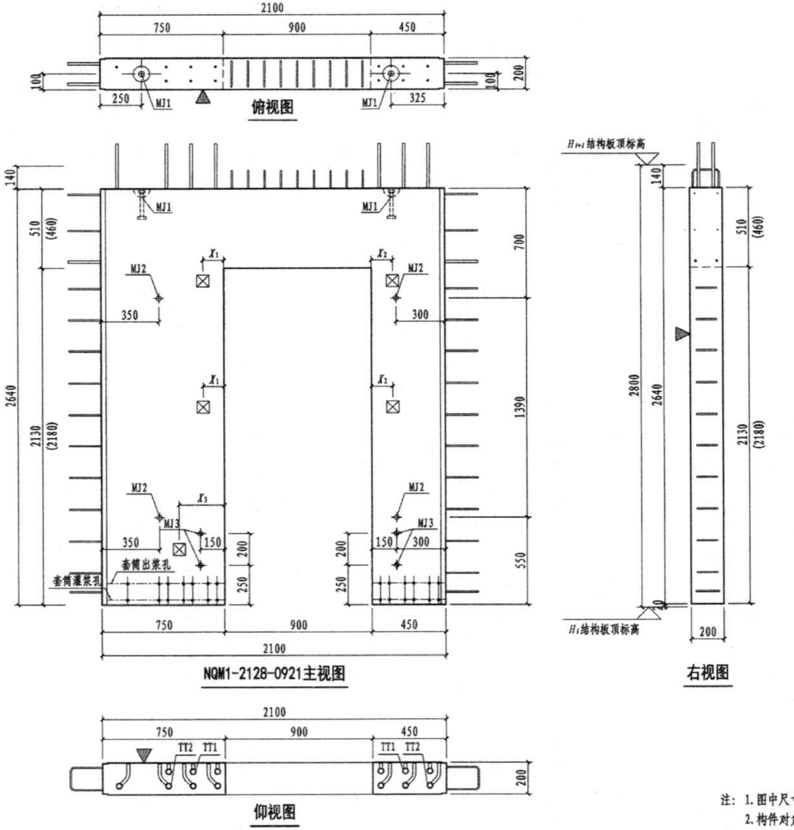

预埋配件明细表		
编号	名称	数量
MJ1	吊件	2
MJ2	临时支撑预埋螺母	4
MJ3	临时加固预埋螺母	4
TT1/TT2	套筒组件	6/7
预埋线盒位置选用		
位置	中心洞边距X_1、X_1' (mm)	
高区	X_1=130、280、430、580	
中区	X_2=130、280	
低区	X_3=430、580	

注：1. 图中尺寸用于建筑面层为50mm的墙板，括号内尺寸用于建筑面层为100mm的墙板。
2. 构件对角线控制尺寸为3373mm。

图4-9 NQM1-2128-0921模板图

2. NQM1-2128-0921配筋图

NQM1-2128-0921配筋图，如图4-10所示。

（1）连梁纵筋：编号为【1Za】与【1Zb】。【1Za】采用2虫16钢筋，通长布置，两侧外露长度为200mm。【1Zb】采用4虫12钢筋，通长布置，两侧外露长度为200mm，上下2排，各2根，上排【1Zb】与墙板顶部的间距为35mm。当建筑面层为50mm时，上、下排【1Zb】的间距为235mm，下排【1Zb】与【1Za】的间距为200mm；当建筑面层为100mm时，上、下排【1Zb】的间距为210mm，下排【1Zb】与【1Za】的间距为175mm。

（2）连梁箍筋：编号为【1G】，在一级抗震设防要求时采用10虫10钢筋，在二级和三级抗震设防要求时采用9虫8钢筋，在四级抗震设防要求或非抗震设防要求时采用9虫6钢筋，焊接封闭箍筋。

（3）连梁拉筋：编号为【1L】，在一级抗震设防要求时采用10虫8钢筋，在二级和三级抗震设防要求时采用9虫8钢筋，在四级抗震设防要求或非抗震设防要求时采用9虫6钢筋。

（4）边缘构件纵筋：编号分别为【2ZaL】、【2ZaR】、【2ZbL】、【2ZbR】，以【2ZbR】为例说明：采用2虫10钢筋，与墙板边的间距为30mm，沿墙板高度通长布置，不外露钢筋。

（5）边缘构件箍筋：编号分别为【2GaL】、【2GaR】、【2GbL】、【2GbR】、【2GcL】、【2GcR】、【2GdL】、【2GdR】、【2LaL】、【2LaR】、【2LbL】、【2LbR】、【2LcL】、【2LcR】，以【2LaL】和【2LaR】为例说明：在一级抗震设防要求时门洞口两侧每侧采用40虫8钢筋，二级抗震设防要求时门洞口两侧每侧采用30虫8钢筋，三级、四级抗震设防要求或非抗震设防要求时门洞口两侧每侧采用30虫6钢筋。

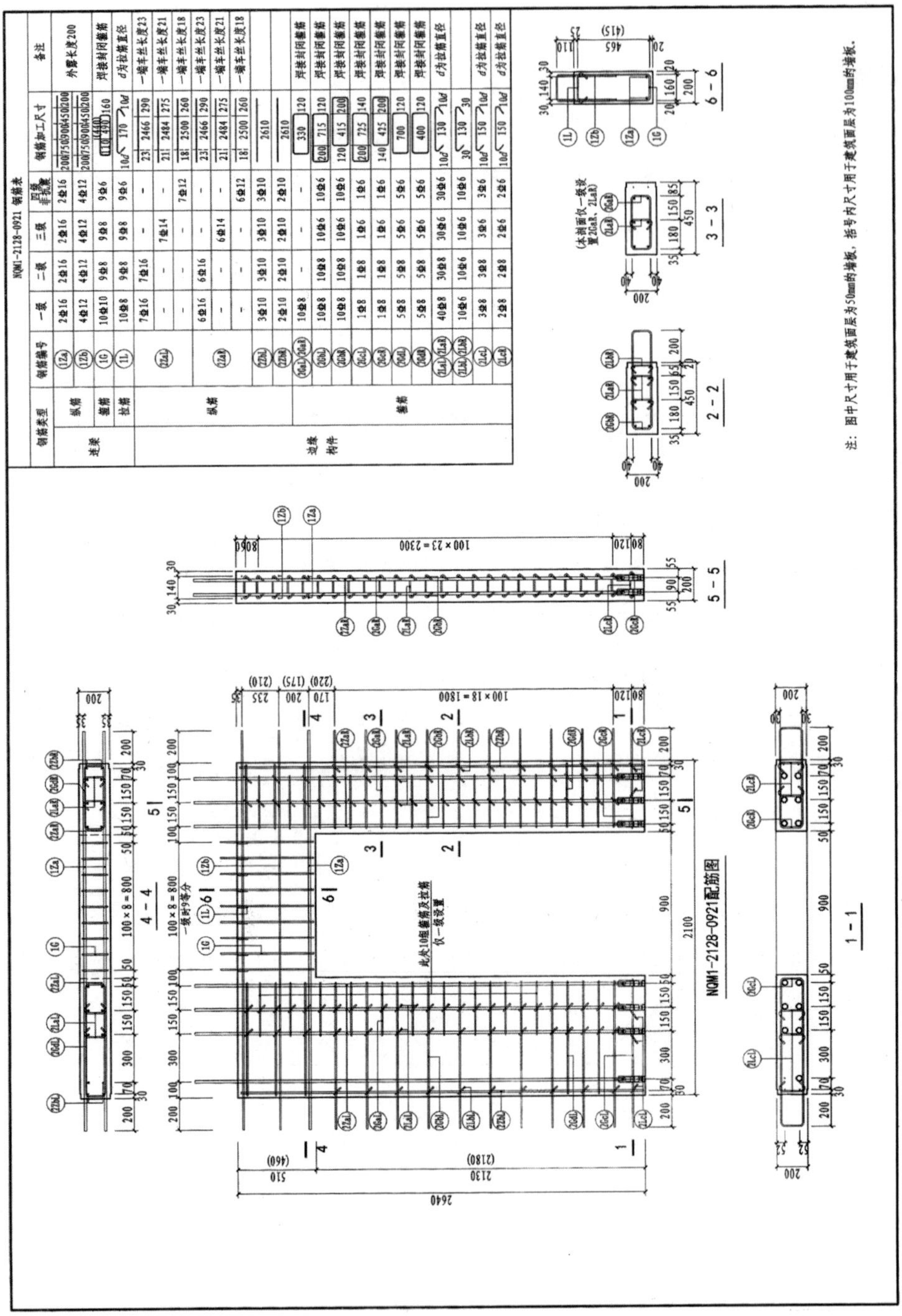

NQM1-2128-0921 钢筋表

钢筋类型		钢筋编号	一级	二级	三级	四级非抗震	钢筋加工尺寸	备注
连梁	纵筋	1Za	2Φ16	2Φ16	2Φ16	2Φ16	200 750 900 450 200	外露长度200
		1Zb	4Φ12	4Φ12	4Φ12	4Φ12	200 750 900 450 200	
	箍筋	1G	10Φ10	9Φ8	9Φ8	9Φ6	110 490 (440) 160	焊接封闭箍筋
	拉筋	1L	10Φ8	9Φ8	9Φ8	9Φ6	10d 170 10d	d为拉筋直径
边缘构件	纵筋	2ZaL	7Φ16	7Φ16	-	-	23 2466 290	一端车丝长度23
			-	-	7Φ14	-	21 2484 275	一端车丝长度21
			-	-	-	7Φ12	18 2500 260	一端车丝长度18
		2ZaR	6Φ16	6Φ16	-	-	23 2466 290	一端车丝长度23
			-	-	6Φ14	-	21 2484 275	一端车丝长度21
			-	-	-	6Φ12	18 2500 260	一端车丝长度18
		2ZbL	3Φ10	3Φ10	3Φ10	3Φ10	2610	
		2ZbR	2Φ10	2Φ10	2Φ10	2Φ10	2610	
	箍筋	2GaL 2GaR	10Φ8	-	-	-	330 120	焊接封闭箍筋
		2GbL	10Φ8	10Φ8	10Φ6	10Φ6	200 715 120	焊接封闭箍筋
		2GbR	10Φ8	10Φ8	10Φ6	10Φ6	120 415 200	焊接封闭箍筋
		2GcL	1Φ8	1Φ8	1Φ6	1Φ6	200 725 140	焊接封闭箍筋
		2GcR	1Φ8	1Φ8	1Φ6	1Φ6	140 425 200	焊接封闭箍筋
		2GdL	5Φ8	5Φ8	5Φ6	5Φ6	700 120	焊接封闭箍筋
		2GdR	5Φ8	5Φ8	5Φ6	5Φ6	400 120	焊接封闭箍筋
		2LaL 2LaR	40Φ8	30Φ8	30Φ6	30Φ6	10d 130 10d	d为拉筋直径
		2LbL 2LbR	10Φ6	10Φ6	10Φ6	10Φ6	30 130 30	
		2LcL	3Φ8	3Φ8	3Φ6	3Φ6	10d 150 10d	d为拉筋直径
		2LcR	2Φ8	2Φ8	2Φ6	2Φ6	10d 150 10d	d为拉筋直径

注：图中尺寸用于建筑面层为50mm的墙板，括号内尺寸用于建筑面层为100mm的墙板。

图4-10 NQM1-2128-0921配筋图

4.3 预制外墙板构件识读

4.3.1 一个窗洞外墙板详图识读

1. WQC1-3328-1214模板图

WQC1-3328-1214模板图，如图4-11所示。

(1) 内叶墙板尺寸为2700mm×2640mm×200mm，内叶墙板对角线控制尺寸为3776mm。外叶墙板尺寸为3280mm×2815mm×60mm，外叶墙板对角线控制尺寸为4322mm。窗洞口尺寸为1200mm×1400mm，宽度方向居中布置。当建筑面层为50mm时，窗台与内叶墙板底间距为930mm；当建筑面层为100mm时，窗台与内叶墙板底间距为980mm。

(2) MJ1：为预埋吊件，数量为2个，与内叶墙板内侧边的间距为135mm，分别对称设置在与内叶墙板左右两侧边间距为475mm的位置处。

(3) MJ2：为临时支撑预埋螺母，数量为4个，与内叶墙板左右两侧边的间距均为350mm，上部临时支撑预埋螺母与下部临时支撑预埋螺母的间距为1390mm，下部螺母与内叶墙板下边缘的间距为550mm。

(4) B-45：为窗台下设置的B-45型聚苯板轻质填充块，数量为2块，两块聚苯板之间的间距为100mm，与窗洞边的间距为100mm，聚苯板顶部与窗台的间距为100mm。

(5) 预埋电气线盒：数量为5个，位置在距中心洞边距X_L处2个、X_R处2个、X_M处1个。

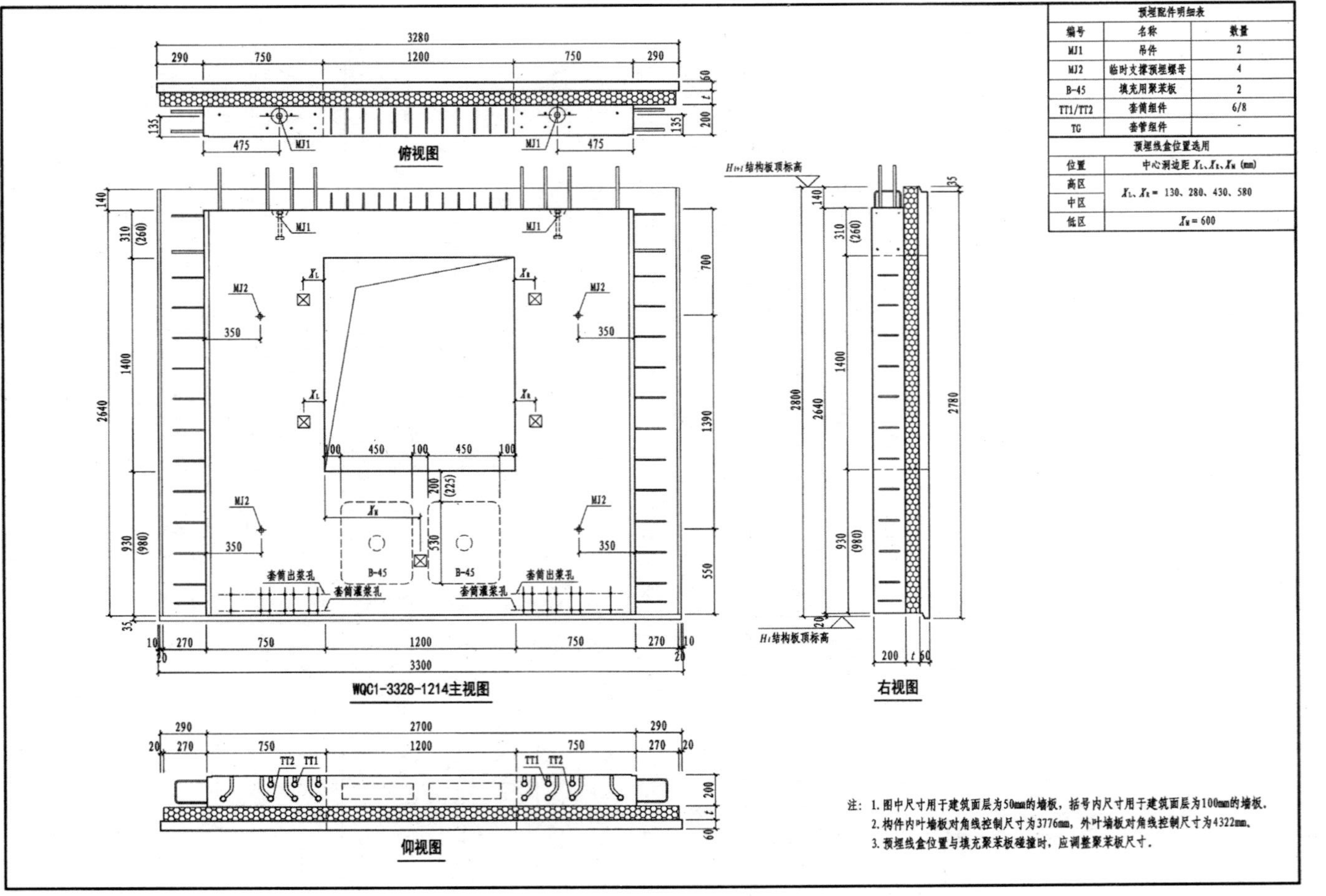

图 4-11 WQC1-3328-1214 模板图

2. WQC1-3328-1214配筋图

WQC1-3328-1214配筋图，如图4-12所示。

墙体内外两层钢筋网片，包括连梁钢筋、边缘构件钢筋和窗下墙钢筋。

(1) 连梁钢筋：包括纵筋（编号为⑴Za、⑴Zb）、箍筋（编号为⑴G）和拉筋（编号为⑴L）。以⑴G为例说明：在一级抗震设防要求时采用12Φ10钢筋，在二级、三级抗震设防要求时采用12Φ8钢筋，四级抗震设防要求或非抗震设防要求时采用12Φ6钢筋，需要焊接封闭，设置在窗洞的正上方位置，从与窗洞边缘间距为50mm的位置开始等间距设置。

(2) 边缘构件钢筋：包括纵筋（编号为⑵Za、⑵Zb）和箍筋（编号为⑵Ga、⑵Gb、⑵Gc、⑵Gd、⑵La、⑵Lb、⑵Lc）。以⑵Gc为例说明：在一级、二级抗震设防要求时采用2Φ8钢筋，在三级、四级抗震设防要求或非抗震设防要求时采用2Φ6钢筋，需要焊接封闭，与墙板底部的间距为80mm，从窗洞口边缘构件内侧至墙端，在窗洞两侧各设置一道。

(3) 窗下墙钢筋：包括水平筋（编号为⑶a、⑶b）、竖向筋（编号为⑶c）和拉筋（编号为⑶d）。以⑶c为例说明：采用12Φ8钢筋，在与窗洞口边缘的间距为100mm处开始设置，间距为200mm，钢筋端部弯折90°，弯钩长度为80mm，两侧竖向筋通过弯钩连接。

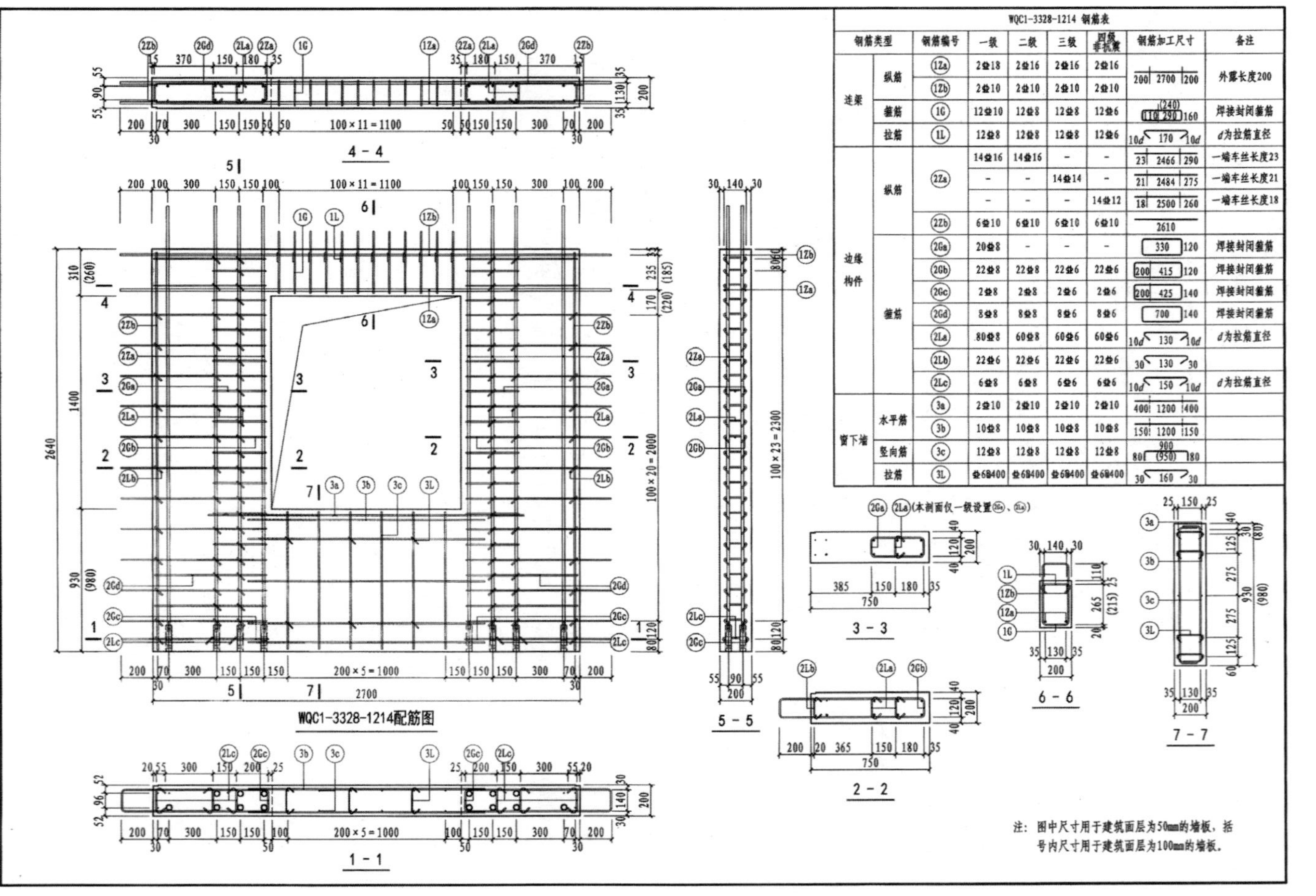

WQC1-3328-1214 钢筋表

钢筋类型		钢筋编号	一级	二级	三级	四级非抗震	钢筋加工尺寸	备注
连梁	纵筋	1Za	2⌀18	2⌀16	2⌀16	2⌀16	200 2700 200	外露长度200
		1Zb	2⌀10	2⌀10	2⌀10	2⌀10		
	箍筋	1G	12⌀10	12⌀8	12⌀8	12⌀6	(240) 110 290 160	焊接封闭箍筋
	拉筋	1L	12⌀8	12⌀8	12⌀8	12⌀6	10d 170 10d	d为拉筋直径
边缘构件	纵筋	2Za	14⌀16	14⌀16	-	-	23 2466 290	一端车丝长度23
			-	-	14⌀14	-	21 2484 275	一端车丝长度21
			-	-	-	14⌀12	18 2500 260	一端车丝长度18
		2Zb	6⌀10	6⌀10	6⌀10	6⌀10	2610	
	箍筋	2Ga	20⌀8	-	-	-	330 120	焊接封闭箍筋
		2Gb	22⌀8	22⌀8	22⌀6	22⌀6	200 415 120	焊接封闭箍筋
		2Gc	2⌀8	2⌀8	2⌀6	2⌀6	200 425 140	焊接封闭箍筋
		2Gd	8⌀8	8⌀8	8⌀6	8⌀6	700 140	焊接封闭箍筋
		2La	80⌀8	60⌀8	60⌀6	60⌀6	10d 130 10d	d为拉筋直径
		2Lb	22⌀6	22⌀6	22⌀6	22⌀6	30 130 30	
		2Lc	6⌀8	6⌀8	6⌀6	6⌀6	10d 150 10d	d为拉筋直径
窗下墙	水平筋	3a	2⌀10	2⌀10	2⌀10	2⌀10	400 1200 400	
		3b	10⌀8	10⌀8	10⌀8	10⌀8	150 1200 150	
	竖向筋	3c	12⌀8	12⌀8	12⌀8	12⌀8	900 80 (950) 80	
	拉筋	3L	⌀6@400	⌀6@400	⌀6@400	⌀6@400	30 160 30	

图 4-12　WQC1-3328-1214 配筋图

4.3.2 一个门洞外墙板详图识读

1. WQM-3628-1823模板图

WQM-3628-1823模板图，如图4-13所示。

(1) 内叶墙板尺寸为3000mm×2640mm×200mm，内叶墙板对角线控制尺寸为3996mm。外叶墙板尺寸为3580mm×2630mm×60mm，外叶墙板对角线控制尺寸为4442mm。当建筑面层为50mm时，门洞口尺寸为1800mm×2330mm；当建筑面层为100mm时，门洞口尺寸为1800mm×2380mm，宽度方向居中布置。

(2) MJ1：为预埋吊件，数量为2个，与内叶墙板内侧边的间距为135mm，分别对称设置在与内叶墙板左右两侧边间距为325mm的位置处。

(3) MJ2：为临时支撑预埋螺母，数量为4个，与内叶墙板左右两侧边的间距均为300mm，上部临时支撑预埋螺母与下部临时支撑预埋螺母的间距为1390mm，下部螺母与内叶墙板下边缘的间距为550mm。

(4) MJ3：为临时加固预埋螺母，数量为4个，设置在门洞外墙板底部对称布置，门洞每侧的临时加固预埋螺母与门洞两侧边的间距均为150mm，上部螺母与下部螺母的间距为200mm，下部螺母与内叶墙板底的间距为250mm。

(5) 预埋电气线盒：数量为4个，位置在距中心洞边距X_L处2个、X_R处2个。

(6) 预埋灌浆套筒：数量为12个，预埋在墙板底部，均设置在门洞口两侧的边缘构件竖向筋底部，每侧6个。

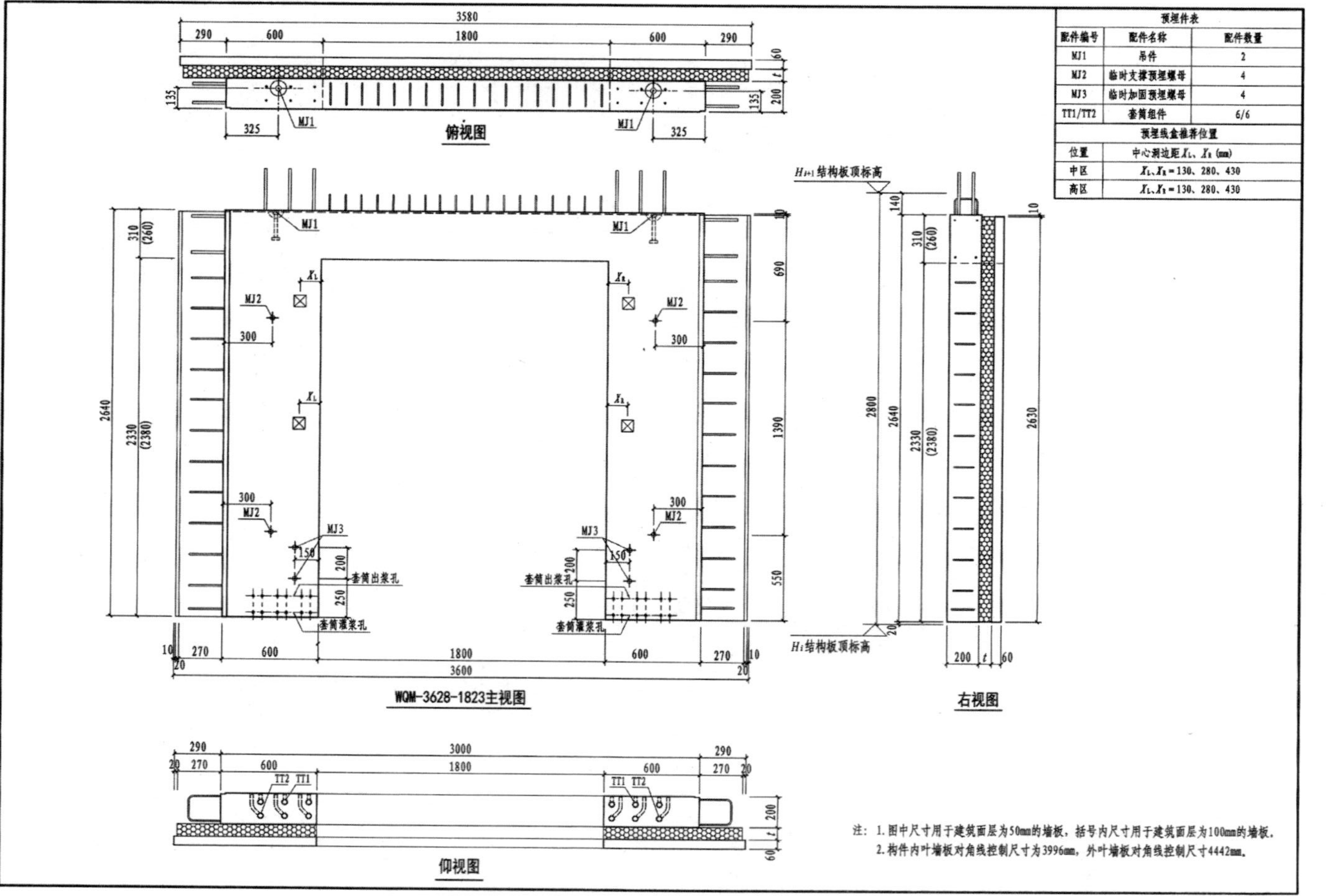

预埋件表		
配件编号	配件名称	配件数量
MJ1	吊件	2
MJ2	临时支撑预埋螺母	4
MJ3	临时加固预埋螺母	4
TT1/TT2	套筒组件	6/6
预埋线盒推荐位置		
位置	中心洞边距X_L、X_R (mm)	
中区	X_L、X_R=130、280、430	
高区	X_L、X_R=130、280、430	

图4-13　WQM-3628-1823模板图

2. WQM-3628-1823配筋图

WQM-3628-1823配筋图，如图4-14所示。

(1) 门洞上设置连梁，门洞口两侧设置边缘构件。

(2) 连梁钢筋：包括纵筋（编号为⑫a、⑫b）、箍筋（编号为⑪G）和拉筋（编号为⑪L）。以⑪G为例说明：在一级抗震设防要求时采用18⏀10钢筋，在二级、三级抗震设防要求时采用18⏀8钢筋，四级抗震设防要求或非抗震设防要求时采用18⏀6钢筋，需要焊接封闭，设置在门洞的正上方位置，从与门洞边缘间距为50mm的位置开始等间距设置。

(3) 边缘构件钢筋：包括纵筋（编号为㉒a、㉒b）和箍筋（编号为㉑Ga、㉑Gb、㉑Gc、㉑Gd、㉑La、㉑Lb、㉑Lc）。以㉑Gc为例说明：在一级、二级抗震设防要求时采用2⏀8钢筋，在三级、四级抗震设防要求或非抗震设防要求时采用2⏀6钢筋，需要焊接封闭，与墙板底部的间距为80mm，在门洞两侧各设置一道。

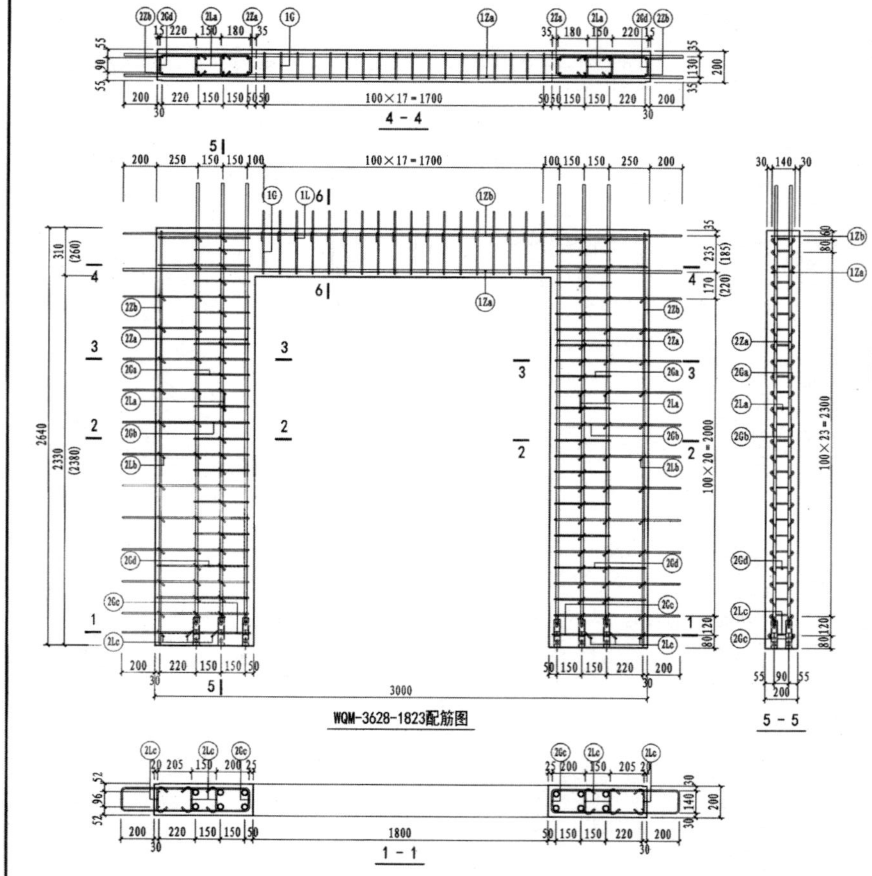

WQM-3628-1823 配筋表

钢筋类型		钢筋编号	一级	二级	三级	四级 非抗震	钢筋加工尺寸	备注
连梁	纵筋	1Za	2⌀18	2⌀16	2⌀16	2⌀16	200 3000 200	外露长度200
		1Zb	2⌀10	2⌀10	2⌀10	2⌀10	200 3000 200	外露长度200
	箍筋	1G	18⌀10	18⌀8	18⌀8	18⌀6	110 290 (240) 160	焊接封闭箍筋
	拉筋	1L	18⌀8	18⌀8	18⌀8	18⌀6	10d 170 10d	d为拉筋直径
边缘构件	纵筋	2Za	12⌀16	12⌀16	-	-	23 2466 290	一端车丝长度23
			-	-	12⌀14	-	21 2484 275	一端车丝长度21
			-	-	-	12⌀12	18 2500 260	一端车丝长度18
		2Zb	4⌀10	4⌀10	4⌀10	4⌀10	2610	
	箍筋	2Ga	20⌀8	-	-	-	330 120	焊接封闭箍筋
		2Gb	22⌀8	22⌀8	22⌀6	22⌀6	200 565 120	焊接封闭箍筋
		2Gc	2⌀8	2⌀8	2⌀6	2⌀6	200 575 140	焊接封闭箍筋
		2Gd	8⌀8	8⌀8	8⌀6	8⌀6	550 120	焊接封闭箍筋
		2La	80⌀8	60⌀8	60⌀6	60⌀6	10d 130 10d	d为拉筋直径
		2Lb	22⌀6	22⌀6	22⌀6	22⌀6	30 130 30	
		2Lc	6⌀8	6⌀8	6⌀6	6⌀6	10d 150 10d	d为拉筋直径

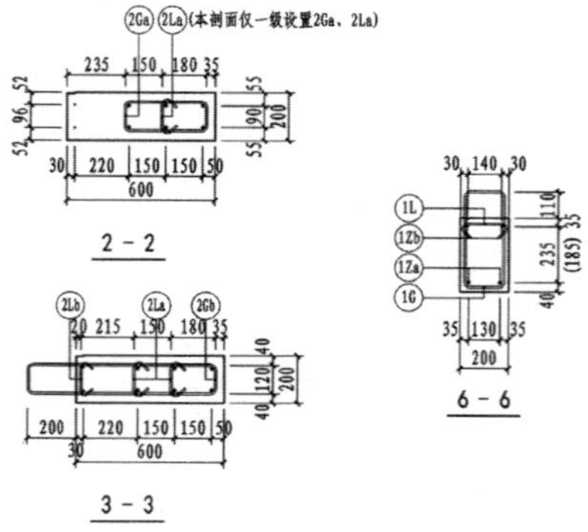

注：图中用于建筑地面做法为50mm外墙板，括号内尺寸用于建筑面层为100mm时。

图4-14 WQM-3628-1823配筋图

5 建筑电气施工图识读

5.1 建筑电气施工图识读基础

5.1.1 建筑电气施工图的组成

建筑电气工程的图样一般有电气总平面图、电气系统图、电气设备平面图、控制原理图、二次接线图、大样图、电缆清册、图例、设备材料表及设计说明等。

1.电气总平面图

电气总平面图是在建筑总平面图上表示电源及电力负荷分布的图样，主要表示各建筑物的名称或用途、电力负荷的装机容量、电气线路的走向及变配电装置的位置、容量和电源进户的方向等。从中可以了解该项工程的概况，掌握电气负荷的分布及电源装置等。

2.电气系统图

电气系统图是用单线图表示电能或电信号接回路分配出去的图样，主要表示各个回路的名称、用途、容量，主要电气设备、开关元件及导线电缆的规格型号等。从中可以了解该系统的回路数量及主要用电设备的容量、控制方式等。

3.电气设备平面图

电气设备平面图是在建筑物的平面图上标出电气设备、元件、管线实际布置的图样，主要表示其安装位置、安装方式、规格型号、数量及接地网等。从中可以了解每幢建筑物及其各个不同的标高上装设的电气设备、元件及其管线等。

4.控制原理图

控制原理图是单独用来表示电气设备及元件控制方式及其控制线路的图样，主要表示电气设备及元件的启动、保护、信号、联锁、自动控制及测量等。从中可以了解各设备元件的工作原理、控制方式，掌握建筑物功能实现的方法等。

5.二次接线图（接线图）

二次接线图是与控制原理图配套的图样，用来表示设备元件外部接线及设备元件之间的接线。从中可以了解系统控制的接线及控制电缆、控制线的走向及布置等。

6.大样图

大样图一般是用来表示某一具体部位或某一设备元件的结构或具体安装方法的，从中可以了解该项工程的复杂程度。大样图通常采用标准通用图集。

7.电缆清册

电缆清册是用表格的形式表示该系统中电缆的规格、型号、数量、走向、敷设方法、头尾接线部位等内容。一般来说，使用电缆较多的工程均有电缆清册，简单的工程通常没有电缆清册。

8.图例

图例是用表格的形式列出该系统中使用的图形符号或文字符号，可以使读图者更容易读懂图样。

9.设备材料表

设备材料表一般列出系统主要设备及主要材料的规格、型号、数量、具体要求或产地。但表中的数量一般只作为概算估计数，不作为设备和材料的供货依据。

10.设计说明

设计说明主要标注图中没有交代清楚或没有必要用图表示的要求、标准、规范等。

5.1.2 建筑电气施工图识读的步骤

建筑电气施工图一般是采用统一的图形符号和文字符号绘制出来的。识读建筑电气施工图，不仅要熟悉这些符号，同时要掌握一定的阅读方法，才能实现识图的意图与目的。

阅读图纸的顺序没有统一的规定，可根据个人的需要灵活调整，但通常按以下的顺序阅读。

1.标题栏及图纸目录

了解工程名称、设计日期、项目内容及图纸数量与内容等。

2.总说明

了解工程总体概况及设计依据，还有图纸中没有表述清楚的各有关事项，如供电电源的来源、电压等级、线路敷设方法等。

有些分项的局部问题是在分项工程图纸上进行说明的，看分项工程图纸时，要先看设计说明。

3.系统图

了解系统的基本组成，主要电气设备、元件的连接关系及其规格、型号及参数等，掌握其系统的组成概况。

4.平面布置图

平面布置图表示设备安装位置、线路敷设部位、敷设方法及所用导线型号、规格、数量及电线管的管径大小等。阅读平面图时，一般依照进线→总配电箱→干线→支干线→分配电箱→支线→用电设备的顺序。

5.电路图

电路图表示系统中用电设备的电气自动控制原理，用来指导设备的安装与控制系统的调试工作。由于电路图大多是采用功能布局法进行绘制的，看图时可依据功能关系从上至下（或从左至右）分回路阅读。

6.安装接线图

了解设备或电气的布置、接线，与电路图对应阅读，进行控制系统的配线和调校工作。

7.安装大样图

安装大样图详细表示设备的安装方法，是根据施工平面图进行安装施工和编制工程材料计划时的重要参考图纸，大多采用全国通用电气装置标准图集。

8.设备材料表

设备材料表可提供该工程使用的设备、材料的型号、规格及数量，是编制购置设备、材料计划的重要依据。

5.2 变配电施工图的实例识读

公寓楼变配电所施工图的实例识读

某公寓楼变配电所施工图，如图5-1所示。

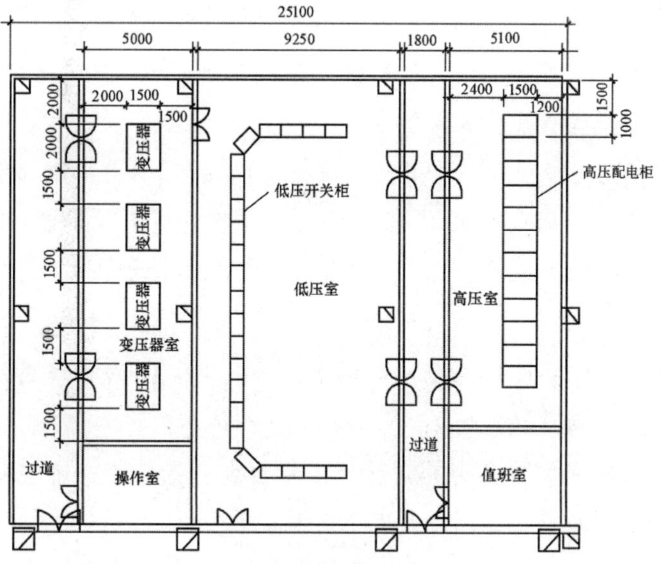

（a）变配电所平面图

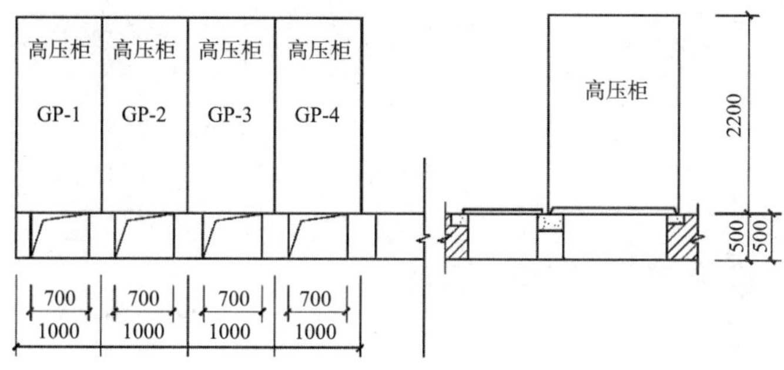

（b）高压配电柜平、剖面图

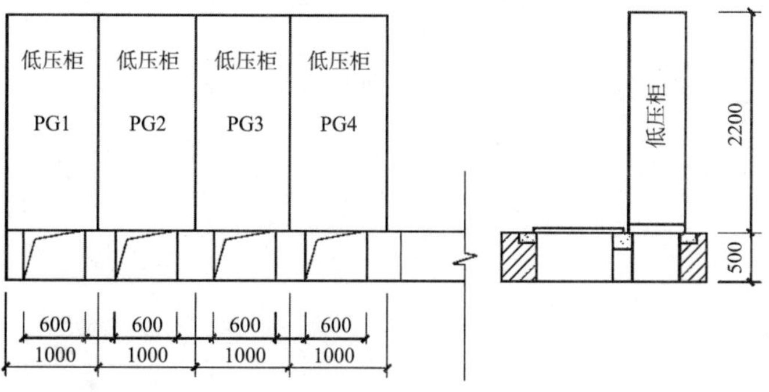

（c）低压配电柜平、剖面图

图 5-1　某公寓楼变配电所施工图

（1）从平面图可知，该变电所位于公寓地下一层，变电所内有高压室、低压室、变压器室、操作室及值班室等。

（2）低压室与变压器室相邻，变压器室内共有4台变压器，由变压器向低压配电屏采用封闭母线配电，封闭母线与地面的高度不得低于2.5m。

（3）低压配电屏采用L形进行布置，屏内包括无功补偿屏，此系统的无功补偿在低压侧进行。

（4）高压室内共设12台高压配电柜，采用两路10kV电缆进线，电源为两路独立电源，每路分别给2台变压器供电。

（5）在高压室侧壁预留孔洞，值班室与高、低压室紧密相邻，有门直通，便于维护与检修，操作室内设有操作屏。

（6）高、低压配电柜安装平、剖面图中，可以了解配电柜下及柜后电缆地沟的具体做法。

5.3 送电线路施工图的实例识读

380V电力架空线路工程平面图的实例识读

某380V电力架空线路工程平面图，如图5-2所示。

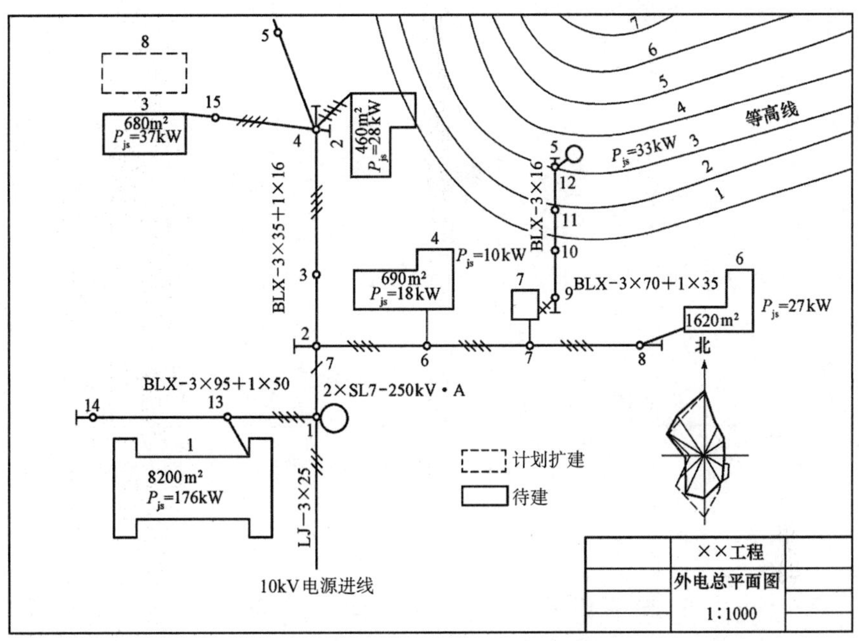

图5-2 某380V电力架空线路工程平面图

（1）从图中可知，电源进线为10kV架空线，从场外高压线路引来。电源进线使用LJ-3×25，3根25mm²铝绞线，接至1号杆。在1号杆处为2台变压器SL7-250kV·A，SL7表示7系列三相油浸自冷式铝绕组变压器，额定容量为250kV·A。

（2）从1号杆到14号杆为4根BLX型导线（BLX-3×95+1×50），即橡胶绝缘铝导线，其中3根导线的截面面积为95mm²，1根导线的截面面积为50mm²。14号杆为终端杆，装一根拉线。从13号杆向1号建筑做架空接户线。

（3）1号杆到2号杆上为两层线路，一路为到5号杆的线路，4根BLX型导线（BLX-3×35+1×16），其中3根导线截面面积为35mm²、1根导线截面面积为16mm²；另一路为横向到8号杆的线路，4根BLX型导线（BLX-3×70+1×35），其中3根导线截面面积为70mm²、1根导线截面面积为35mm²。1号杆到2号杆间线路标注为7根导线，共用1根中性线，2号杆处分为2根中性线，2号杆为分杆，要加装2组拉线，5号杆、8号杆为终端杆，也要加装拉线。

(4) 线路在4号杆分为三路：第一路到5号杆；第二路到2号建筑物，要做1条接户线；最后一路经15号杆接入3号建筑物。为加强4号杆的稳定性，在4号杆上装有2组拉线。5号杆为线路终端，同样安装了拉线。

(5) 在2号杆到8号杆的线路上，从6号杆、7号杆和8号杆处均做接户线。

(6) 从9号杆到12号杆是给5号设备供电的专用动力线路，电源取自7号建筑物。动力线路使用3根截面面积为16mm^2的BLX型导线(BLX-3×16)。

5.4 室内动力与电气照明施工图的实例识读

5.4.1 教学楼动力系统图的实例识读

某教学楼动力系统图，如图5-3所示。

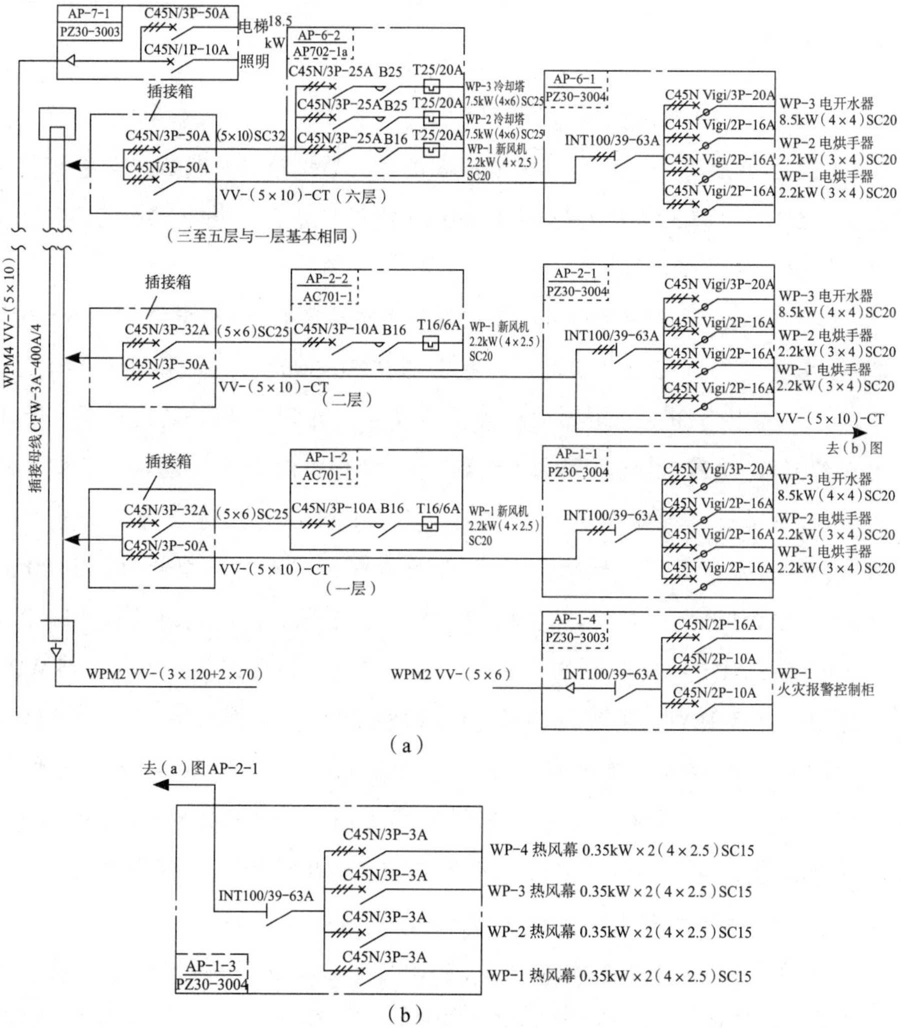

（a）

（b）

图5-3 某教学楼动力系统图

（1）从图中可以看出，设备包括电梯及各层动力装置，其中电梯动力由低压配电室AA4的WPM4回路用电缆经竖井引至6层电梯机房，接至AP-6-1箱上，箱型号为PZ30-3003，电缆型号为VV-（5×10）铜芯塑缆。该箱输出两个回路，电梯动力18.5kW，主开关为C45N/3P-50A低压断路器，照明回路主开关为C45N/1P-10A。

（2）动力母线是用安装在电气竖井内的插接母线完成的，母线型号为CFW-3A-400A/4，额定容量为400A，三相加一根保护线。母线的电源是用电缆从低压配电室AA3的WPM2回路引入的，电缆型号为VV-(3×120+2×70)铜芯塑缆。

(3)各层的动力电源是经插接箱取得的，插接箱与母线成套供应，箱内设两只C45N/3P(32A)、C45N/3P(50A)低压断路器，将电源分为两路(括号内数值为电流整定值)。

(4)1层中，电源分为两路，一路是用电缆桥架(CT)将电缆VV-(5×10)-CT铜芯电缆引至AP-1-1配电箱，型号为PZ30-3004；另一路是用5根直径为6mm、导线穿管径25mm的钢管，将铜芯导线引至AP-1-2配电箱，型号为AC701-1。AP-1-2配电箱内有C45N/3P(10A)的低压断路器，额定电流为10A；B16交流接触器，额定电流为16A；T16/6A热继电器，额定电流为16A，热元件额定电流为6A；总开关为隔离刀开关，型号为INT100/3P(63A)。AP-1-2配电箱为一路WP-1，新风机2.2kW，用铜芯塑线(4×2.5)SC20连接；AP-1-1配电箱分为四路，其中有一个备用回路。第一分路WP-1为电烘手器2.2kW，用铜芯塑线(3×4)SC20引出到电烘手器上，开关为C45N Vigi/2P(16A)，有漏电报警功能(Vigi)；第二分路WP-2为电烘手器，用铜芯塑线(3×4)SC20引出到电烘手器上，开关为C45N Vigi/2P(16A)，有漏电报警功能(Vigi)；第三分路为电开水器8.5kW，用铜芯塑线(4×4)SC20连接，开关为C45N Vigi/3P(20A)，有漏电报警功能。

(5)3～4层与1层基本相同，但AP-2-1箱增设了一个为一层设置的回路，编号AP-1-3，型号为PZ30-3004，如图(b)所示，四路热风幕，0.35kW×2，用铜线穿管(4×2.5)SC15连接。

(6)5层中AP-5-1与1层相同，而AP-5-2增加了两个回路，两个冷却塔7.5kW，用铜塑线(4×6)SC25连接，主开关为C45N/3P(25A)低压断路器，接触器B25直接启动，热继电器T25/20A作为过载及断相保护。增加回路后，插接箱的容量也作了相应调整，两路均为C45N/3P(50A)，连接线变为(5×10)SC32。

(7)1层还从低压配电室AA4的WLM2引入消防中心火灾报警控制柜一路电源，编号AP-1-4，箱型号为PZ30-3003，总开关为INT100/3P(63A)刀开关，分3路，型号都是C45N/2P(16A)。

5.4.2 综合楼照明系统图的实例识读

某综合楼照明系统图，如图5-4所示。

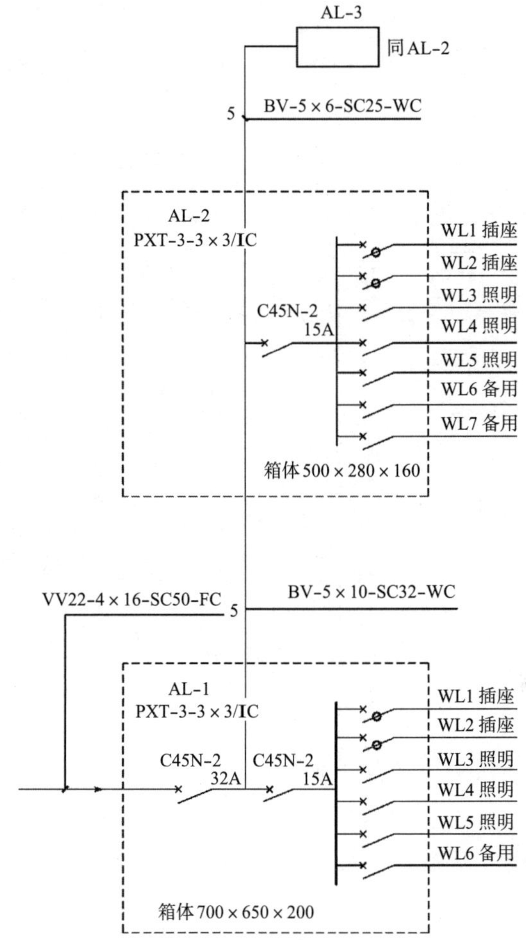

图5-4 某综合楼照明系统图

(1)从图中可知，进线标注为VV22-4×16-SC50-FC，说明该楼使用全塑铜芯铠装电缆，规格为4芯，截面面积为16mm^2，穿直径为50mm焊接钢管，沿地下暗敷设进入建筑物的首层配电箱。

(2)1层配电箱为PXT型通用配电箱，AL-1箱尺寸为700mm×660mm×200mm，配电箱内装一只总开关，使用C45N-2型单极组合断路器，容量为32A。总开关后接本层开关，也使用C45N-2型单极组合断路器，容量为15A。另外一条线路穿管引上二楼。本层开关后共有6个输出回路，分别为WL1～WL6。其中，WL1、WL2为插座支路，开关使用C45N-2型单极组合断路器；WL3、WL4及WL5为照明支路，使用C45N-2型单极组合断路器；WL6为备用支路。

（3）1层到2层的线路标注为BV-5×10-SC32-WC，说明使用5根截面面积为10mm^{2}的BV型塑料绝缘铜导线连接，穿直径为32mm焊接钢管，沿墙内暗敷设。

（4）2层配电箱AL-2与3层配电箱AL-3都为PXT型通用配电箱，尺寸为500mm×280mm×160mm。箱内主开关为C45N-2型15A单极组合断路器，在开关前分出一条线路接往三楼。主开关后为7条输出回路，其中WL1、WL2为插座支路，使用带漏电保护断路器；WL3、WL4、WL5为照明支路；WL6、WL7为备用支路。

（5）从2层到3层用5根截面面积为6mm^{2}的塑料绝缘铜线进行连接，穿直径为25mm焊接钢管，沿墙内暗敷设。

5.4.3 小型锅炉房电气系统图的实例识读

某小型锅炉房电气系统图，如图5-5所示。

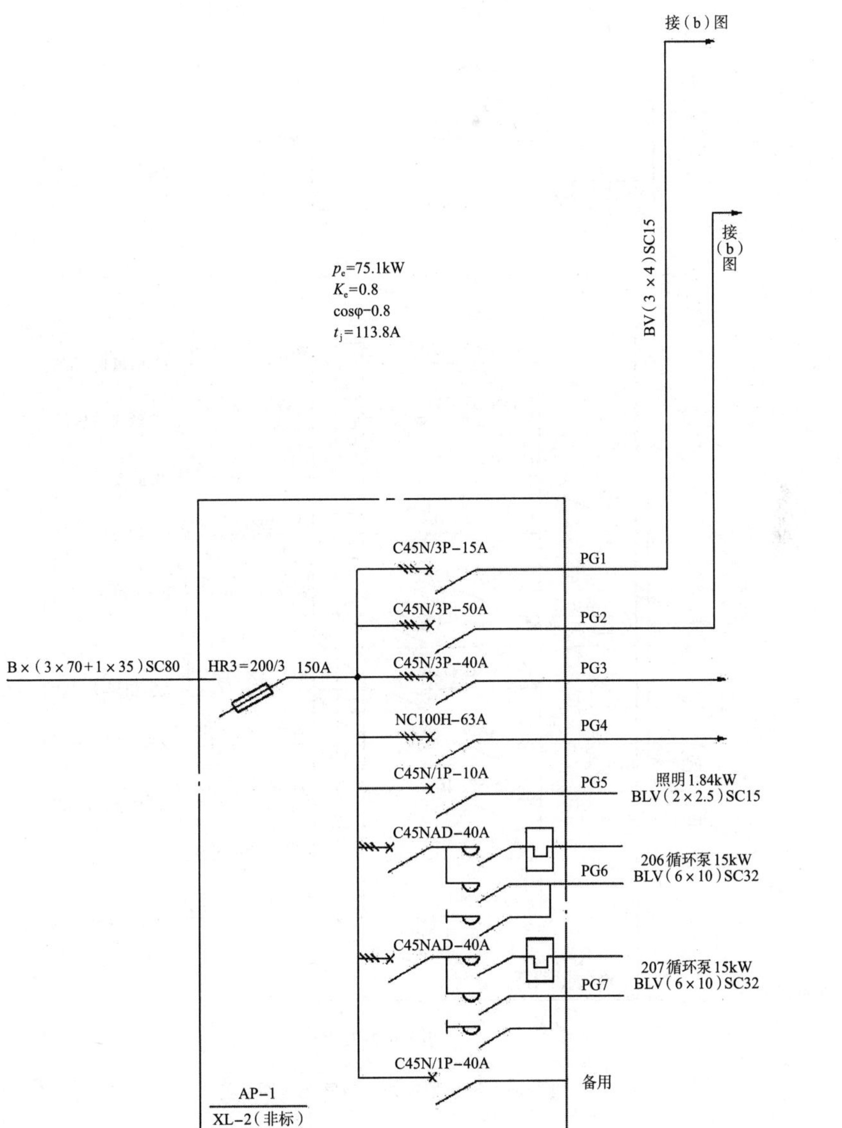

（a）总动力配电柜系统

图5-5 某小型锅炉房电气系统图

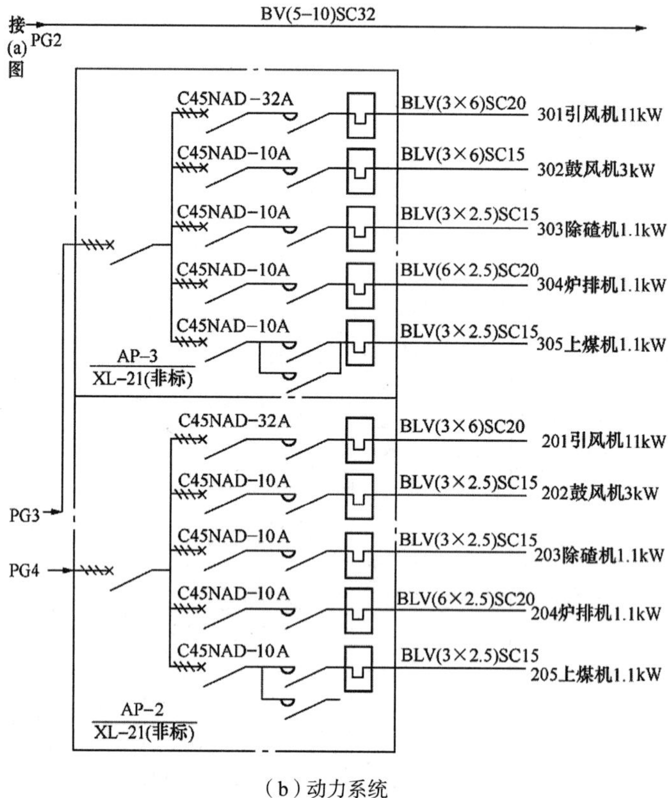

（b）动力系统

图5-5　某小型锅炉房电气系统图（续）

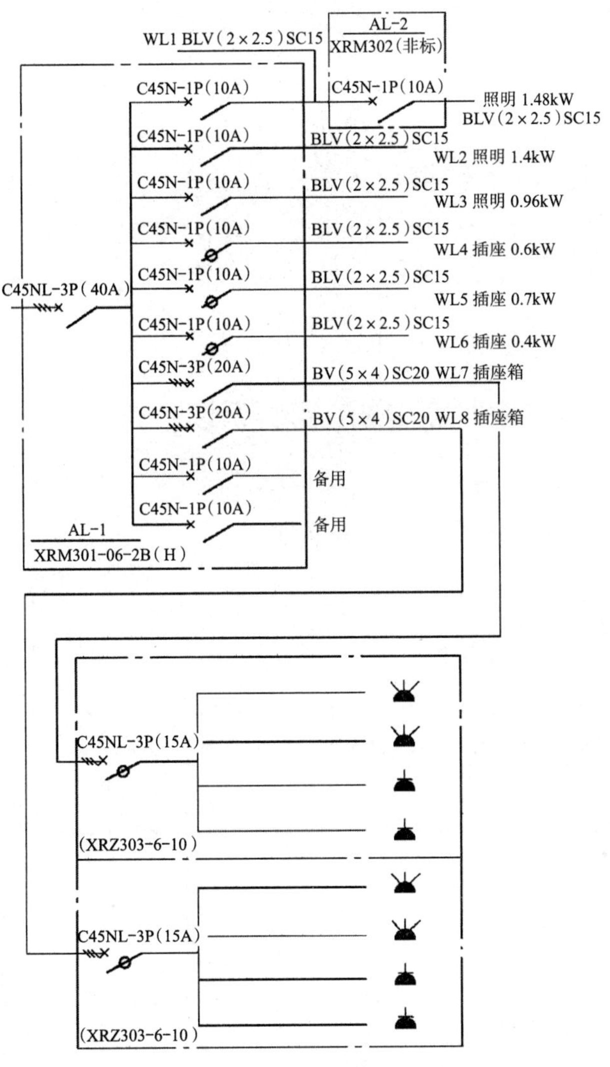

（c）照明系统

图5-5　某小型锅炉房电气系统图（续）

施工图讲解

(1)从图中可知，系统共分为8个回路，PG1是一个小动力配电箱AP-4供电回路，PG2是食堂照明配电箱AL-1供电回路，PG3、PG4分别为两台小型锅炉的电控柜AP-3、AP-2供电回路，PG5为锅炉房照明回路，PG6、PG7为两台循环泵的启动电路，另外一个回路为备用。

(2)AP-4动力配电箱分3路：两路备用，一路为立式泵的启动电路，因容量很小，直接启动。低压断路器C45NAD-10A带有短路保护，热继电器保护过载，接触器控制启动。

(3)AP-2、AP-3两台锅炉控制柜回路相同，因容量较小，均采用接触器直接启动，低压断路器C45NAD保护短路，热继电器保护过载。

(4)两台15kW循环泵均采用Y-Δ启动，减小了启动冲击电流。

5.5 建筑物防雷与接地施工图的实例识读

5.5.1 住宅楼屋面防雷平面图的实例识读

某住宅楼屋面防雷平面图，如图5-6所示。

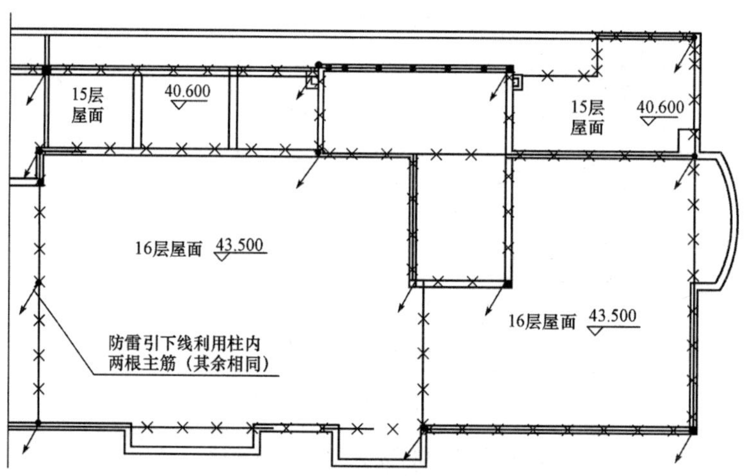

图5-6 某住宅楼屋面防雷平面图

(1)从图中可知，在不同标高的女儿墙及电梯机房的屋檐等易受雷击部位，均设置了避雷带。

(2)两根主筋作为避雷引下线，避雷引下线应进行可靠焊接。

5.5.2 住宅接地电气施工图的实例识读

某住宅接地电气施工图，如图5-7所示。

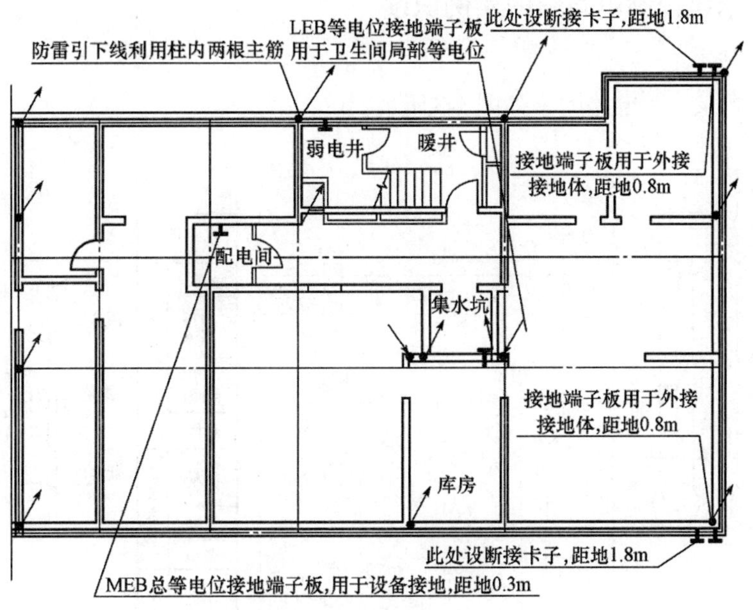

图5-7 某住宅接地电气施工图

(1) 从图中可知，防雷引下线与建筑物防雷部分的引下线相对应。

(2) 在建筑物转角1.8m处设置断接卡子，以便接地电阻测量用；在建筑物两端-0.8m处设有接地端子板，用于外接接地体。

(3) 在住宅卫生间的位置，安装有LEB等电位接地端子板，用于对各卫生间的局部等电位的可靠接地；在配电间距地0.3m处，设有MEB总等电位接地端子板，用于设备接地。

5.6 建筑电气控制系统施工图的实例识读

5.6.1 给水泵控制电路图的实例识读

某给水泵控制电路图，如图5-8所示。

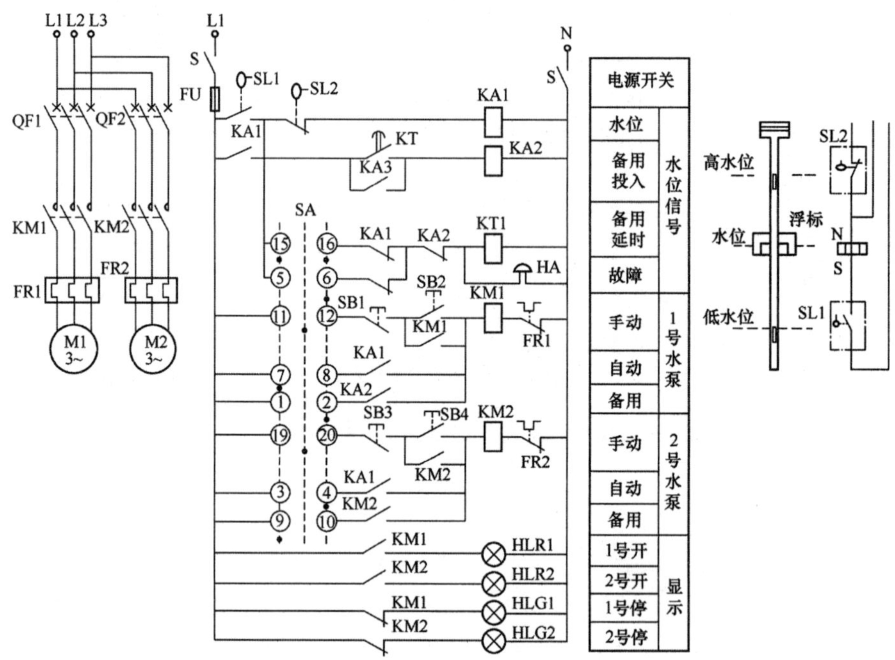

图5-8 某给水泵控制电路图

(1) 从图中可知，水泵准备运行时，电源开关QF1、QF2、S均合上，SA为转换开关，其手柄旋转位置有三档，共8对触点。

(2) 当手柄在中间位置时，(11-12)、(19-20) 两对触点接通，水泵为手动控制，用启动按钮 (SB2、SB4) 和停止按钮 (SB1、SB3) 来控制两台水泵的启动和停止，两台水泵不受水位控制器控制。

(3) 当SA手柄扳向左时，(15-16)、(7-8)、(9-10) 三对触点闭合，1号水泵为常用泵，2号水泵为备用泵，电路受水位控制器控制。

（4）当水位下降到低水位时，浮标磁环降到SL1处，使SL1常开触点闭合，使KA1通电自锁，KA1常开触点闭合，KM1通电，铁心吸合，主触点闭合，1号水泵启动，运行送水；当水箱水位上升到高水位时，浮标磁环上浮到SL2干簧管处，使SL2常闭断开，KA1失电复原，KM1断电还原，1号水泵停止运行。

（5）如果1号水泵在投入运行时，电动机堵转过载，使FR1动作断开，KM1失电还原，时间继电器KT通电，警铃HA通电发出故障信号，延时一段时间后，KT常开延时闭合，KA2通电吸合，使KM2通电闭合，启动2号水泵，同时KT1和HA失电。

（6）当SA手柄扳向右时，(5-6)、(1-2)、(3-4)三对触点闭合，此时2号水泵为常用泵，1号水泵为备用泵，控制原理同上。

5.6.2 消防水泵控制电路图的实例识读

某消防水泵控制电路图，如图5-9所示。

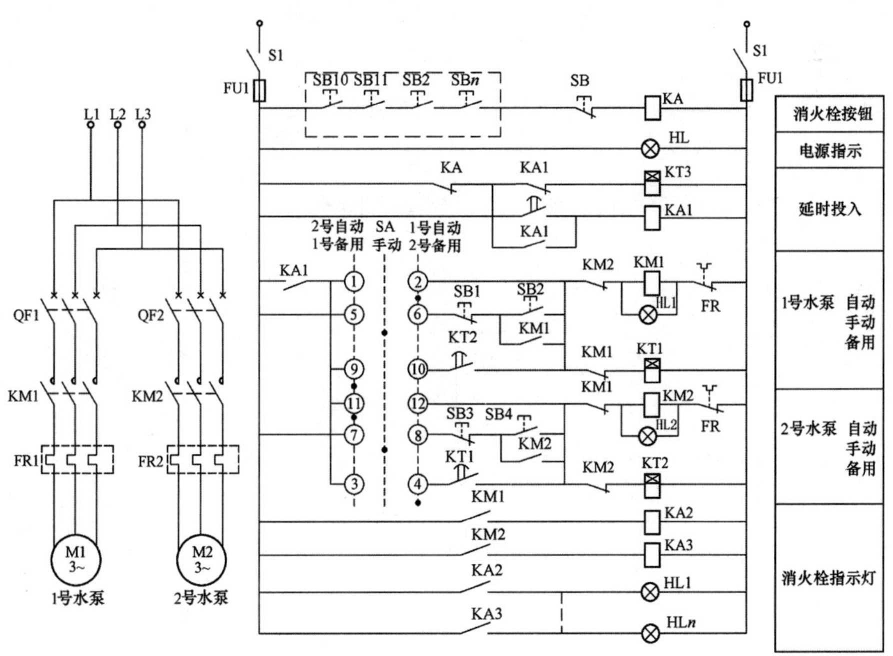

图5-9 某消防水泵控制电路图

施工图讲解

(1)从图中可知，该消防水泵设置两台水泵，互为备用。

(2)在准备投入状态时，QF1、QF2、S1都合上，SA开关置于1号自动，2号备用。因消火栓内按钮被玻璃压下，其常开触点处于闭合状态，继电器K线圈通电吸合，KA常闭触点断开，使水泵处于准备状态。

(3)当有火灾时，只要敲碎消火栓内的按钮玻璃，使按钮弹出，KA线圈失电，KA常闭触点还原，时间继电器KT3线圈通电，铁心吸合，常开触点KT3延时闭合，继电器KA1通电自锁，KM1接触器通电自锁，KM1点闭合，启动1号水泵；如果1号水泵堵转，经过一定时间，热继电器FR1断开，KM1失电还原，KT1通电，KT1常开触点延时闭合，使接触器KM2通电自锁，KM2主触点闭合，启动2号水泵。

(4)SA为手动和自动选择开关。SB1～SB*n*为消火栓按钮，采用串联接法(正常时被玻璃压下)，实现断路启动，SB可放置在消防中心，作为消防泵启动按钮。SB1～SB4为手动状态时的启动停止按钮。H1、H2分别为1号、2号水泵启动指示灯。HL1～HL*n*为消火栓内指示灯，由KA2和KA3触点控制。

5.6.3 空气处理机组DDC控制电路图的实例识读

某空气处理机组DDC控制电路图，如图5-10所示。

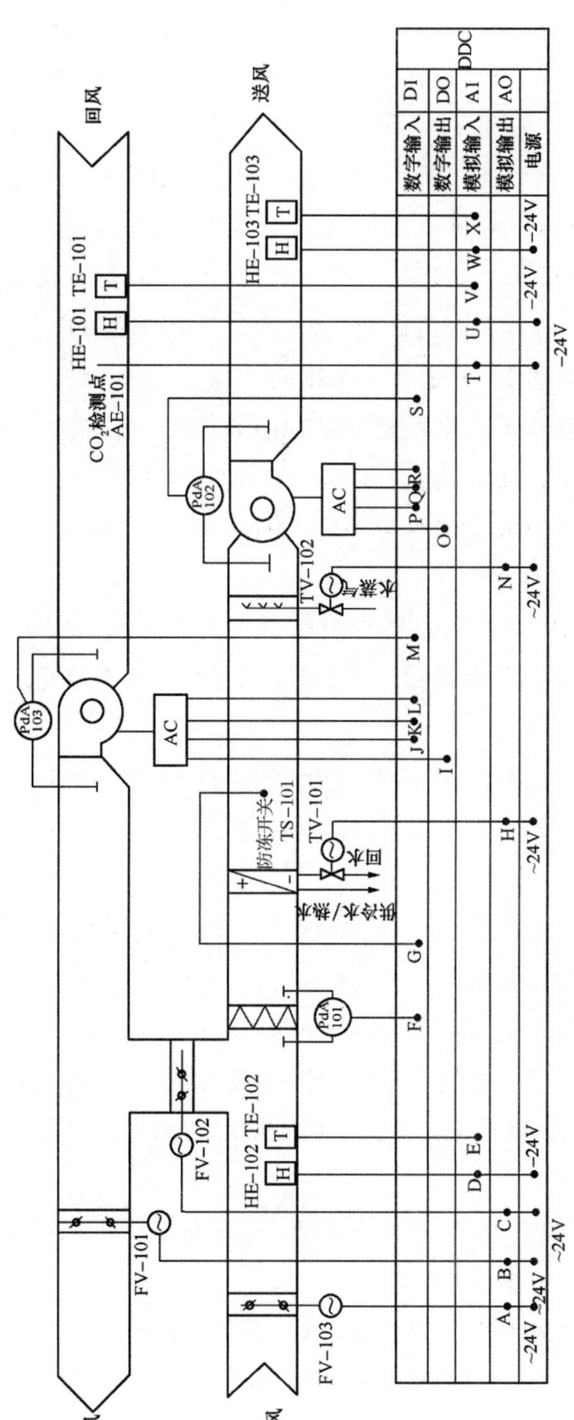

注：图中数字前的"～"表示交流，"—"表示直流

图 5-10 某空气处理机组DDC控制电路图

施工图讲解

(1)从图中可知，上方是空调系统图，下方是DDC控制接线表。

(2)DDC上有4个输入/输出接口：数字输入接口DI和数字输出接口DO，模拟输入接口AI和模拟输出接口AO。

(3)根据传感器和执行器的不同，分别接不同的输入/输出接口。

(4)图中左侧A、B、C三点（三台电动调节风阀的控制信号）接DDC的模拟输出接口AO，其中，FV-101是排风阀、FV-102是回风阀、FV-103是新风阀，调整三台风阀的开闭程度，控制三路风管中的风量，使系统保持恒定风量。三台风阀的工作电源为交流24V。

(5)D、E点接DDC的模拟输入接口AI，D点是湿度传感器HE-102的信号线，检测新风的湿度，E点是温度传感器TE-102的信号线，检测新风的温度。

(6)F、G点接DDC的数字输入接口DI，分别为压差传感器PdA-101和防冻开关TS-101的信号线。

(7)H点接DDC模拟输出接口AO，是电动调节阀TV-101的控制信号线，TV-101控制冷、热水流量，用来调整风道内空气的温度，TV-101的电源是交流24V。

(8)I、J、K、L各点分别接数字输出接口DO和数字输入接口DI，是回风机控制柜AC的控制信号线，控制风机的启、停，对风机的工作和故障状态进行监测。

(9)M点接DDC的数字输入接口DI，是压差传感器PdA-103的信号线，检测风机前后的空气压差。

(10)N点接DDC的模拟输出接口AO，是蒸汽发生器的电动调节间TV-102的控制信号线，用来控制蒸汽量，调整空气湿度。电动阀电源为交流24V。

(11)O、P、Q、R各点分别接数字输出接口DO和数字输入接口DI，是送风机的控制信号线。

(12)S点接DDC的数字输入接口DI，是压差传感器PdA-102的信号线，检测风机前后的空气压差。

(13)T点接DDC的模拟输入接口AI，是二氧化碳浓度传感器AE-101的信号线，检测回风道中的CO_2浓度，确定新风增加量和排风量。AE-101的电源为直流24V。

（14）U、V、W、X各点接DDC的模拟输入接口AI，分别是回风道、送风道的湿度传感器、温度传感器的信号线。

5.6.4 电梯控制电路图的实例识读

某电梯控制电路图，如图5-11所示。

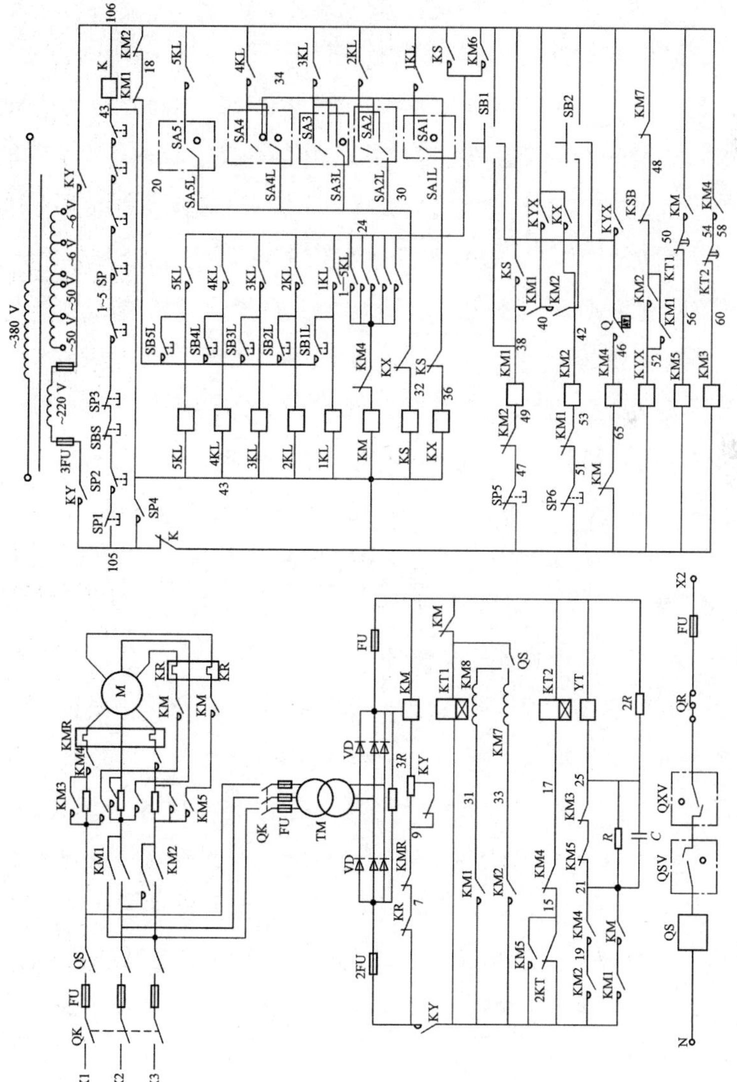

图5-11　某电梯控制电路图

施工图讲解

（1）从图中可知，闭合线路开关KM及QK，司机手动开门，乘客进入轿厢以后，用电锁钥匙开关QR接通主接触器QS的线圈，QSV和QXV分别为向上与向下的极限开关。

（2）正常运行时，QS通电，接通主电路，电源变压器得电，零压继电器KY通电接通直流控制回路，时间继电器KT1吸合，此时使交流控制电路接通。

（3）轿厢承重后，司机手动将门关好，使各层的厅门接触开关SP1～SP5及轿厢门接触开关SP2均闭合。运行正常时，安全钳开关SP1及限速断绳开关SP3闭合，门连锁继电器K通电，交流接触器接通电源。若此时轿厢内的*N*层指示灯亮，指示*N*层传呼梯。

（4）如在4层，司机按下4层开车的按钮SB4L，使楼层继电器4KL通电自锁。由于楼层转换开关SA4L是左边接通，所以上行继电器KS得电，常开触头KS（24-106）闭合，使KM线圈得电。同时KS的另外一常开触点（38-106）闭合，使KM1通电。KM1常开触头（50-52）闭合，使运行继电器KYX通电。因KM和KM1主触头均已闭合，电动机快速绕组通过启动电阻器接通，电动机正向降压启动，制动器线圈YT得电松闸。同时因为KM常闭点断开，使得延时继电器1KT失电，其触头（54-56）延时闭合接通KM5，将电阻器切除，电动机快速上升。当轿厢经过各楼层的时候，轿厢上的切换导板将各楼层的转换开关SA2L与SA3L按左断右通的方式转换。

（5）在轿厢刚进入所要到达的4层楼的平层减速区的时候，SA4L转换开关动作，使KS失电，KS的常开触点（24-106）断开，使KM断电（此时KM1有电）。主电路中KM触点断开，使电动机定子断电，同时YT断电，绕组放电，此时制动器提供一定的制动力矩使电动机快速减速。当电动机速度降到250r/min的时候，速度开关Q使得KM4接通，电动机的低速绕组接通，则电动机再次得电。KM4的常闭触点（15-17）断开，使2KT断电，2KT的常闭触点延时接通KM3，将启动电阻短接，电动机低速运行，直到平层停车。在轿厢在4层平层就位时，即为井道内顶置铁块向上平层感应器KSB的磁路空隙，KSB触点（50-48）断开，使运行继电器KYX断电，其常开触点会使上行继电器KM1或下行继电器KM2失电，电动机停车，同时YT断电，制动器抱闸，开门上下人。

(6) 轿厢在正常工作时为快速运行，轿厢减速而准备停车时为慢速运行。而检修电梯时，需缓慢地升降，并且停车的位置不受平层感应器的限制，可使用慢速点动控制按钮SB1来完成。

5.7 智能弱电建筑施工图的实例识读

5.7.1 实验楼火灾自动报警系统与消防联动系统图的实例识读

某实验楼火灾自动报警系统与消防联动系统图，如图5-12所示。

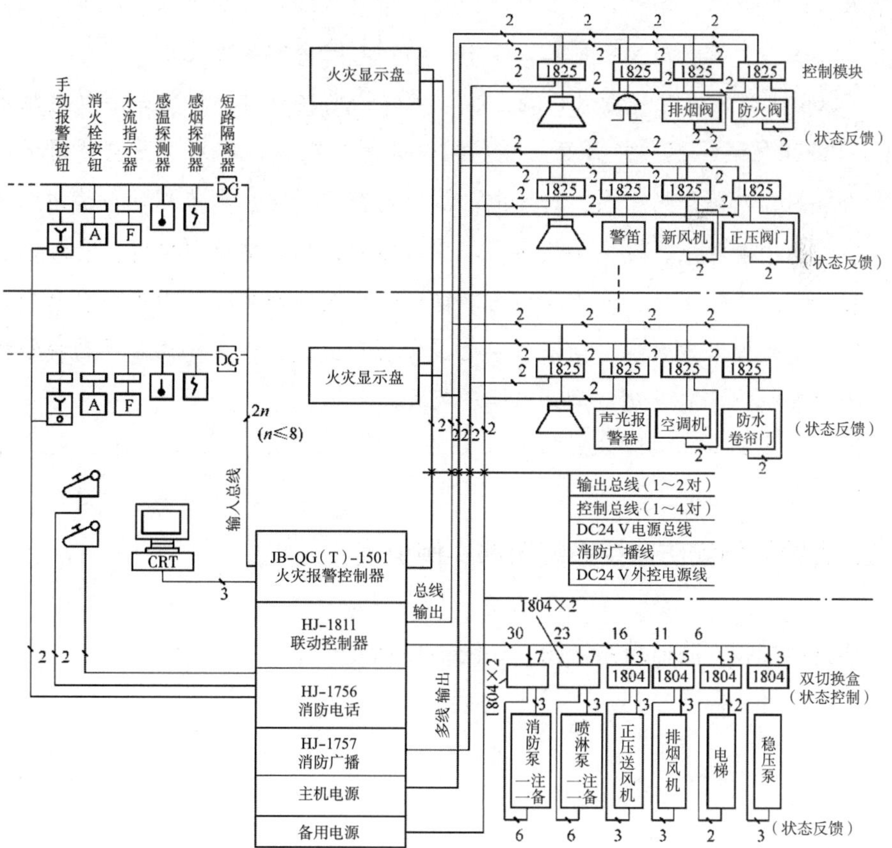

图5-12　某实验楼火灾自动报警系统与消防联动系统图

施工图讲解

(1) 消防中心一般设有火灾报警控制器和联动控制器、CRT显示器、消防广播及消防电话，并配有主机电源与备用电源。

(2) 每一层楼分别装设楼层火灾显示器，火灾自动报警采用二总线输入，每一回路都装设感烟探测器、感温探测器、水流指示器、消火栓按钮及手动报警按钮等，并装有短路隔离器。

(3) 报警装置主要有声光报警器、消防广播等。

(4) 联动控制为总线制、多线制输出，通过控制模块或双切换盒与设备相连接，有消防泵、喷淋泵、正压送风机、排烟风机、电梯、稳压泵、新风机、空调机、防火阀、防火卷帘门、排烟阀以及正压阀门等。

(5) 当某楼面发生火灾被火灾探测器检测到之后，将立即传输给火灾自动报警器，经消防中心确认后，CRT显示出火灾的楼层及对应部位，并打印火灾发生的时间与地点，开启消防广播，指挥灭火，并动员人员疏散，火灾显示器显示出着火层楼与部位，指示人们朝着安全的地方避难。

(6) 联动装置开启着火区域上、下层的排烟阀与排烟风机，启动避难层（室）的正压送风机并打开正压送风阀。关闭热泵、供回水泵及空调器送风机的电源，电梯降到底层，关闭电动防火卷帘门，防止火势蔓延，消防电梯切换到备用电源上，接通事故照明与疏散照明，切断非消防电源。自动消防系统的喷淋头喷水后，水流指示器有信号传送至消防中心，喷淋泵自动投入运行。消火栓给水系统可由消防中心遥控启动，或将消火栓内的手动报警按钮的玻璃敲碎，启动消防泵，以便于灭火。

5.7.2 宾馆视频安防监控系统图的实例识读

某宾馆视频安防监控系统图，如图5-13所示。

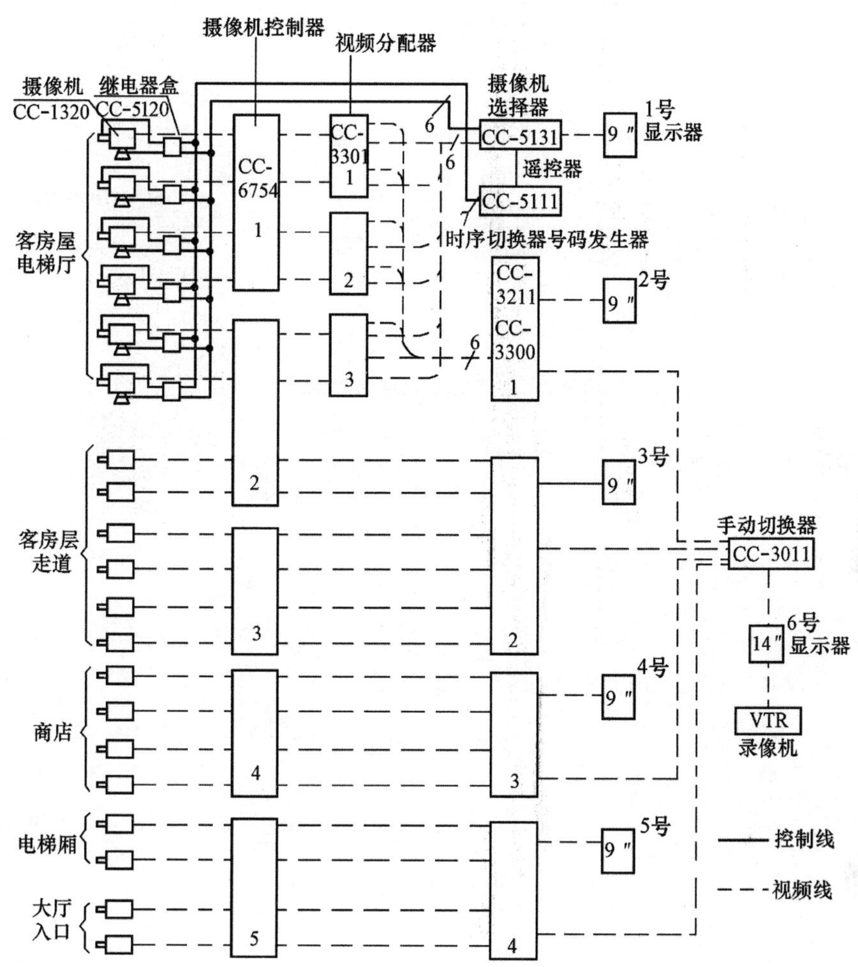

图5-13　某宾馆视频安防监控系统图

施工图讲解

（1）从图中可知，共有20台CC-1320型1/2in CCD固体黑白摄像机，其最低工作照度为0.4lx，水平清晰度400线，信噪比为50dB。电源由摄像机控制器CC-6754提供，使用“C”型接口镜头。

（2）该工程CCTV系统的监控室与火灾自动报警控制中心及广播室共用一室，使用面积为30m^2，地面采用活动架空木地板，架空高度0.25m，房间门宽为1m，高2.1m，室内温度要求控制在16～30℃，相对湿度要求控制在30%～75%。控制柜正面距墙净距大于1.2m，背面与侧面距墙净距大于0.8m。CCTV系统的供电电源要求安全可靠，电压偏移要小于±10%。

5.7.3 宾馆出入口控制系统图的实例识读

某宾馆出入口控制系统图，如图5-14所示。

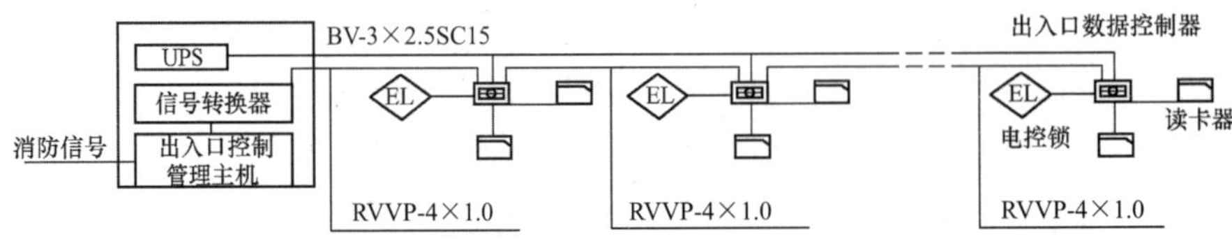

图5-14　某宾馆出入口控制系统图

(1) 从图中可知，该宾馆出入口控制系统由出入口控制管理主机、电控锁、读卡器以及出入口数据控制器等部分组成。

(2) 各出入口的管理控制器电源由UPS电源通过BV-3×2.5线统一提供，电源线穿直径15mm的SC管暗敷设。

(3) 出入口控制管理主机和出入口数据控制器间采用RVVP-4×1.0线进行连接。

(4) 该系统中，在出入口控制管理主机引入消防信号，如有火灾发生时，门禁将被打开。

5.7.4 办公楼可视对讲系统图的实例识读

某办公楼可视对讲系统图，如图5-15所示。

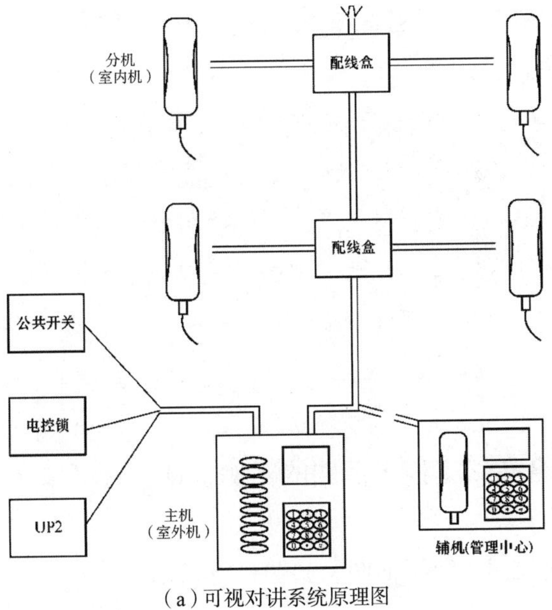

（a）可视对讲系统原理图

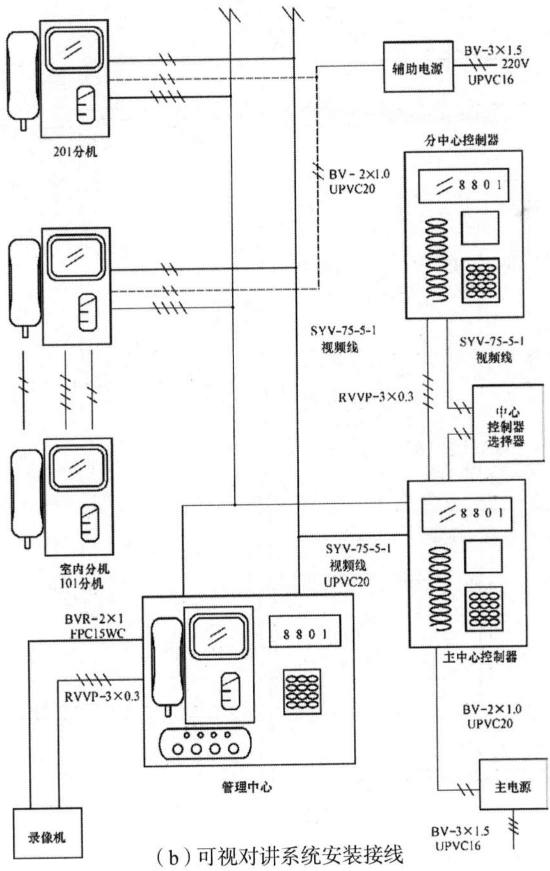

（b）可视对讲系统安装接线

图5-15　某办公楼可视对讲系统图

施工图讲解

（1）从图中可知，该系统主要由主机（室外机）、录像机、分机（室内机）、辅机（管理中心）、电控锁以及不间断电源装置组成。

（2）可视对讲系统能为来访客人与住户提供双向通话（可视电话），住户通过显示图像确认后，便可遥控入口大门的电控锁。

（3）同时，可视对讲系统还具有向治安值班室（管理中心）紧急报警的功能。如图5-15（b）所示为该系统的安装接线。

5.7.5 住宅楼综合布线工程平面图的实例识读

某住宅楼综合布线工程平面图，如图5-16所示。

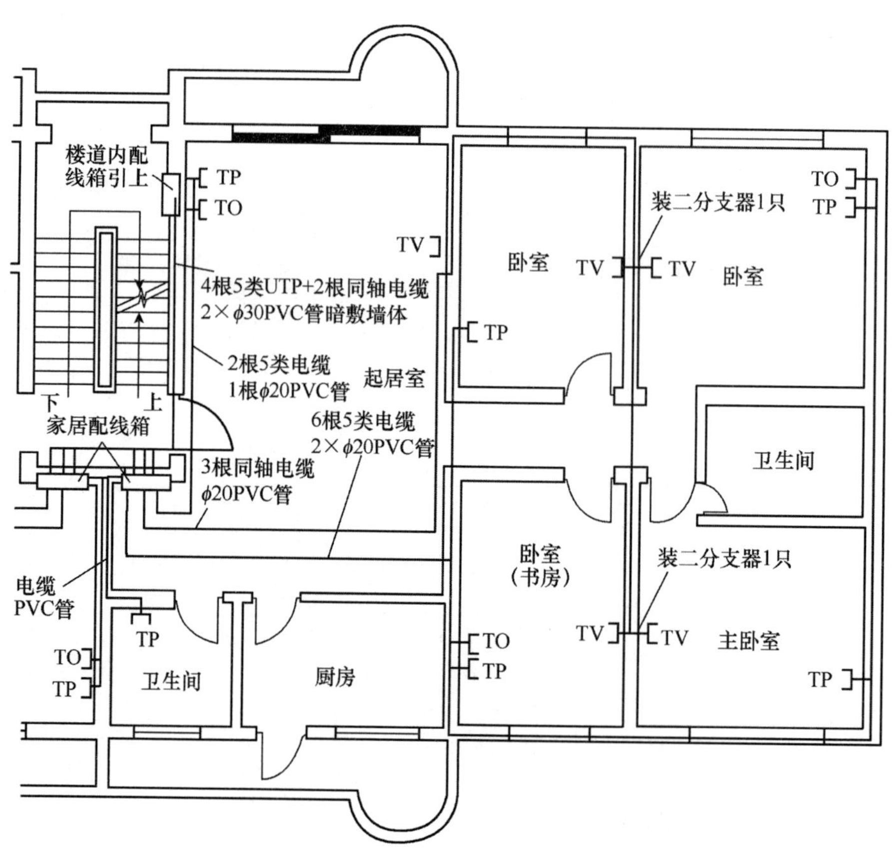

图5-16　某住宅楼综合布线工程平面图

（1）从图中可知，信息线由楼道内配电箱引入室内，有4根5类4对非屏蔽双绞线电缆（UTP）和2根同轴电缆，穿 ϕ 30mm PVC管在墙体内暗敷，每户室内装有一只家居配线箱，配线箱内有双绞线电缆分接端子与电视分配器，本户为3分配器。

（2）户内每个房间均有电话插座（TP），起居室与书房有数据信息插座（TO），每个插座用1根5类UTP电缆与家居配线箱连接。

（3）户内各居室均有电视插座（TV），用3根同轴电缆与家居配线箱内分配器相连接，墙两侧安装的电视插座用二分支器分配电视信号。

（4）户内电缆穿 ϕ 20mm PVC管于墙体内暗敷。

6 建筑给水排水施工图识读

6.1 建筑给水排水施工图识读基础

6.1.1 建筑给水排水施工图的组成

建筑给水排水施工图是由图纸目录、设计说明和图例表、建筑给水排水总平面图、建筑给水排水平面图、建筑给水排水系统图、安装详图、主要设备材料表等组成。

（1）图纸目录。图纸目录的内容包括序号、编号、图纸名称、张数等。一般先列出新绘制的图纸，再列出本工程选用的标准图，最后列出重复使用图。

（2）设计说明和图例表。设计说明主要说明在图纸上不易表达的，或可以用文字统一说明的问题，如工程概况、设计依据、设计范围、设计水量、水池容量、水箱容量，管道材料、设备选型、安装方法以及套用的标准图集、施工安装要求和其他注意事项等。图例表罗列工程常用图例（包括国家标准和自编图例）。

（3）建筑给水排水总平面图。建筑给水排水总平面图主要反映各建筑物的平面位置、名称、外形、层数、标高；全部给水排水管网位置（或坐标）、管径、埋设深度（敷设的标高）、管道长度；构筑物、检查井、化粪池的位置；管道接口处市政管网的位置、标高、管径、水流坡向等。

（4）建筑给水排水平面图。建筑给水排水平面图是结合建筑平面图，反映各种管道、设备的布置情况，如平面位置、规格尺寸。

（5）建筑给水排水系统图。建筑给水排水工程系统图主要反映立管和横管的管径、立管编号、楼层标高、层数、仪表及阀门、各系统编号、各楼层卫生设备和工艺用水设备的连接、室内外建筑平面高差、排水立管检查口、通风帽等距地（板）高度等。

（6）安装详图。安装详图是用来详细表示设备安装方法的图纸，是进行安装施工和编制工程材料计划时的重要参考图纸。安装图纸有两种：一种是标准图集，包括国家标准图集、各设计单位自编的图集等；另一种是具体工程设计的详图（安装大样图）。

（7）主要设备材料表。主要设备材料表中的内容包括所需主要设备、材料的名称、型号、规格、数量等，其可单独成图，也可置于图中某一位置。

6.1.2 建筑给水排水施工图识读的步骤

（1）阅读图纸目录及标题栏。了解工程名称，项目内容，设计日期及图纸组成、数量和内容等。

（2）阅读设计说明和图例表。在阅读工程图纸前，要先阅读设计说明和图例表。通过阅读设计说明和图例表，可以了解工程概况、设计范围、设计依据、各种系统用（排）水标准与用（排）水量、各种系统设计概况、管材的选型及接口的做法、卫生器具选型与套用图集、阀门与阀件的选型、管道的敷设要求、防腐与防锈等处理方法、管道及其设备保温与防结露技术措施、消防设备选型与套用安装图集、污水处理情况、施工时应注意的事项等。阅读时要注意补充使用的非国家标准图形符号。

（3）阅读建筑给水排水工程总平面图。通过阅读建筑给水排水工程总平面图，可以了解工程内所有建筑物的名称、位置、外形、标高、指北针（或风玫瑰图）；了解工程所有给水排水管道的位置、管径、埋深和长度等；了解工程给水、污水、雨水等接口的位置、管径和标高等情况；了解水泵房、水池、化粪池等构筑物的位置。阅读建筑给水排水工程总平面图，必须紧密结合各建筑物建筑给水排水工程平面图。

（4）阅读建筑给水排水工程平面图。通过阅读建筑给水排水工程平面图，可以了解各层给水排水管道、平面卫生器具和设备等布置情况，以及它们之间的相互关系。阅读时要重点注意地下室给水排水平面图、一层给水排水平面图、中间层给水排水平面图、屋面层给水排水平面图等。同时要注意各层楼平面变化、地面标高等。

（5）阅读建筑给水排水系统图。通过阅读建筑给水排水工程系统图，可以掌握立管和横管的管径、立管编号、楼层标高、层数、仪表及阀门、各系统编号、各楼层卫生设备和工艺用水设备的连接，以及排水管的立管检查口、通风帽等距地（板）高度等。阅读建筑给水排水工程系统图，必须结合各层管道布置平面图，注意它们之间的相互关系。

（6）阅读安装详图。通过阅读安装详图，可以了解设备安装方法，在安装施工前应认真阅读。阅读安装详图时应与建筑给水排水剖面图对照阅读。

（7）阅读主要设备材料表。通过阅读主要设备材料表，可以了解该工程所使用的设备、材料的型号、规格和数量，在编制购置设备、材料计划前要认真阅读主要设备材料表。

6.2 给水排水总平面图的实例识读

住宅区给水排水总平面图的实例识读

某住宅区给水排水总平面图，如图6-1所示。

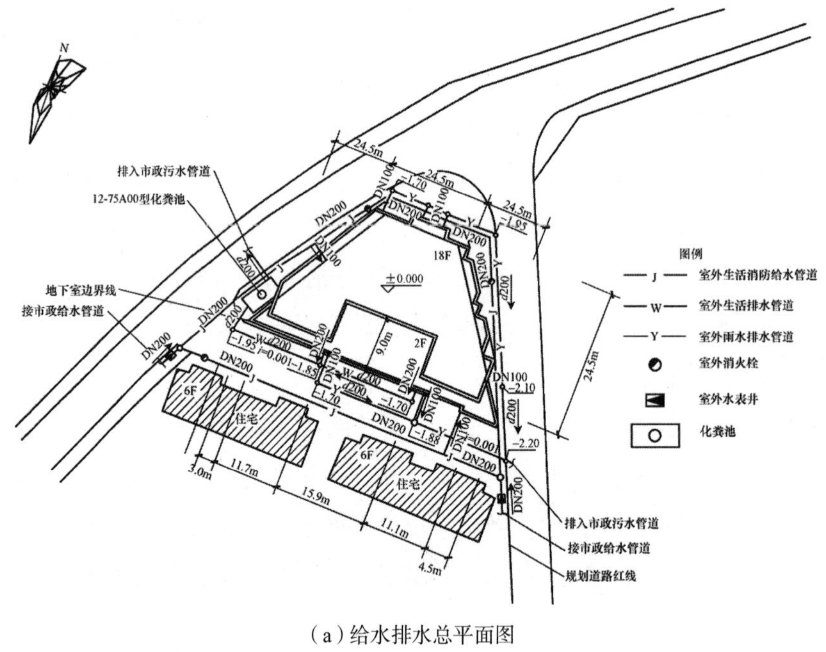

（a）给水排水总平面图

图6-1　某住宅区给水排水总平面图

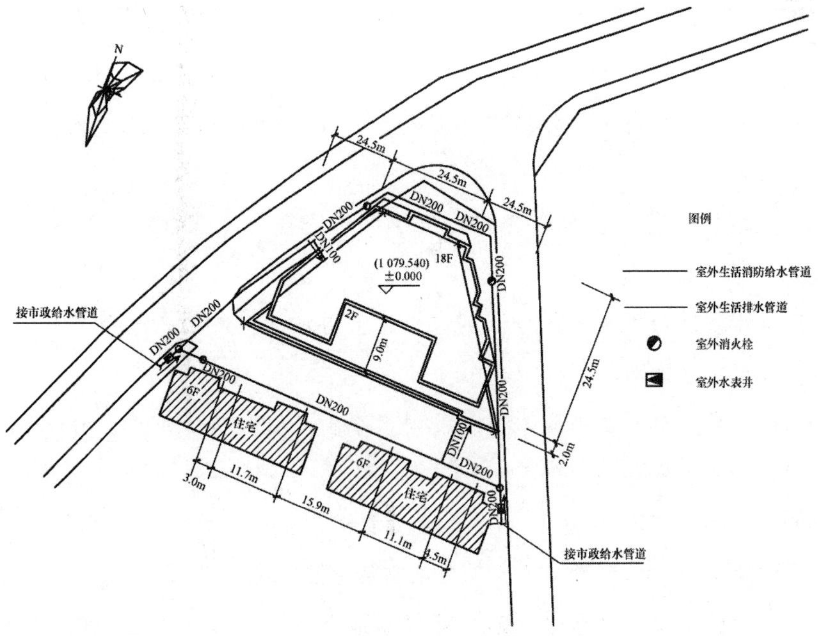

（b）生活与消防给水总平面图

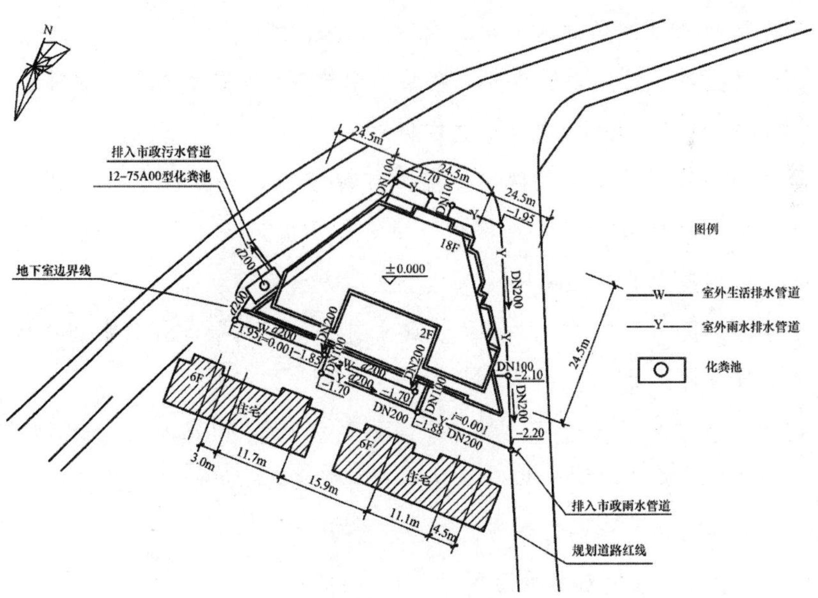

（c）雨水与污水排水总平面图

图6-1　某住宅区给水排水总平面图（续）

（1）给水排水总平面图

①从中可以看出：生活给水管道接自市政给水管道，分别由东侧和西侧接入。

②在室外，生活给水系统和消防给水系统合用一个系统，管道布置成环状。

③生活污水与雨水采用分流制排放，生活污水排入化粪池经简单处理后再排入城市排水管道。

④雨水直接排入城市雨水管道，雨水管管径DN200，坡度$i=0.001$。

（2）生活与消防给水总平面图

①图中标注“J”的管道为生活给水管道，生活给水管道分别在建筑物的东西两侧与市政给水管道（市政自来水管）相连接。

②生活给水管道经水表后沿本建筑物地下室外侧形成环状布置，环状管管径为DN200。

③生活给水管道从建筑物的南侧进入建筑物，接到生活水箱，进水管设有倒流防止器，然后由设在地下室泵房内的3套室内整体式生活供水设备（设备内含有倒流防止器）向建筑物内供水。

④从图中可以看出，消防给水管道在建筑物外与给水管道共用相同管路，给水管道经水表后沿本大楼地下室外侧形成环状布置，环状管管径为DN200，并在建筑物的西南侧接入地下室消防水池。

⑤在建设区内的东侧、西侧和南侧分别设一座型号为SS100/65-1.0的地上式室外消火栓，共3座。

⑥所有管道在车行道下，覆土厚度均要求大于700mm；各种消防管道上的阀门应带有显示开闭的装置；室外不明确部分应参照对应的室内图纸给予确定；各种引用的详图应备齐，并应仔细识读。

（3）雨水与污水排水总平面图

①图中标注“W”的管道为室外生活排水管道，生活污水分为粪便污水和生活废水（不带粪便污水），粪便污水一定要经过化粪池处理后才能排往市政污水管道。

②生活污水排水管道（DN200）沿地下室顶板，在900mm覆土层内汇合

至南侧污水管道（DN200），再北转接入设置在建筑物东侧的化粪池。生活污水流经化粪池处理后，排入建筑物东侧市政排水管道。

③钢筋混凝土化粪池与地下室西侧外墙距离为1700mm，钢筋混凝土化粪池覆土为900mm。污水排水管道在车行道上覆土均大于900mm。

④污水检查井有方形和圆形两种，一般采用圆形的较多。当管道埋深$H \leqslant 1200$mm时，圆形检查井的直径为700mm；当管道埋深$H>1200$mm时，圆形检查井的直径为1000mm。方形检查井的平面尺寸为500mm×500mm。

⑤编号为“Y”的管道是室外雨水排水管道。沿大楼的东、西、南三侧埋地敷设，雨水经雨水口汇流到该管道后，在东侧排往市政雨水管网，管径DN200。地下室集水坑中的消防废水通过编号为“Y”的管道也接入该雨水管道系统。雨水检查井为圆形检查井（管道埋深$H \leqslant 1200$mm时，采用$\phi 700$；管道埋深$H>1200$mm时，采用$\phi 1000$）。雨水口为平箅式单箅雨水口（铸铁盖板），雨水口与雨水圆形检查井连接管管径为DN200，坡度为$i=0.001$。雨水排水管道在车行道上覆土均大于900mm。

6.3 给水排水平面图的实例识读

办公楼给水排水平面图的实例识读

某办公楼给水排水平面图，如图6-2所示。

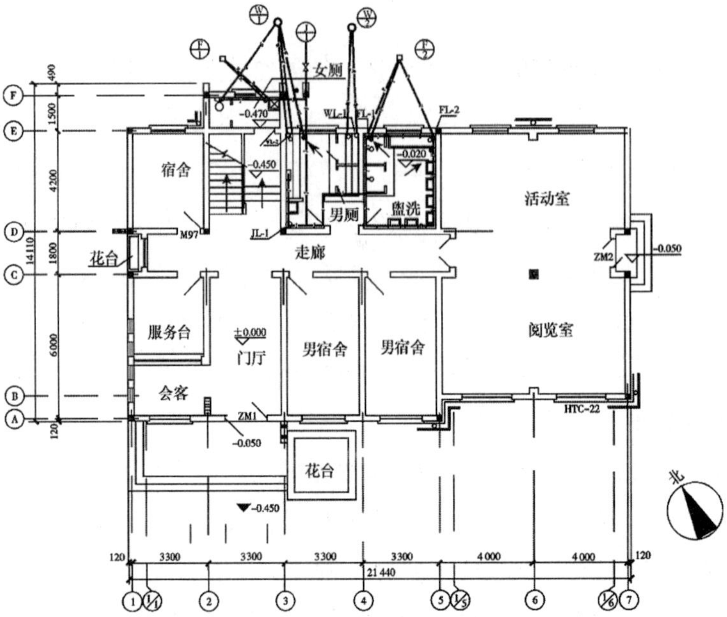

（a）底层给水排水平面图

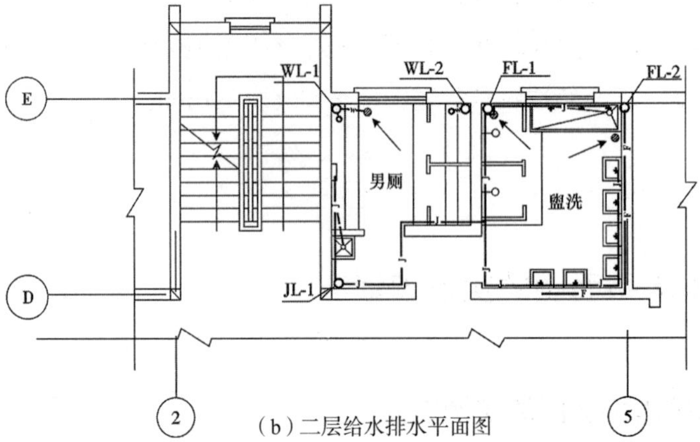

（b）二层给水排水平面图

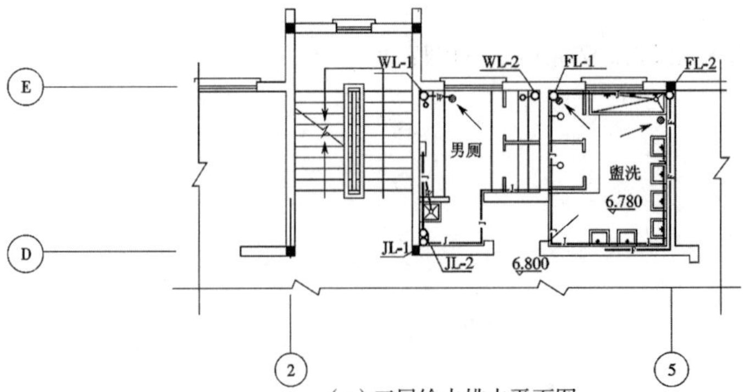

（c）三层给水排水平面图

图6-2　某办公楼给水排水平面图

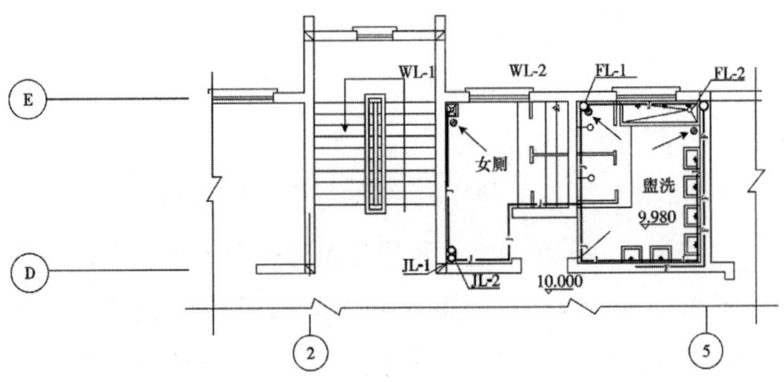

(d) 四层给水排水平面图

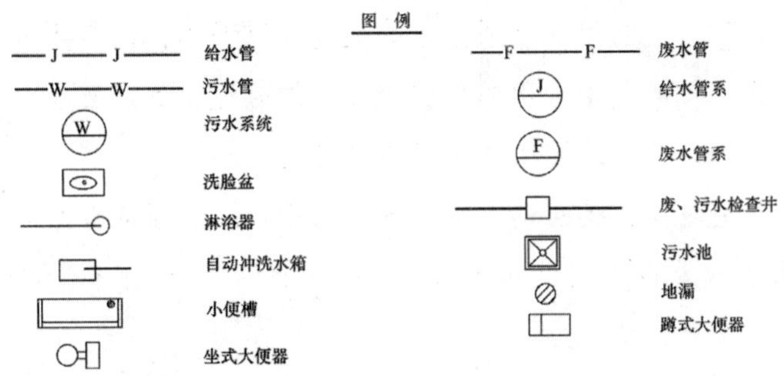

说明：1.标高以m计，管径和尺寸均以mm计。
2.底层、二层由管网供水，三、四层由水箱供水。
3.卫生器具安装按S3《给水排水标准图集 排水设备与卫生器具安装》的相关标准执行。管道安装按国家验收规范执行。
4.屋面水管需用草绳石棉灰法保温，参见国家相关标准。

图6-2 某办公楼给水排水平面图(续)

(1) 该建筑物底层楼梯平台下设有女厕，女厕内有1个坐便器和1个污水池；在男厕中设有2个蹲式大便槽，1个小便槽、1个污水池；在盥洗室中设有6个台式洗脸盆、2个淋浴器、1个盥洗槽。

(2) 二、三层均设有男厕、盥洗室，并且布置与底层相同，四层设有女厕。

(3) 该办公大楼的二、三、四层给水排水平面图虽然房屋相同，但男厕、女厕及管路布置各有不同，故均单独绘制。

(4) 因屋顶层管路布置不太复杂，故屋顶水箱即画在四层给水排水平面图中。

(5) 由于底层给水排水平面图中的室内管道需与户外管道相连，所以必须单独画出一个完整的平面图。

(6) 各楼层的（如办公大楼中心的二、三、四层）给水排水平面图，只需把有卫生设备和管路布置的盥洗房间范围的平面图画出即可，不必画出整个楼层的平面图，只绘出了轴线②～⑤和轴线Ⓓ和Ⓔ之间的局部平面图。

(7) 每层卫生设备平面布置图中的管路，是以连接该层卫生设备的管路为准，而不是以楼、地面作为分界线的，底层给水排水平面图中，不论是给水管或排水管，还是敷设在地面以上的或地面以下的，凡是为底层服务的管道以及供应或汇集各层楼面而敷设在地面下的管道，都应画在底层给水排水平面图中。同样，凡是连接某楼层卫生设备的管路，虽有安装在楼板上面的或下面的，均要画在该楼层的给水排水平面图中。二层的管路是指二层楼板上面的给水管和楼板下面的排水管（底层顶部的），而且不论管道投影的可见性如何，都按原线型来画。

(8) 给水系统的室外引入管和污、废水管系统的室外排出管仅需在底层给水排水平面图中画出，楼层给水排水平面图中一概不需绘制。

6.4 给水排水系统图的实例识读

科研楼给水排水系统图的实例识读

某科研楼给水排水系统图，如图6-3所示。

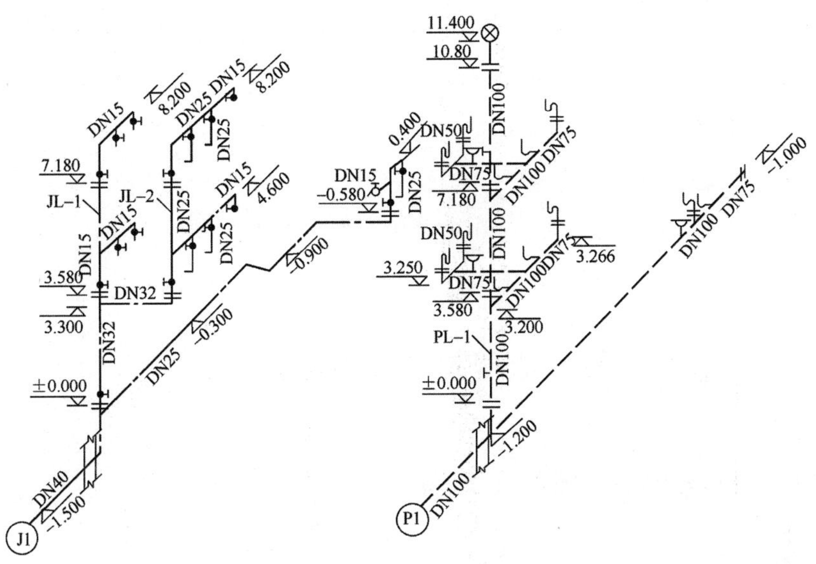

图6-3　某科研楼给水排水系统图

（1）给水系统首先与底层平面图配合找出J/2管道系统的引入管。由图可知，引入管DN40是由轴线②处进入室内，于标高0.30m处分为两支，其中一支管DN25入一层厕所，出地面后设有控制阀门，然后在距地面0.80m处接出横支管至污水池上安装一个水龙头，在立管距地面0.98m处接出横支管至大便器上并安装冲洗阀门和冲洗管。另一支管DN32穿出底层地面沿墙直上供上层厕所，立管DN32在穿越二层楼面之前于标高3.300m处再分两支，其中一支沿外墙内侧接出水平横管DN32至墙角向上穿越二、三层楼面，分别接出水平支管安装便器冲洗管和污水池水龙头，在每层立管上均设有控制阀门；另一支管DN15沿原立管向上穿越二、三层楼面，分别接出水平支管安装小便斗，小便斗连接支管和每层立管上均设有控制阀门。

（2）排水系统配合底层平面图可知，本系统有一排出管DN100在轴线③处穿越外墙接出室外，一层厕所通过排水横管DN100接入排出管，二、三层厕所通过排水立管PL-1接入排出管，立管PL-1 DN100位在Ⓐ的墙角处（可在各层平面图的同一位置找到）。二、三层厕所的地漏和小便斗（通过存水弯）由横管DN75连接，并排入连接污水池和大便器（通过存水弯）的横管DN100，然后排入立管PL-1。各层的污水横管均设在该层楼面之下。立管

PL-1上端穿出层面的通气管的顶端装有铅丝球。在一层和三层距地面1m处的立管上各装一个检查口。由于一层厕所距排出管较远，排水横管较长，故在排水横管另一端设有掏堵，以便于清通。

6.5 给水排水展开系统原理图的实例识读

给水排水展开系统原理图的实例识读

某给水排水展开系统原理图，如图6-4所示。

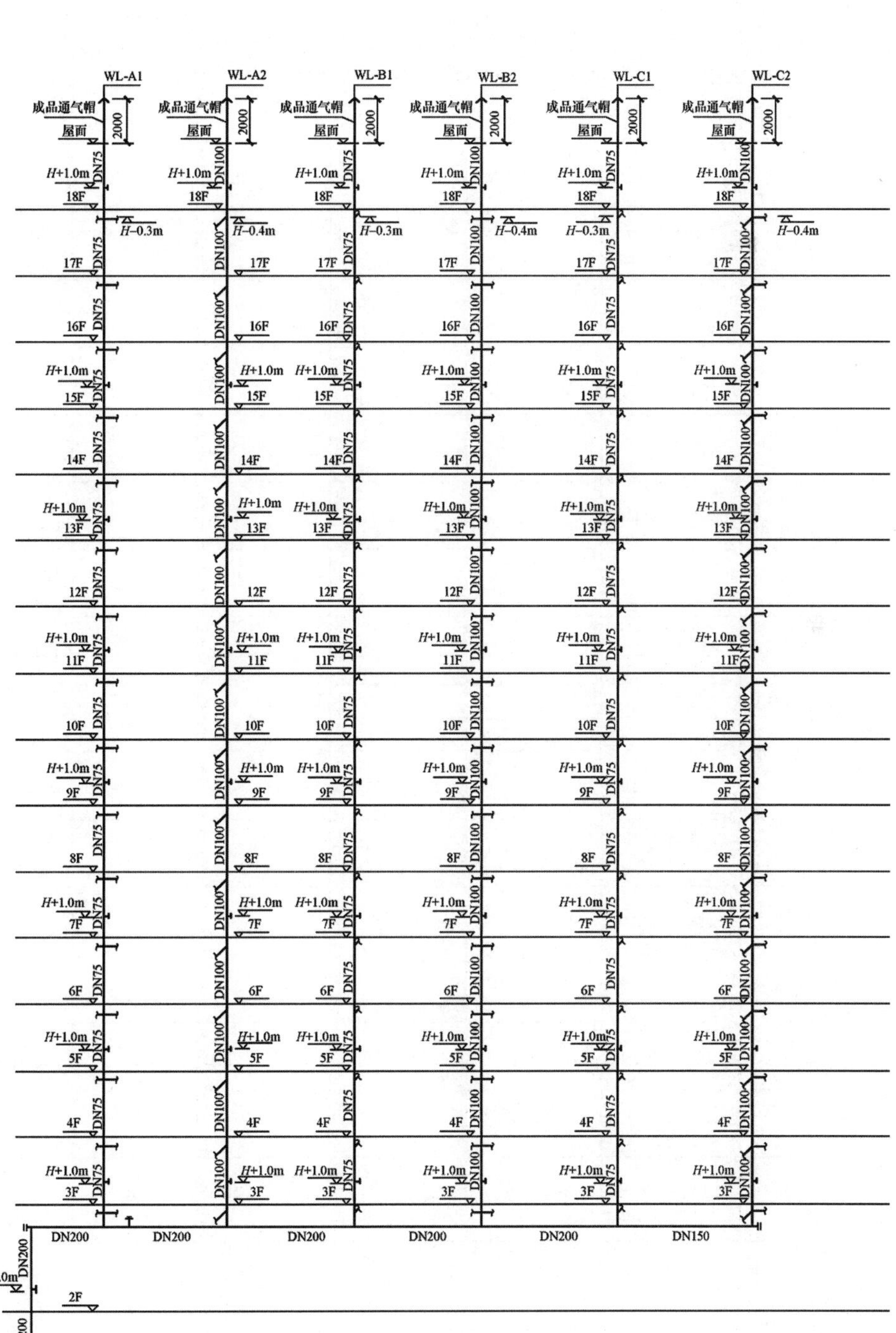

（a）污水排水展开系统原理图（1）

图6-4　某给水排水展开系统原理图

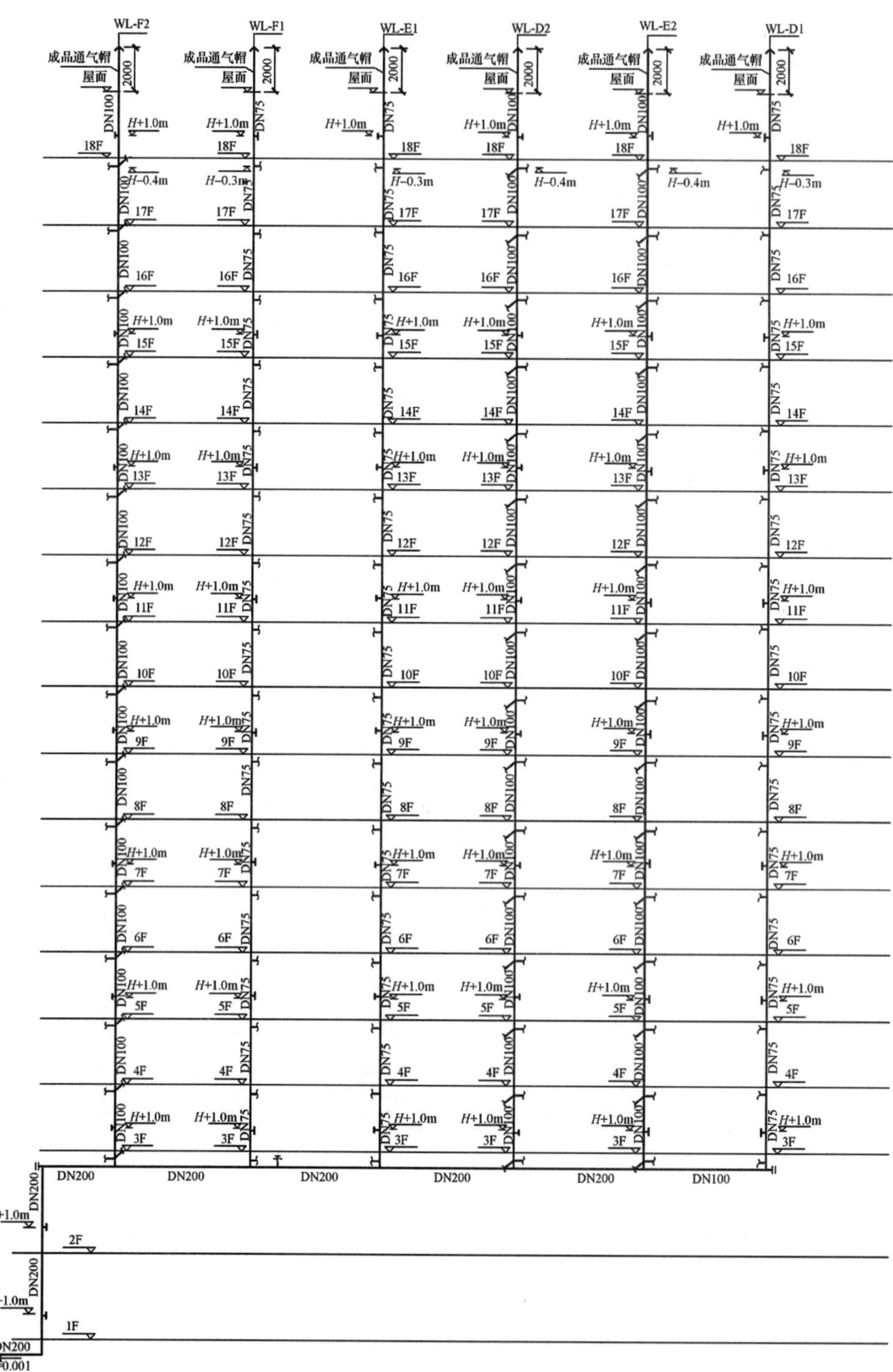

（b）污水排水展开系统原理图（2）

图6-4　某给水排水展开系统原理图（续）

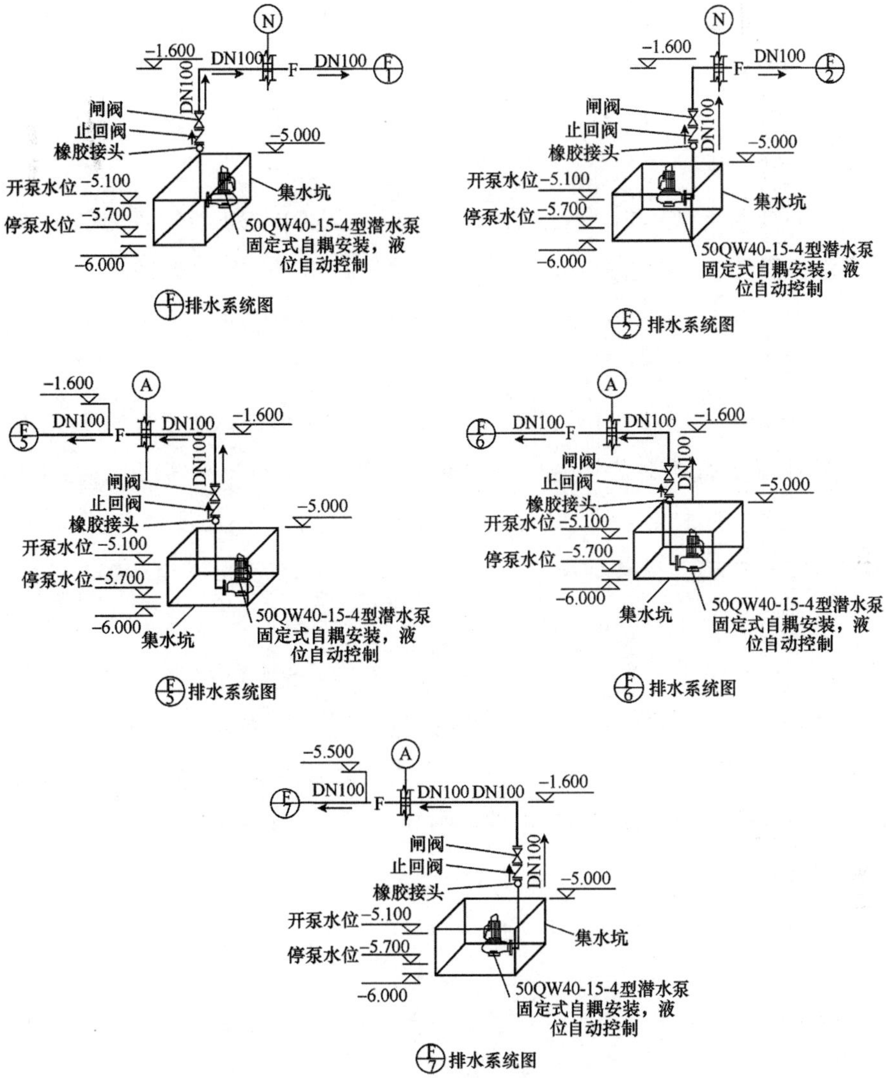

F/1 排水系统图

F/2 排水系统图

F/5 排水系统图

F/6 排水系统图

F/7 排水系统图

（c）水泵房排水设施

图6-4　某给水排水展开系统原理图（续）

（1）从图中可知，编号为WL-A2、WL-B2、WL-C2、WL-D2、WL-E2、WL-F2的6条管道为卫生间污水排水立管，其管径均为DN100。每层横支管管径均为DN100，接入点管内底距本层楼板面的距离为400mm。每根立管每层均设1个专用伸缩节，每根“WL”立管的伸顶通气管管径与立管管径相同，均为DN100，设置高度为屋面以上2000mm，顶端设1个伞形通气帽。在1、2、3、5、7、9、11、13、15、18层每层设1个检查口（距楼板面高度1.0m）。

（2）编号为WL-A1、WL-B1、WL-C1、WL-A2、WL-B2、WL-C2的6条管道在二层汇到主污水管WL-1，然后通过出户管与室外检查井连接。WL-1排水出户管的管径为DN200，坡度i=0.001，连接检查井处管口的管内底标高为-1.600m。

（3）编号为WL-A1、WL-B1、WL-C1、WL-D1、WL-E1、WL-F1的6条管道为厨房排水立管，其管径均为DN75。每层横支管管径均为DN50，接入点管内底距本层楼板面的距离为300mm。每根立管每层均设1个专用伸缩节，每根“WL”立管的伸顶通气管管径与立管管径相同（DN100），设置高度为屋面以上1000mm，顶端设1个伞形通气帽。在1、2、3、5、7、9、11、13、15、18层每层设1个检查口（距楼板面高度1.0m）。

（4）编号为WL-D1、WL-E1、WL-F1、WL-D2、WL-E2、WL-F2的6条管道在二层汇到主污水管WL-2，然后通过出户管与室外检查井连接。WL-2排水出户管的管径为DN200，坡度i=0.001，连接检查井处管口的管内底标高为-1.600m。

（5）高层建筑物塑料排水管道管径≥DN110穿越楼层时均要求加设阻火圈。

（6）从水泵房排水设施图中可知，地下室设有五处排水设施，即消防电梯下的集水坑（位于Ⓚ～Ⓝ轴和(1/11)～⑫轴间，尺寸为$L \times B \times H$=1500mm×1200mm×2500mm）、滤毒室旁的集水坑（位于Ⓚ～Ⓝ轴和⑩～(1/11)轴间，尺寸为$L \times B \times H$=1000mm×1000mm×1000mm）、消防水池旁的集水坑（位于Ⓐ～Ⓑ轴和⑦～⑧轴间，尺寸为$L \times B \times H$= 1500mm×1200mm×1500mm）、洗消污水集水坑（位于Ⓐ～Ⓑ轴和⑱～㉒轴间，尺寸为$L \times B \times H$=1000mm×1000mm×1000mm）和楼梯间内集水坑（位于Ⓐ～Ⓑ轴和㉒～㉓轴间，尺寸为$L \times B \times H$=1000mm× 1000mm×1000mm）5处。

（7）水泵房中消防水池旁设有集水坑，水泵房地面标高-5.000m，坑底标高-6.000m，设排污潜水泵两台（水泵的运行参数：停泵水位-5.700m，开单台水泵水位-5.100m，开两台水泵水位-5.000m），一备一用。

（8）排污潜水泵出水管管径为DN80，穿剪力墙处管内底标高为-1.600m，预埋防水套管应对照地下室给水排水平面图标注尺寸。在排水立管上分别安装了铜芯闸阀、止回阀（滑道滚球式排水专用单向阀）和橡胶接头。铜芯闸阀用于检修，止回阀（滑道滚球式排水专用单向阀）是为了防止污水倒灌，橡胶接头是为了减少水泵振动和噪声。

6.6 建筑中水工程施工图的实例识读

培训机构中水工程施工图的实例识读

某培训机构中水工程施工图，如图6-5所示。

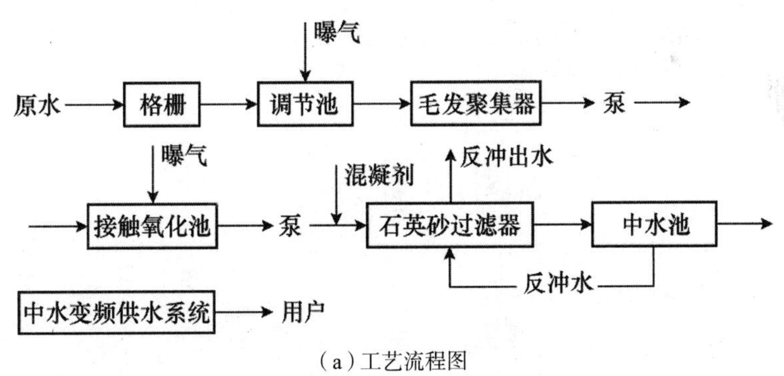

（a）工艺流程图

图6-5　某培训机构中水工程施工图

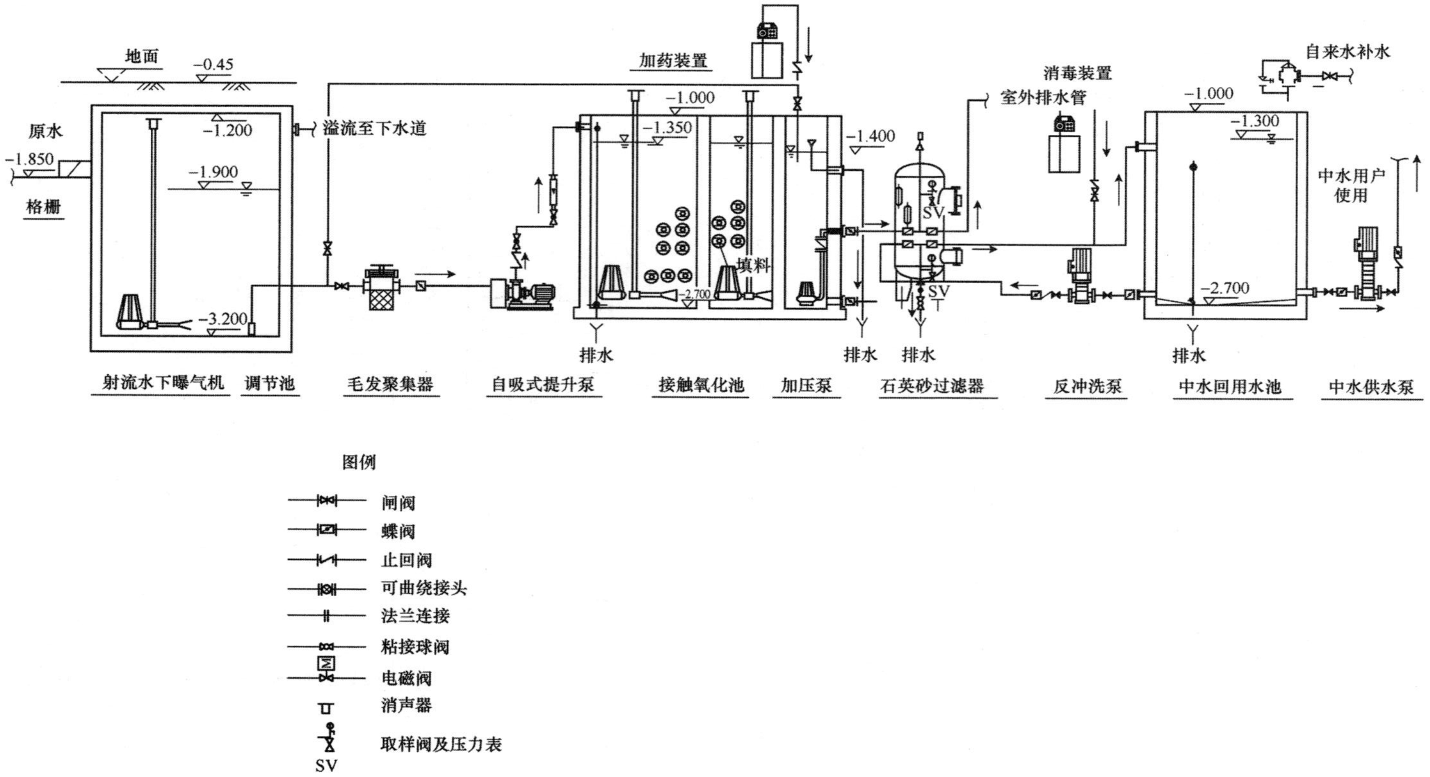

（b）高程布置图

图6-5　某培训机构中水工程施工图（续）

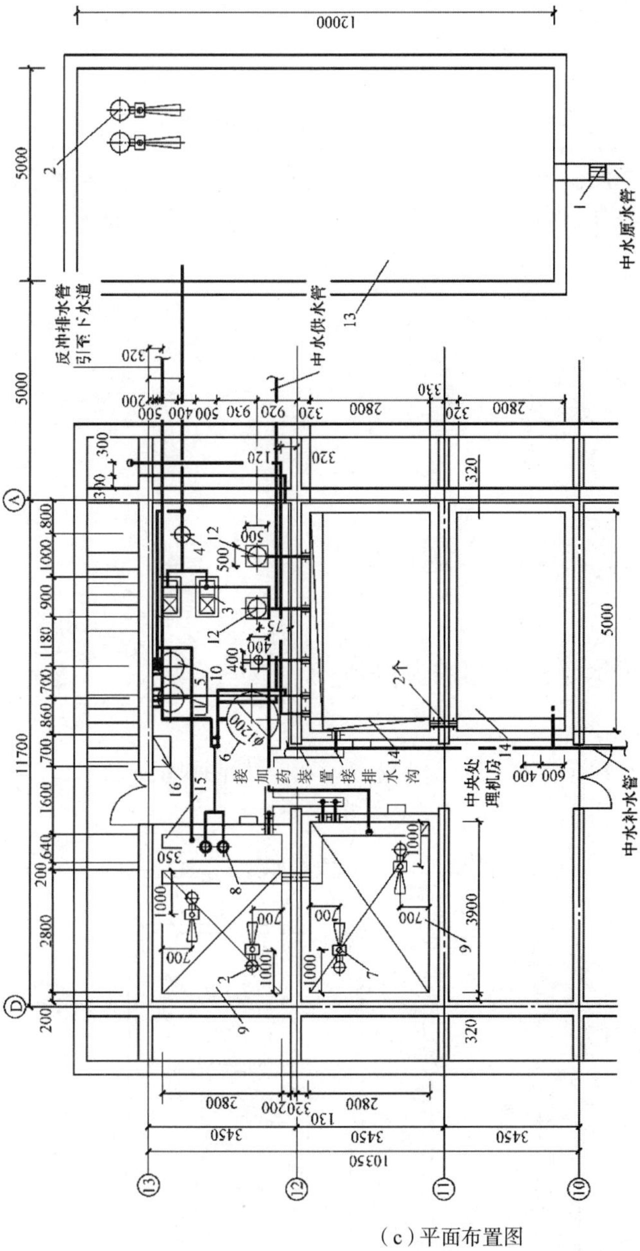

序号	设备名称	数量	单位	序号	设备名称	数量	单位	序号	设备名称	数量	单位
16	电控箱	1	台								
15	中间水池	1	座	10	反冲洗泵	1	台	5	加药装置	1	台
14	中水回用水池	2	座	9	接触氧化池	1	座	4	毛发聚集器	1	台
13	调节池	1	座	8	加压泵	2	台	3	提升泵	2	台
12	中水供水泵	2	台	7	射流式水下曝气机	2	台	2	射流式水下曝气机	4	台
11	加药装置	11	台	6	石英砂过滤器	1	台	1	格栅	1	台

(c) 平面布置图

图 6-5　某培训机构中水工程施工图（续）

(1) 从图中可以看出，该培训机构的中水工程采用以生物接触氧化为主的生物与物化相结合的处理方法。

(2)洗浴废水首先经机械格栅去除漂浮物，然后废水进入调节池，池内设曝气机，防止污水腐败变臭并均化水质，经过毛发聚集器后，用提升泵将污水提升进入两段接触氧化池。接触氧化池的出水加药混合后进入石英砂过滤器，过滤后的水进入中水贮存池，中水供应系统按要求送至各中水用水点。

(3)从高程布置图可以看出各构筑物的高程布置情况。

(4)从平面布置图可以确定整个处理系统的布置情况和各构筑物的具体位置。

6.7 给水排水工程布置详图的实例识读

6.7.1 建筑物卫生间、厨房平面详图的实例识读

某建筑物中B户型与C户型卫生间、厨房平面详图，如图6-6所示。

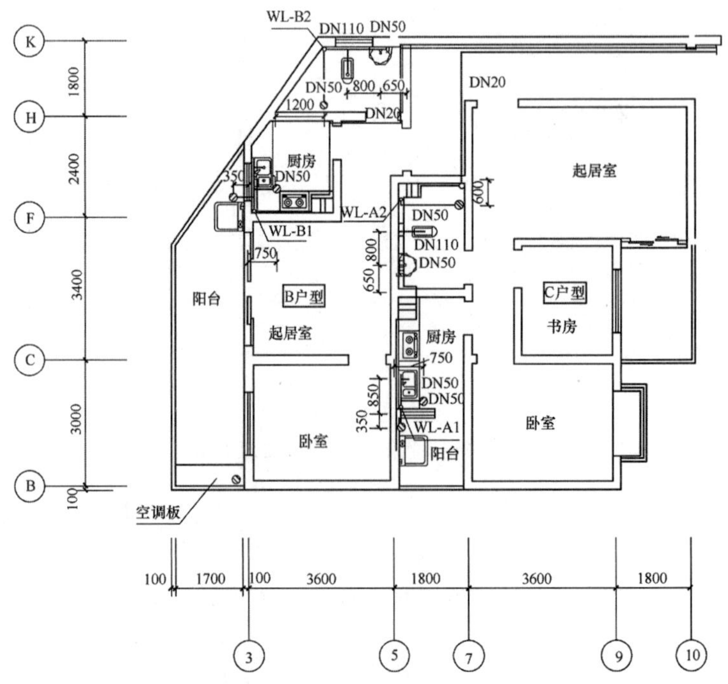

图6-6 某建筑物中B户型与C户型卫生间、厨房平面详图

（1）从图中可知，B户型与C户型卫生间内主要卫生器具有台式洗脸盆、坐式大便器。

（2）厨房内主要卫生器具有洗涤池（盆）。

（3）阳台主要卫生器具为洗衣机。

（4）各卫生器具布置于排水管口的预留洞位置，如台式洗脸盆、坐式大便器、洗涤池（盆）与洗衣池等放置的具体位置；台式洗脸盆、坐式大便器、洗涤池（盆）与地漏排水管口的预留洞位置。

6.7.2 建筑物卫生间、厨房与阳台给水排水支管轴测图的实例识读

某建筑物中B户型与C户型卫生间、厨房与阳台给水排水支管轴测图，如图6-7所示。

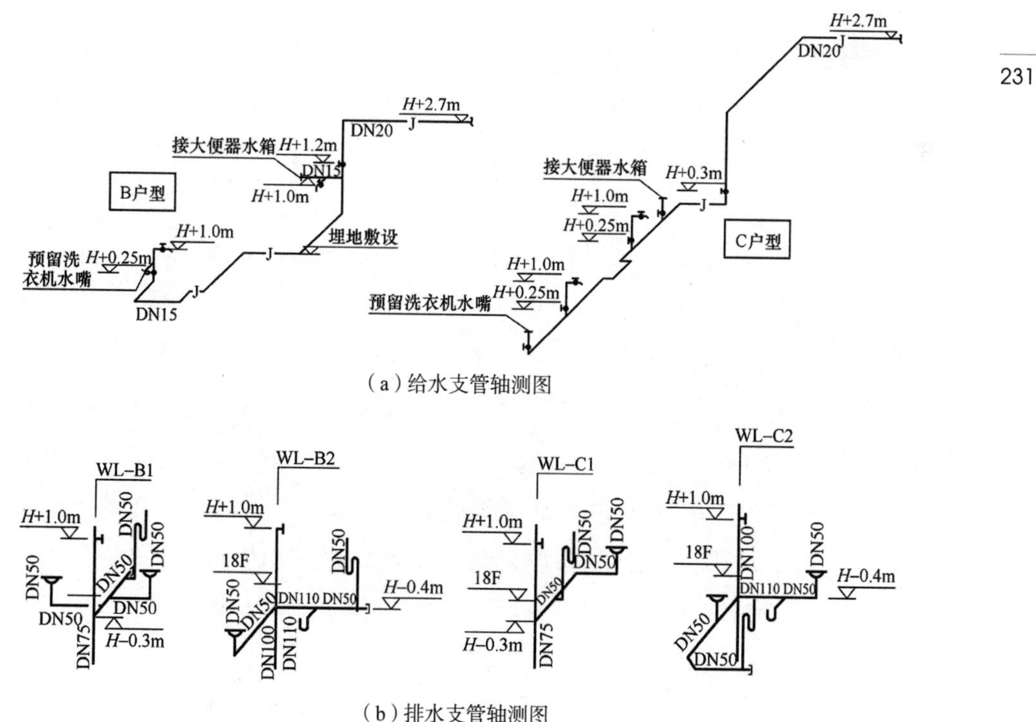

（a）给水支管轴测图

（b）排水支管轴测图

图6-7　某建筑物中B户型与C户型卫生间、厨房与阳台给水排水支管轴测图

（1）从图中可以看出给水支管的走法与安装高度。

（2）B户型卫生间中给水支管［DN20沿走道顶板梁下走，入户后沿墙内向下至卫生间楼板面1.0m（H+1.0m）］接向卫生间内各用水点。第一分支管（DN15）接台式洗脸盆［安装高度距楼板面1.0m（H+1.0m）］，然后接坐式大便器（大便器未安装，故预留给水管）；第二分支管（DN15）埋地敷设至厨房后，接厨房洗涤池（盆）［龙头安装高度距楼板面1.0m（H+1.0m）］，然后接洗衣机给水管（预留）。

（3）C户型卫生间中给水支管（DN20）沿走道顶板梁下走，入户后沿墙内向下至卫生间楼板面后埋地敷设，向卫生间内各用水点布置，第一分支管（DN15）接坐式大便器（大便器未安装，故预留给水管）；第二分支管（DN15）接台式洗脸盆［安装高度距楼板面1.0m（H+1.0m）］，支管埋地敷设至厨房；第三支管接厨房洗涤池（盆）［龙头安装高度距楼板面1.0m（H+1.0m）］；第四支管接厨房洗涤池（盆）［龙头安装高度距楼板面1.0m（H+1.0m）］。

（4）编号为“WL-B1”和“WL-C1”的排水立管分别为B户型和C户型厨房内的排水立管，厨房排水立管管径为DN75，厨房排水支管管径为DN50，排水支管在距楼板面300mm处与排水立管连接，在排水支管上设1个DN50带“S”弯（“S”弯设在楼板面上）的排水管口，另设1个DN50的地漏。另外，“WL-B1”管道上设1个DN50的洗衣机插口地漏。

（5）编号为“WL-B2”和“WL-C2”的管道为B户型和C户型卫生间的排水立管（DN100），排水支管在距楼板面400mm处与排水立管连接，在排水支管上设有台式洗脸盆1个，坐式大便器1个，DN50的地漏1个。台式洗脸盆设1个DN50带“S”弯（“S”弯设在楼板面上）的排水管口，坐式大便器设1个DN110排水管口，台式洗脸盆至坐式大便器之间的支管管径为DN50，坐式大便器至排水立管之间的支管管径为DN110。

6.7.3 建筑屋面水箱管道布置平面图的实例识读

某建筑屋面水箱管道布置平面图，如图6-8所示。

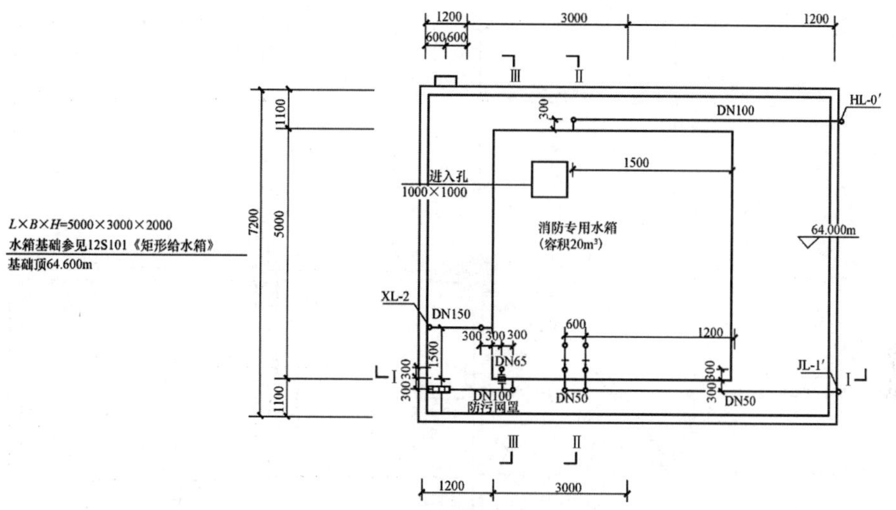

图6-8 某建筑屋面水箱管道布置平面图

(1) 从图中可知，水箱储水容量20m³。水箱所在的屋面标高为64.000m，水箱内底标高为64.600m。

(2) 水箱上主要管道有：进水管编号为“JL-1′”(DN50)；自动喷水灭火系统供水管编号为“HL-0′”(DN100)；室内消火栓系统供水管编号为“XL-2”(DN150)；放空管和溢流管管径均为DN50。

(3) 编号为“JL-1′”的进水管分成2根从水箱侧面进入，第1根(DN50)距水箱内侧壁1200mm，第2根(DN50)与第1根距离为600mm；溢流管(DN50)距水箱另一侧内壁300mm，放空管(DN50)水平方向上距溢流管300mm，溢流管末端设有1个防虫网罩。

(4) 自动喷水灭火系统出水管设在水箱的中线上，距侧壁1500mm。

(5) 室内消火栓系统出水管(DN150)设在距水箱内壁(设有溢流管侧)1500mm处。

(6) 箱面上设有1个1000mm×1000mm的进入孔。

6.7.4 建筑地下泵房与消防水池定位图的实例识读

某建筑地下泵房与消防水池定位图，如图6-9所示。

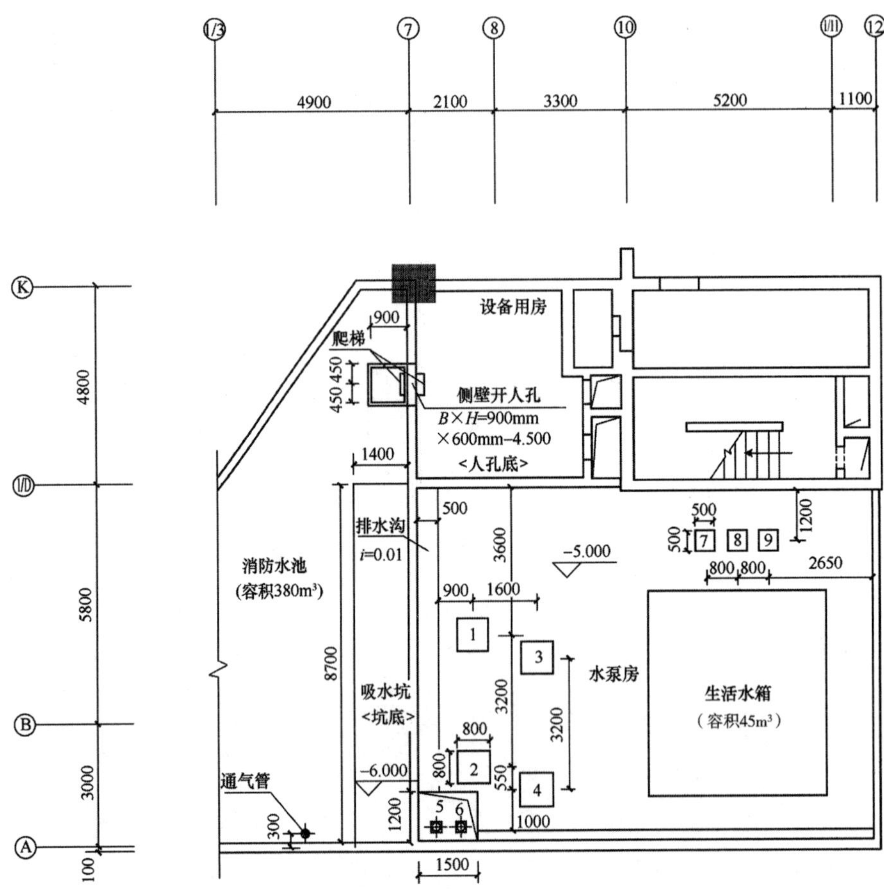

图6-9 某建筑地下泵房与消防水池定位图

(1) 从图中可知，水泵房地面标高为-5.000m。

(2) 水泵房内Ⓚ～Ⓐ轴之间有：1个消防水池进人孔，坑底标高为-6.000m，平面尺寸900mm×900mm；编号“1”和“2”的消火栓水泵基础，外形尺寸均为800mm(长)×800mm(宽)，间距均为3200mm；编号“3”和“4”的自喷给水泵基础，外形尺寸均为800mm(长)×800mm(宽)，间距均为3200mm。

(3) 水泵“1”基础的中轴线距⑪轴处内墙3600mm，水泵“4”基础的中轴线距Ⓐ轴处内墙1000mm。Ⓐ轴处集水坑坑底标高为-6.000m，平面尺寸1200mm×1500mm；坑内设2台潜水排污泵，编号为“5”和“6”。

(4) 吸水坑平面坑底标高为-6.000m，尺寸8700mm×1400mm。在水泵房内有一排水边沟，宽度为500mm，起点标高为-5.900m，终点标高为-6.000m。

(5) 泵房内设有1个生活水箱，容积为45m^3，水箱底标高为-5.500m，水箱最低水位为-5.400m，水箱的最高水位为-3.400m。水箱旁设有3台生活给水设备，编号为“7”“8”和“9”，生活给水设备的基础外形尺寸均为500mm×500mm，基础间轴线间距为800mm。

(6) 在消防水池识图时，应注意消防水池地面标高为-5.500m，消防水池中吸水坑的坑底标高为-6.000m。

7 建筑暖通工程施工图识读

7.1 建筑暖通工程施工图识读基础

7.1.1 建筑暖通施工图的组成

建筑暖通施工图由图纸目录、设计说明、建筑暖通工程平面图、建筑暖通工程系统图、建筑暖通工程详图等组成。

（1）图纸目录。图纸目录一般排列在所有暖通施工图的最前面，一般包括图纸编号及名称等。

（2）设计说明。设计说明主要包括设计概况、设计参数、冷热源情况、冷热媒参数、空调冷热负荷及负荷指标、水系统总阻力、系统形式和控制方法等内容。

（3）建筑暖通工程平面图。建筑暖通工程平面图用来表明建筑物供暖管道和设备、通风管道和设备的平面布置情况。

（4）建筑暖通工程系统图。建筑暖通工程系统图一般用来表明供暖系统、通风系统的组成、设备、部件等的空间布置关系、编号，各个管段的直径、标高、坡度等。

（5）建筑暖通工程详图。建筑暖通工程详图大多用来表示在平面图中无法表示清楚的内容。

7.1.2 建筑暖通与空调施工图识读的步骤

一套暖通施工图所包括的内容比较多，图纸往往有很多张，一般应按以下顺序依次阅读，有时还需进行相互对照阅读。

（1）看图纸目录及标题栏。了解工程名称项目内容、设计日期、工程全部图纸数量、图纸编号等。

（2）看总设计说明。了解工程总体概况及设计依据，了解图纸中未能表达清楚的各有关事项。如冷源、冷量、系统形式、管材附件使用要求、管路敷设方式和施工要求，图例符号，施工时应注意的事项等。

（3）看暖通平面布置图。平面布置图看图顺序为：底层→楼层→屋面→地下室→大样图。

要了解各层平面图上风管、水管平面布置，立管位置及编号，空气处理设备的编号及平面位置、尺寸，空调风口附件的位置，风管水管的规格等；了解暖通平面对土建施工、建筑装饰的要求，进行工种协调，统计平面上器具、设备、附件的数量，管线长度作为暖通工程预算和材料采购的依据。

（4）看暖通系统图。系统图或流程图看图顺序为：冷热源→供回水加压装置→供水干管→空气处理设备→回水管→水系统控制附件→仪表附件→管道标高。

冷热源→冷却水加压装置→冷却水供水管→冷却塔→冷却水回水管→仪表附件→管道标高。

送风系统进风口→加压风机→加压风道→送风口→风管附件。

排风系统出风口→排风机→排风道→室内排风口→风管附件。

系统图一般和平面图对照阅读，要求了解系统编号，管道的来龙去脉，管径、管道标高、设备附件的连接情况，立管上设备附件的连接数量和种类；了解空调管道在土建工程中的空间位置、建筑装饰所需的空间；统计系统图上设备、附件的数量，管线长度作为暖通工程预算和材料采购的依据。

（5）看安装大样图。大样图看图顺序为：设备平面布置图→基础平面图→剖面图→流程图。

了解设备用房平面布置，定位尺寸、基础要求、管道平面位置，管道、设备平面高度，管道设备的连接要求，仪表附件的设置要求等。

（6）看设备材料表。设备材料表提供了工程所使用的主要设备、材料的型号、规格和数量，是编制工程预算、编制购置主要设备和材料计划的重要参考资料。

7.2 建筑供暖工程施工图的实例识读

7.2.1 供暖平面图的实例识读

某供暖平面图，如图7-1所示。

(a)底层供暖平面图

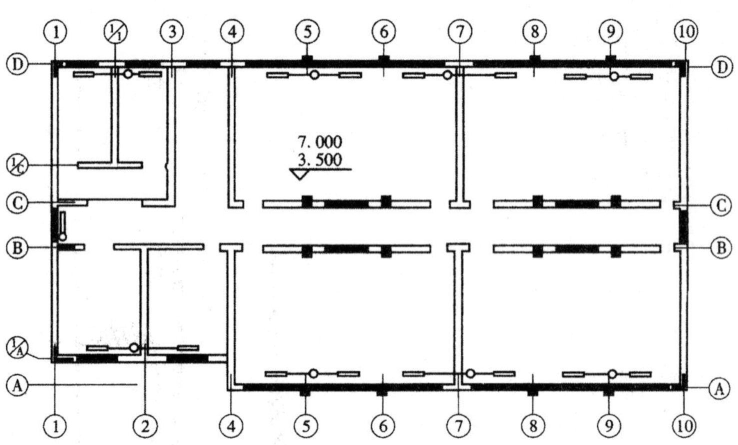

(b)标准层供暖平面图

图7-1　某供暖平面图

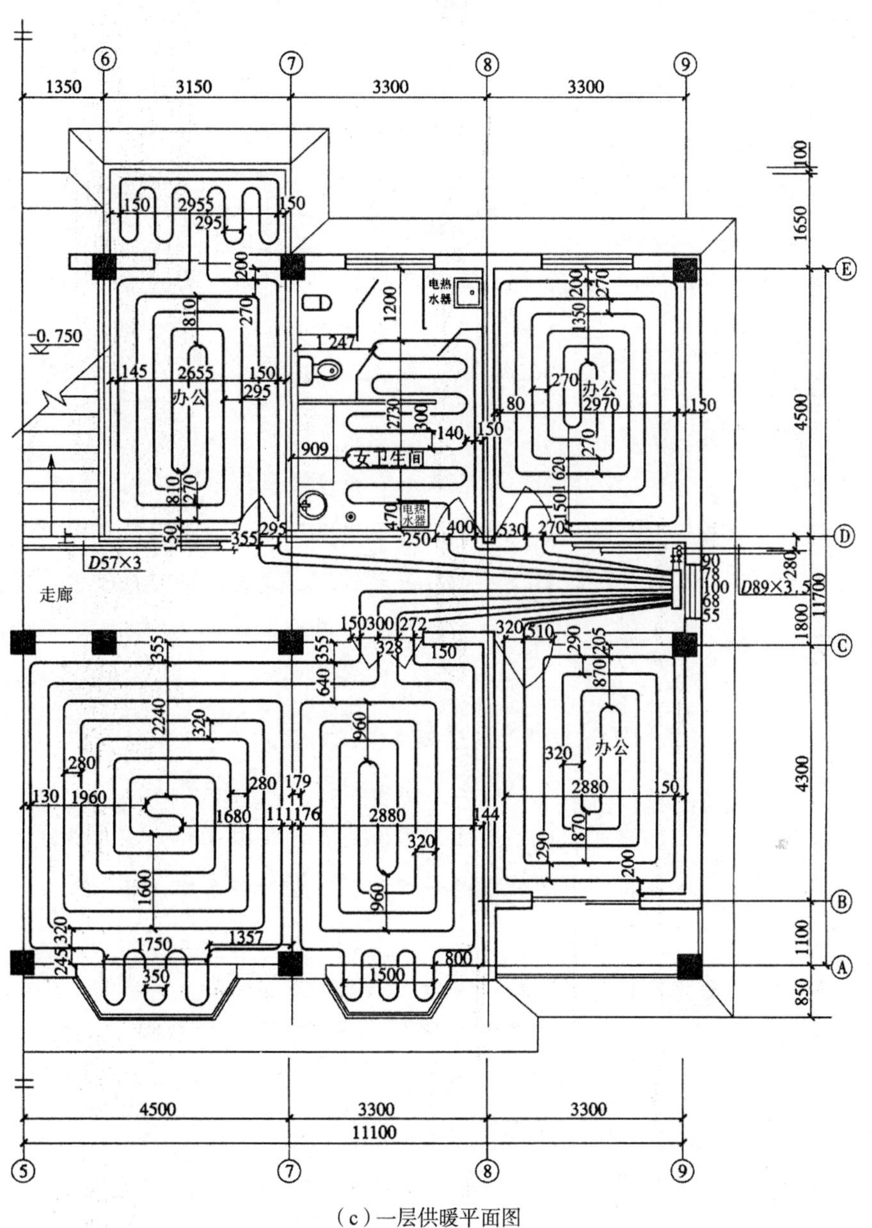

（c）一层供暖平面图

图 7-1　某供暖平面图（续）

(1) 入口与出口。

查找供暖总管入口和回水总管出口的位置、管径、坡度及一些附件。引入管一般设在建筑物中间、两端或单元入口处。总管入口处一般由减压阀、混水器、疏水器、分水器、分汽缸、除污器、控制阀门等组成。如果平面图上注明有入口节点图的，阅读时则要按平面图所注节点图的编号查找入口详图进行识读。

(2) 干管的布置。

了解干管的布置方式，干管的管径，干管上的阀门、固定支架、补偿器等的平面位置和型号等。读图时要查看干管敷设在最顶层、中间层，还是在最底层。干管敷设在最顶层说明是上供式系统，干管敷设在中间层说明是中供式系统，干管敷设在最底层说明是下供式系统。在底层平面图中会出现回水干管，一般用粗虚线表示。如果干管最高处设有集气罐，则说明该系统为热水供暖系统；如果散热器出口处和底层干管上出现疏水器，则说明干管(虚线)为凝结水管，从而表明该系统为蒸汽供暖系统。

读图时还应弄清楚补偿器与固定支架的平面位置及其种类。为了防止供热管道升温时，由于热伸长或温度应力而引起管道变形或破坏，需要在管道上设置补偿器。供暖系统中的补偿器常用的有方形补偿器和自然补偿器。

(3) 立管。

查找立管的数量和布置位置。复杂的系统有立管编号，简单的系统有的不进行编号。

(4) 建筑物内散热设备(散热器、辐射板、暖风机)的平面位置、种类、数量。

查找建筑物内散热设备(散热器、辐射板、暖风机)的平面位置、种类、数量(片数)以及散热器的安装方式。散热器一般布置在房间外窗内侧窗台下(也有沿内墙布置的)。散热器的种类较多，常用的散热器有翼形散热器、柱形散热器、钢串片散热器、板形散热器、扁管形散热器、辐射板、暖风机等。散热器的安装方式有明装、半暗装、暗装。一般情况下，散热器以明装较多。结合图纸说明确定散热器的种类和安装方式及要求。

(5) 各设备管道连接情况。

对热水供暖系统，查找膨胀水箱、集气罐等设备的平面位置、规格尺寸及与其连接的管道情况。热水供暖系统的集气罐一般安装在系统最宜集气的地方，安装在立管顶端的为立式集气罐，安装在供水干管末端的为卧式集气罐。

7.2.2 供暖系统轴测图的实例识读

某供暖系统轴测图，如图7-2所示。

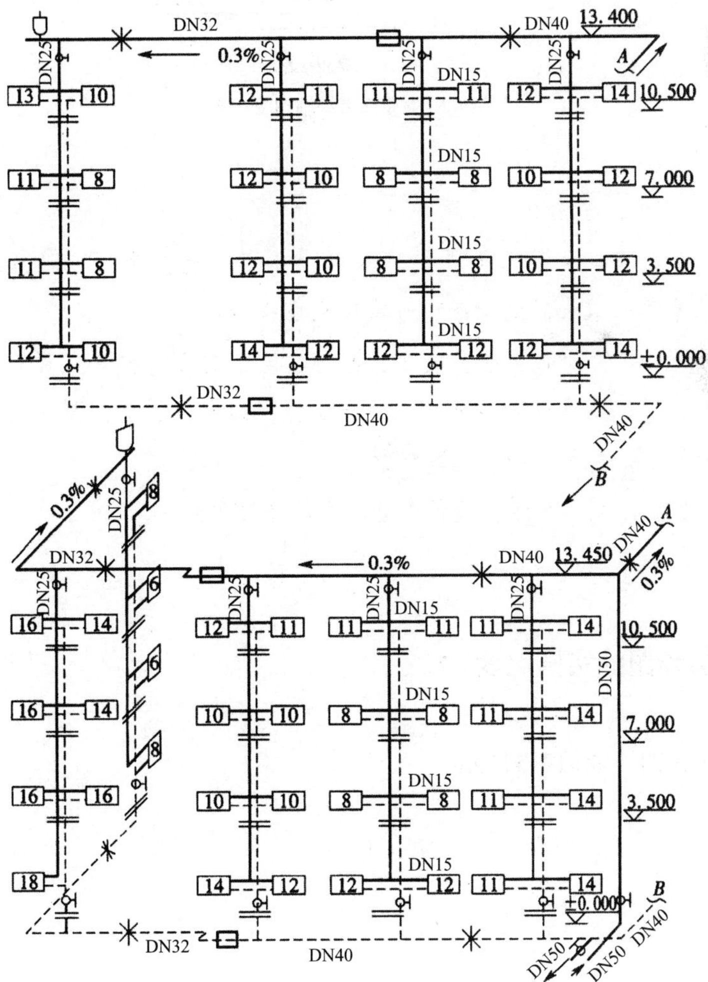

图7-2 某供暖系统轴测图

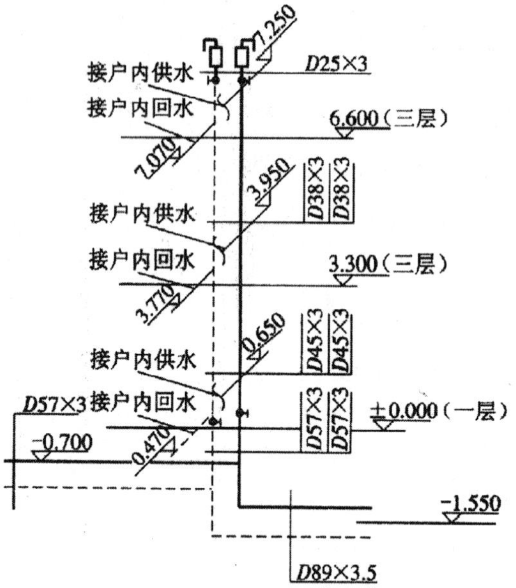

图 7-2　某供暖系统轴测图（续）

（1）查找入口装置的组成和热入口处热媒来源、流向、坡向、管道标高、管径及热入口采用的标准图号或节点图编号。

（2）查找各管段的管径、坡度、坡向、设备的标高和各立管的编号。一般情况下，系统图中各管段两端均注有管径，即变径管两侧要注明管径。

（3）查找散热器型号、规格及数量。

（4）查找阀件、附件、设备在空间中的布置位置。

7.2.3 供暖详图的实例识读

某供暖详图，如图 7-3 所示。

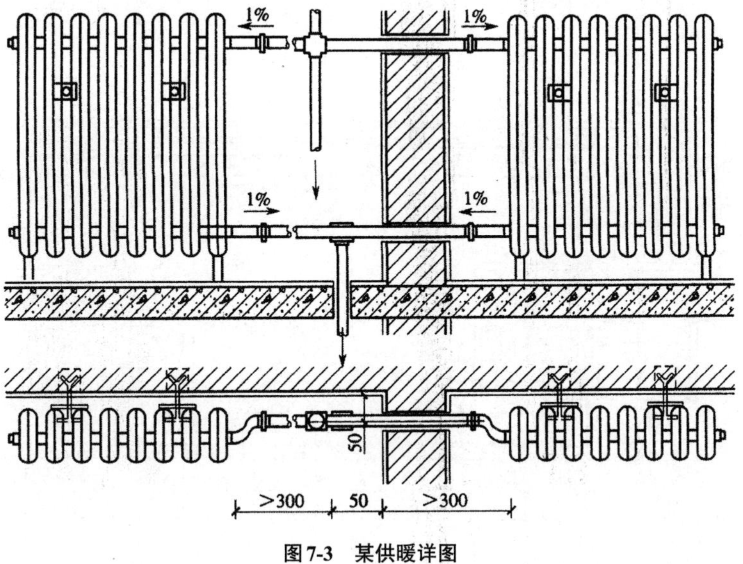

图 7-3　某供暖详图

施工图讲解

图7-3是一组散热器的安装详图，表明暖气支管与散热器和立管之间的连接形式，散热器与地面、墙面之间的安装尺寸，结合方式及结合件本身的构造等。

7.3 建筑通风工程施工图的实例识读

7.3.1 通风系统平面图的实例识读

某通风系统平面图，如图7-4所示。

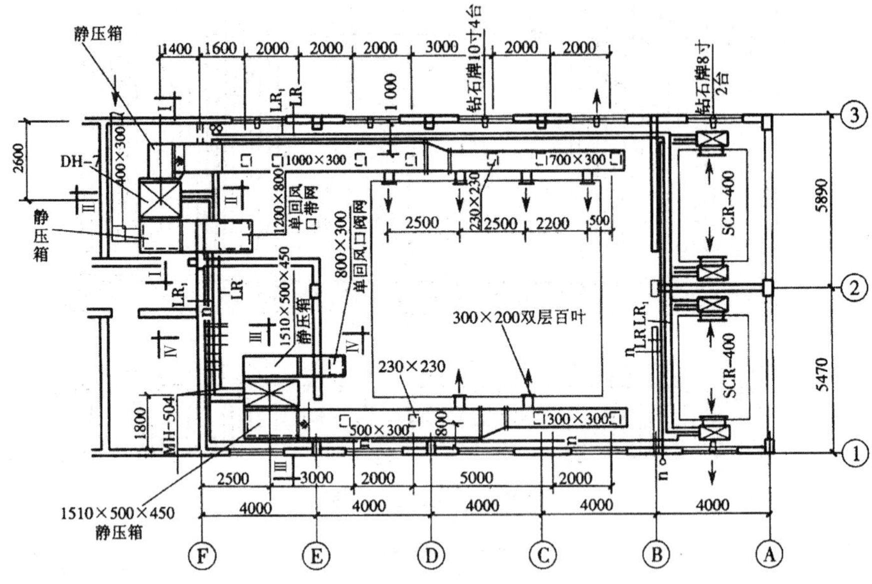

图7-4 某通风系统平面图

（1）该图是通风系统平面图，由图中可以看出该空调系统为水式系统。

图中标注“LR”的管道表示冷冻水供水管，标注“LR_1”的管道表示冷冻水回水管，标注“n”的管道表示冷凝水管。

冷冻水供水、回水管沿墙布置，分别接入2个大盘管和4个小盘管。大盘管型号为MH-504和DH-7，小盘管型号为SCR-400。冷凝水管将6个盘管中的冷凝水收集起来，穿墙排至室外。

（2）室外新风通过截面尺寸为400mm×300mm的新风管，进入静压箱与房间内的回风混合，经过型号为DH-7的大盘管处理后，再经过另一侧的静压箱进入送风管。送风管通过底部的7个尺寸为700mm×300mm的散流器及4个侧送风口将空气送入室内。送风管布置在距①墙1000mm处，风管截面尺寸为1000mm×300mm和700mm×300mm两种。回风口平面尺寸为1200mm×800mm，回风管穿墙将回风送入静压箱。型号为MH-504上的送风管截面尺寸为500mm×300mm和300mm×300mm，回风管截面尺寸为800mm×300mm。2个大盘管的平面定位尺寸图中已标出。

7.3.2 通风系统图的实例识读

某通风系统图，如图7-5所示。

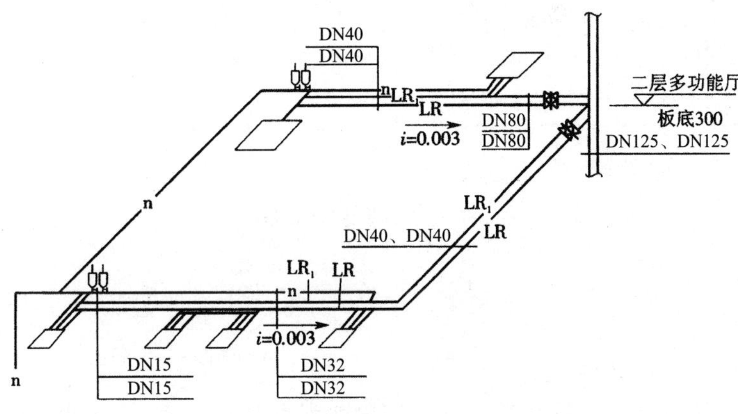

图7-5　某通风系统图

从图中可以看出，冷冻水供水、回水管在距楼板底300mm的高度上水平布置。冷冻水供水、回水管管径相同，立管管径为125mm；大盘管所在系统的管径为80mm，MH-504所在系统的管径为40mm；4个小盘管所在系统的管径接第一组时为40mm，接中间两组时为32mm，接最后一组时变为15mm。冷冻水供水、回水管在水平方向上沿供水方向设置坡度$i=0.003$的上坡，端部设有集气罐。

7.3.3 通风系统剖面图的实例识读

某通风系统剖面图，如图7-6所示。

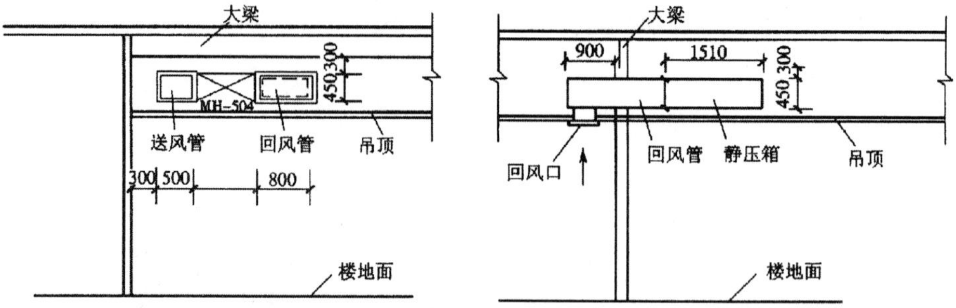

（a）剖面Ⅲ—Ⅲ　　（b）剖面Ⅳ—Ⅳ

图7-6　某通风系统剖面图

从图中可以看出，空调系统沿顶棚安装，风管距梁底300mm，送风管、回风管、静压箱高度均为450mm。两个静压箱长度均为1510mm，接送风管的宽度为500mm，接回风管的宽度为800mm。送风管距墙300mm，与墙平行布置。回风管伸出墙体900mm。

7.4　建筑空调工程施工图的实例识读

7.4.1　45°钢制弯头安装图的实例识读

某45°钢制弯头安装图，如图7-7所示。

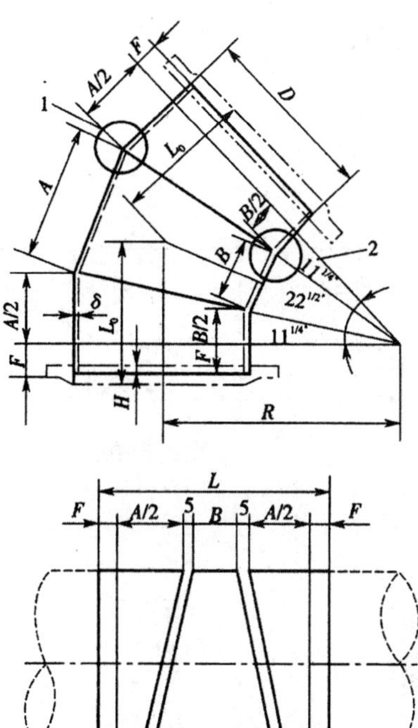

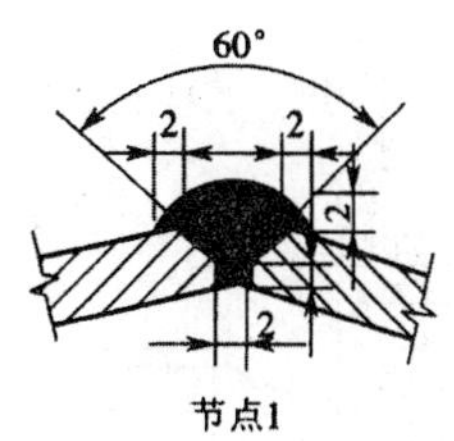

节点1

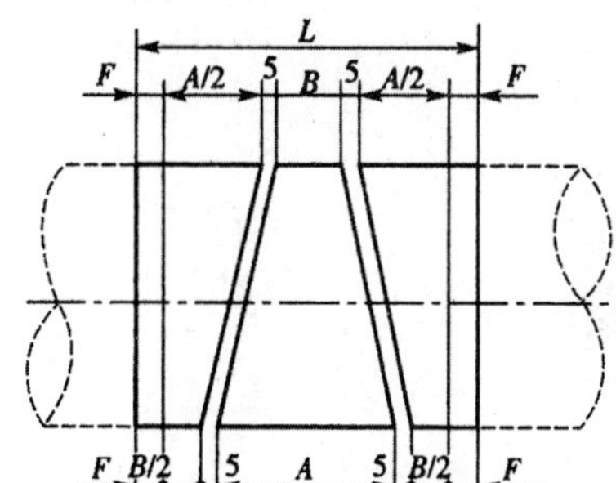

节点2

弯头及管子下料图

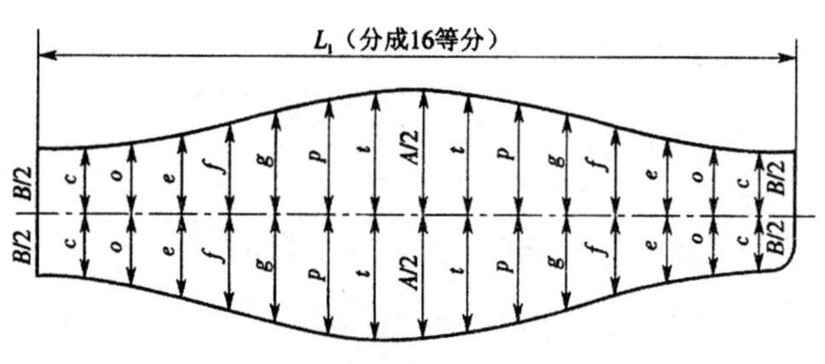

断节展开图

图7-7　某45°钢制弯头安装图

施工图讲解

(1) Q235号钢板制造，E4303焊条焊接。

(2) 最大工作压力：

DN≤600mm；P≤1.6MPa。

DN≤700～1000mm；P≤1.0MPa。

(3) 钢制弯头加工完成后，刷樟丹一道，外层防腐由设计确定。

7.4.2 铁制三通、四通安装图的实例识读

某铁制三通、四通安装图，如图7-8所示。

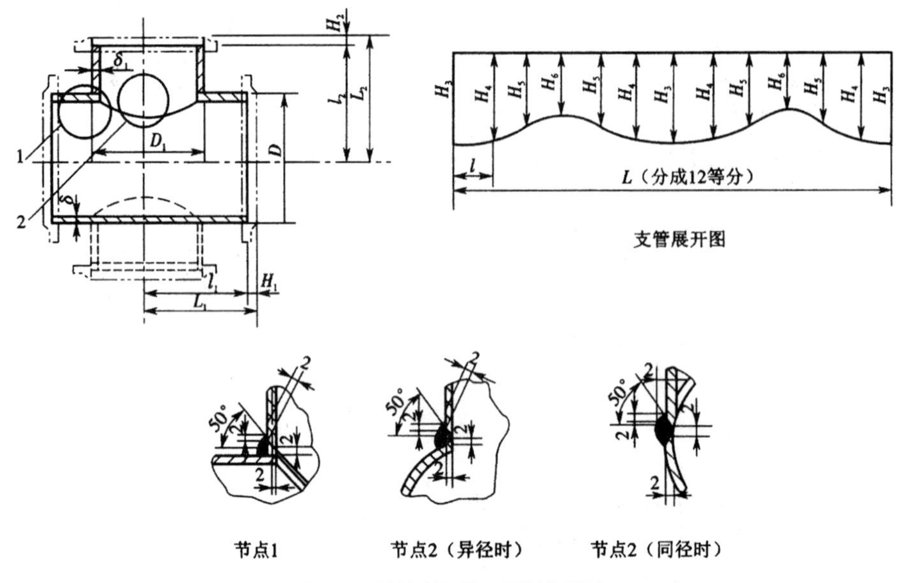

图7-8　某铁制三通、四通安装圈

（1）材料使用Q235，焊条采用E4303。

（2）最大工作压力$P \leqslant 1.6$MPa。

（3）三通、四通加工完成后，应刷底漆一道（底漆包括樟丹或冷底子油），外层防腐由设计确定。

7.4.3 G型管道泵安装施工图的实例识读

某G型管道泵安装施工图，如图7-9所示。

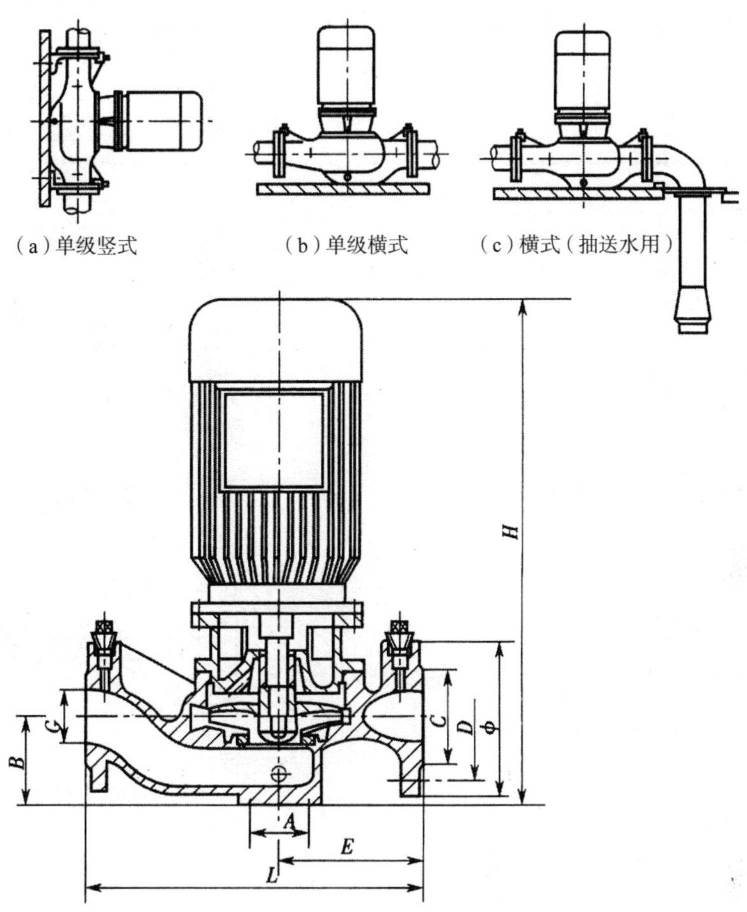

图7-9 某G型管道泵安装施工图

(1)安装时管道重量不应加在水泵上。

(2)宜在泵的进、出口管道上各安装1只调节阀及在泵出口附近安装1只压力表。

7.4.4 风管墙柱上支架、吊架安装图的实例识读

某风管墙柱上支架、吊架安装图，如图7-10所示。

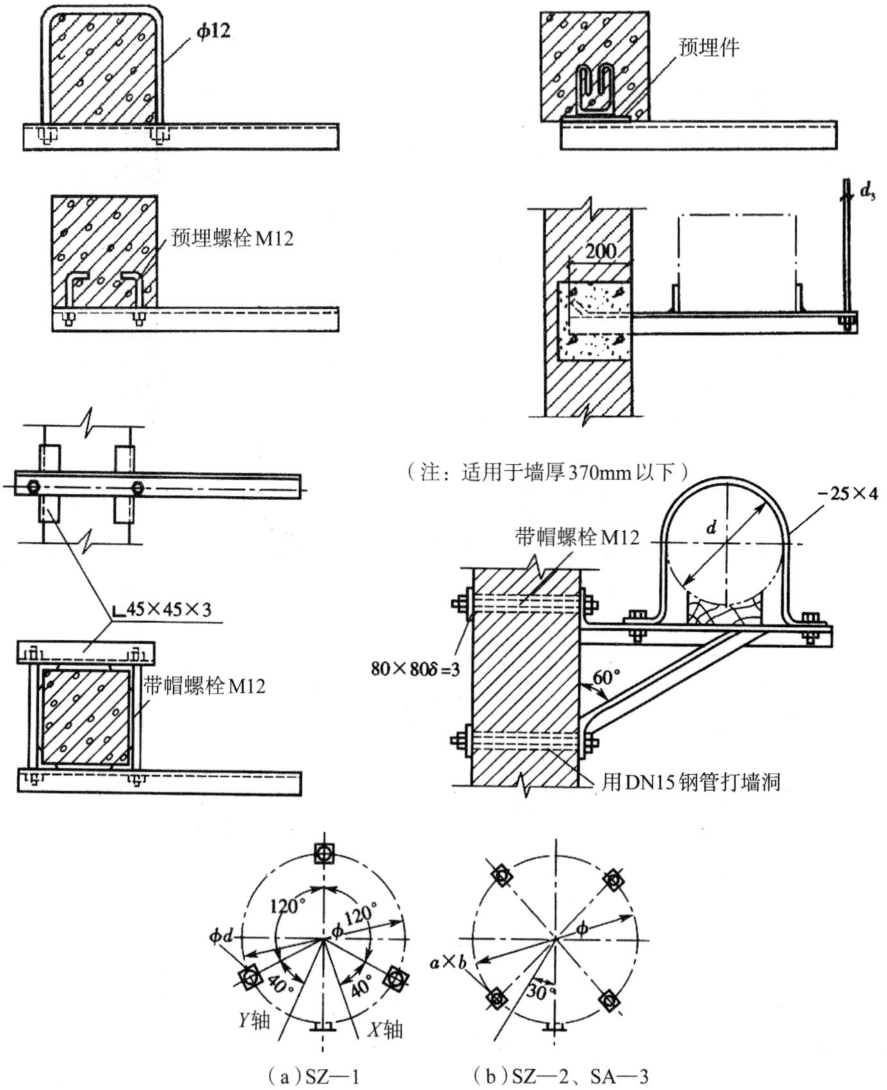

（注：适用于墙厚370mm以下）

（a）SZ—1　　（b）SZ—2、SA—3

图7-10　某风管墙柱上支架、吊架安装图

（1）支架、吊架可在墙柱上二次灌浆固定，亦可预埋或穿孔紧固。

（2）焊接支架、吊架应确定标高后进行安装。

参考文献

[1] 中华人民共和国住房和城乡建设部，中华人民共和国国家质量监督检验检疫总局.建筑给水排水制图标准GB/T 50106—2010[S].北京：中国建筑工业出版社，2011.

[2] 中华人民共和国住房和城乡建设部，中华人民共和国国家质量监督检验检疫总局.总图制图标准GB/T 50103—2010[S].北京：中国建筑工业出版社，2011.

[3] 中华人民共和国住房和城乡建设部，中华人民共和国国家质量监督检验检疫总局.建筑制图标准GB/T 50104—2010[S].北京：中国建筑工业出版社，2011.

[4] 中华人民共和国住房和城乡建设部.房屋建筑制图统一标准GB/T 50001—2017[S].北京：中国建筑工业出版社，2018.

[5] 李星荣.钢结构工程施工图实例图集[M].北京：机械工业出版社，2015.

[6] 张海鹰.建筑结构施工图[M].北京：中国电力出版社，2016.

[7] 郭爱云.建筑电气工程施工图[M].武汉：华中科技大学出版社，2011.

[8] 朴芬淑.建筑给水排水施工图识读[M].2版.北京：机械工业出版社，2013.